펑키
동남아

감사의 글

이 책은 많은 분들의 도움으로 나올 수 있었다. 말레이시아는 서울대의 오명석 교수, 태국은 한국외대의 이지은 박사, 필리핀은 마닐라 아테네오 대학교의 리디아 유 호세Lydia Yu José 교수, 인도네시아는 서강대 동아연구소의 신윤환 소장이 해당 지역 전문가로서 책의 내용을 꼼꼼하게 감수해 주었다. 특히 우리나라 최고의 중남미 지역 전문가 고 이성형 박사는 나를 지역 전문가의 길로 이끌었고 내가 척박한 연구 환경에서도 꿈을 포기하지 않고 동남아 지역을 계속 연구하도록 격려해 준 은사였다. 시공사 이희영 대리는 환상적인 디자인 실력을 발휘했다. 제자 김행화, 선주연, 이린, 이유라, 이정민은 사진 고르는 작업을 도와주며 한국 젊은이들의 생각과 고민을 들려주었다. 일찍이 내게 동남아를 맛보게 해 주고 세계를 무대로 살아가라고 응원한 내 아버지는 자상하고 부드러운 동남아의 아버지들 같았다. 내게 가장 소중한 존재인 애슐리는 무거운 카메라 가방을 들어 주고 짐을 챙겨 주며 동남아 여행의 든든한 동반자가 되어 주었다. 이들에게 사랑과 감사의 마음을 전한다.

일러두기

1 외국 인명, 지명 등의 한글 표기는 외래어표기법에 맞추었지만, 동남아시아의 일부 인명과 지명에 한해서는 현지 발음에 가깝게 표기했다.
2 '동남아시아'는 편의상 '동남아'라고 줄여서 표기했다.

※ 이 책은 2008년 정부(교육과학기술부)의 재원으로 한국연구재단의 지원을 받아 서강대학교 동아연구소 인문한국지원사업의 일환으로 수행된 연구다.
(NRF-2008-362-B00018)

펑키 동남아

김이재 지음

시공사

THAI AMULET CLUB

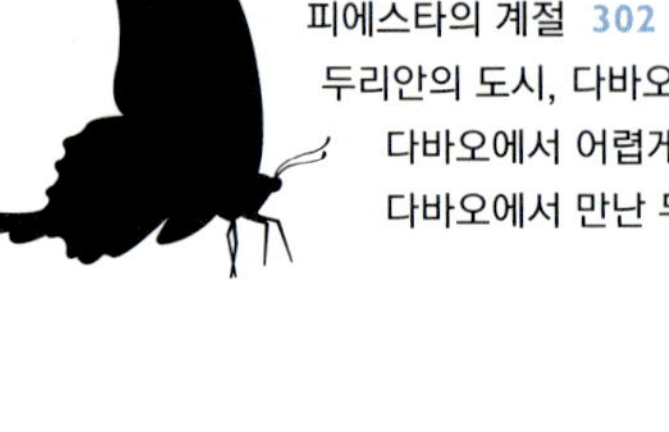

우리 집 안방 문을
두드리는 동남아

우리나라와 교역이 많은 곳은 중국 다음에는 어디일까? 미국, 일본, 유럽 연합이 아니라 동남아다. 외교, 안보 분야에서도 동남아의 중요성은 계속 커지고 있다. 현재 동남아 국가들은 아세안+3, 동아시아 정상회의 등 동아시아 협력에서 핵심적인 역할을 수행하고 있으며, 세계 경제권에서도 입지를 넓히고 있다. 이에 따라 우리나라 기업들도 동남아에 대한 투자를 늘리고 있다. 2015년 아세안 경제 공동체 출범은 우리나라와 동남아 국가들 간의 경제 협력에 신선한 활력을 불어넣고 가속 페달을 밟아 줄 것으로 기대된다. 게다가 국내의 중소기업은 17여만 명의 동남아 근로자들이 없으면 문을 닫아야 할 정도이고, 필리핀과 베트남에서 우리나라로 시집온 여성들의 수가 5만 명을 넘고 있다. 망고, 파인애플, 바나나, 두리안 등 다양한 열대 과일과 커피, 쌀국수 등 동남아 음식이 우리의 식탁을 풍성하게 한 지는 이미 오래되었다.

그렇다면 동남아에서 우리나라에 대한 인식은 어떠할까? 요즘 동남아에서는 한류 열풍이 거세다. 말레이시아는 다문화 국가로 말레이계, 중국계, 인도계가 각각 자신들만의 문화를 유지하며 잘 섞이지 않는데, K팝과 한국 드라마는 민족과 문화를 초월해서 모두 좋아한다. 이처럼 한류가 두리안처럼 아세안을 하나로 통합시키는 역할을 하고 있는 것이다. 미얀마의 시골 사람들도 가장 즐겨 보는 텔레비전 프로그램이 잉글랜드 프리미어 리그 경기와 한국 드라마일 정도로, 동남아 전역에서 한국 드라마는 인기가 높다. 태국의 씨린턴 공주는 한국 드라마를 즐겨 보는데, 특히 역사 드라마 〈선덕여왕〉에 빠져 1회도 빠뜨리지 않고 다 보았다고 했다. 심지어 대본까지 구해 읽었으며, '미실'이 죽고 나서는 드라마가 재미없어져서 아쉬웠다고 내게 말할 정도이니, 그녀는 한국 문화를 진짜 좋아하는 열성 팬이 확실하다.

한류는 태국 사람들의 휴일 풍경까지 바꾸고 있다. 온 가족이 함께 모여 한국 드라마를 보면서 더 화기애애해지고, 태국의 중산층들은 한국 음식점에서 외식을 하며 행복해한다. 드라마 〈대장금〉이 동남아에서 방영된 뒤로, 태국뿐 아니라 필리핀, 인도네시아, 베트남에서도 김치, 불고기, 된장찌개 등 한국 음식은 큰 인기를 끌고 있다. 동남아 사람들에게 한국 기업에서 일하는 것은 자랑거리이고, 한국어를 영어만큼 잘하고 싶어 하는 사람들이 많다. 지금 한국의 대학 캠퍼스에서는 수천 명의 동남아 학생들이 '코리안 드림'을 실현하기 위해 구슬땀을 흘리고 있다.

동남아가 성큼 다가와 우리 집 안방 문을 두드리고 있다. 이제는 우리가 문을 활짝 열어 그들을 반갑게 맞이할 때다. 이 책은 우리에게 진짜 동남아의 민얼굴, 동남아 사람들의 솔직한 마음과 그들의 행복한 삶을 흥미롭게 보여 준다. 사업과 여행을 준비하며 동남아 문화에 대해 깊이 알고 싶고 무엇보다 동남아 사람들과 좋은 친구가 되고 싶은 분들에게 이 책을 권한다.

정해문(한-아세안센터 사무총장, 전 태국 대사)

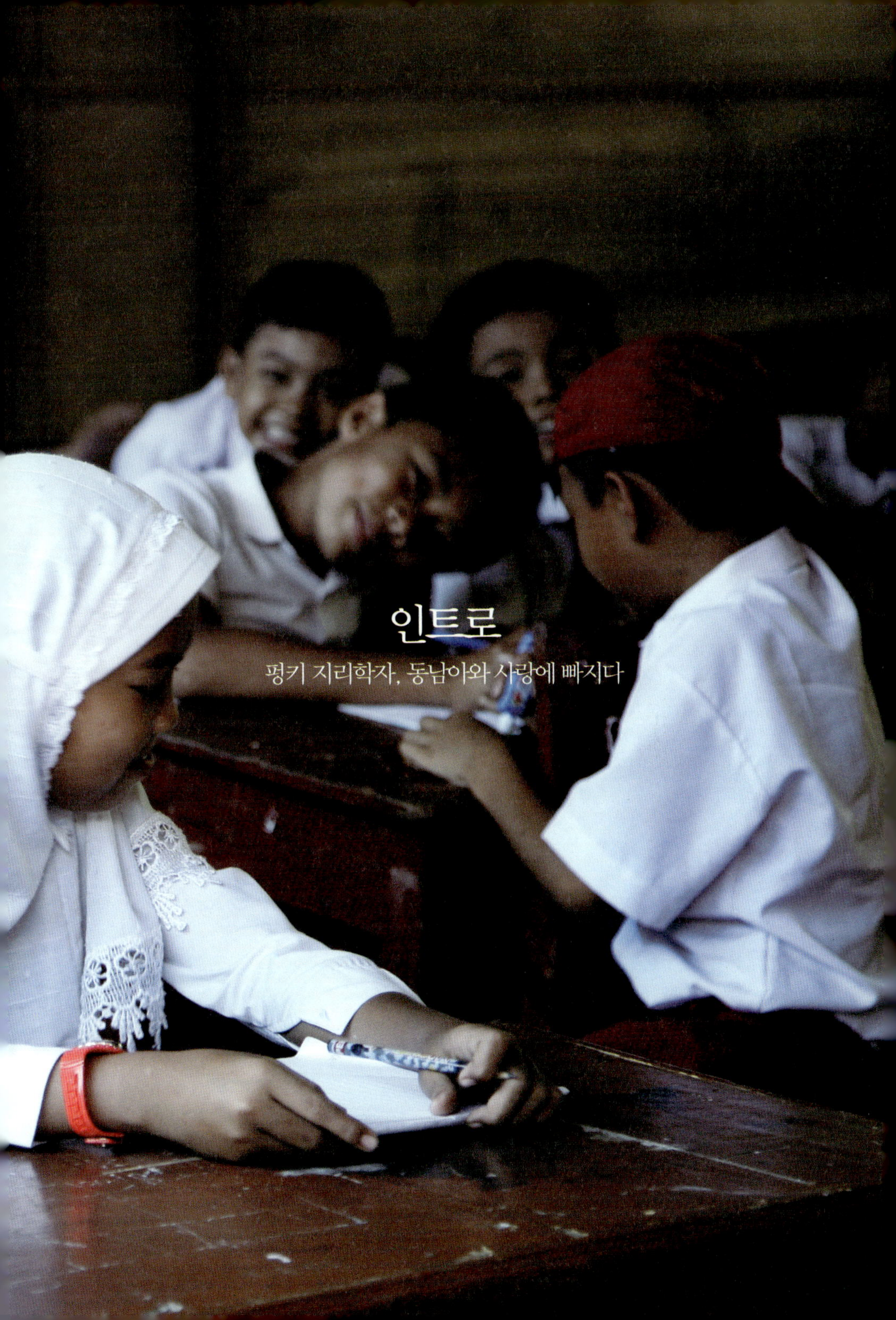

인트로
펑키 지리학자, 동남아와 사랑에 빠지다

"왜 하필 동남아를
연구하세요?"

내가 처음 동남아시아(이하 '동남아') 지역 연구에 발을 들여놓은 때가 1996년 말이니, 벌써 16년 이상의 시간이 흘렀다. "동남아 연구자"라고 나를 소개할 때 상대방이 보이는 반응과 질문은 매우 흥미롭다. 질문 자체가 질문하는 사람이 어떤 생각을 가진 사람인지를 적나라하게 보여 주기 때문이다.

첫 번째 부류는 "아니, 동남아도 연구를 하나요?"라고 묻는 이들이다. 동남아에 대한 편견을 넘어 거의 무시하거나 멸시하는 수준이다. 동남아가 세계 지도에서 어디에 있는지조차 모르고 동남아는 그냥 '해변에 놀러 가서 마사지나 받고 쉬다 오는 관광지'라는 고정관념에 빠져 있는 부류로, 일반인뿐 아니라 학자들 중에서도 이런 반응을 보이는 사람이 의외로 많다.

두 번째 부류는 매우 희귀하기는 하지만 "선견지명을 가지셨네.

어떤 나라를 연구하세요? 주제는요?"라고 질문하는 이들이다. 동남아 연구 초기만 해도 거의 들을 수 없는 말이었지만, 최근 몇 년 사이에 이러한 반응을 보이는 이들이 조금씩 생겨 격세지감을 느낀다.

미국·유럽 경제가 죽을 쑤고 있으며 중국 경제가 주춤하고 있는 상황에서 꾸준히 잘나가는 동남아 경제는 돋보일 수밖에 없다. 최근 동남아 국가 연합인 아세안ASEAN과 한국 사이의 무역액이 급증하고 동남아에 대한 한국 기업의 투자와 진출이 활발해지면서 현지에서 한국의 영향력은 계속 확대되고 있다.

세계 정치에서 미국이 독주하던 시대가 막을 내리고 중심이 다극화하면서, 특히 중국과 인도가 부상하면서 외교·안보 측면에서 동남아의 지정학적·전략적 중요성은 더욱 주목받고 있다. 식민 통치 국가로서 원래부터 동남아에 관심이 많았던 영국, 프랑스, 스페인, 네덜란드 등 유럽 국가뿐 아니라 미국, 일본, 이슬람 국가의 정치 지도자와 외교관들도 동남아와 친해지려 애쓰고 있다.

우리나라에서도 동남아는 가깝고 비싸지 않은 관광지로, 영어와 중국어까지 배울 수 있는 조기 유학 지역으로, 편히 노후를 보낼 수 있는 은퇴 후 이민 국가로, 또 중산층의 창업 투자 대상국으로 관심이 커지고 있다. 동남아 현지에서 한국 드라마, 영화, 대중가요의 인기가 높아지고 '한류' 열풍이 불기 시작하면서, '한국 사회와 한국 남성에 대한 환상'을 갖게 된 순진한 동남아 여성들이 한국으로 시집오는 사례도 급증하고 있다. 다양한 차원에서 동남아가 중요해지고 한국과 동남아의 민간 교류가 늘어나면서 동남아를 제대로 연구한 학자에 대한 수요는 폭증하는 상황이다.

이렇게 급변하는 현실을 빨리 읽어 내는 사람들에게 동남아 언어를 좀 하고 오래전부터 동남아를 연구해 온 학자는 반가운 존재가 아닐 수 없다. 특히 최근에 동남아 음식과 문화에 대한 관심이 늘면서 나를 찾는 분들이 조금씩 늘어나 고마운 마음뿐이다.

하지만 나도 처음부터 동남아를 좋아했던 것은 아니다. 1996년 말 서울대학교 국제대학원에 진학하여 해외지역연구의 전공 지역으로 동남아를 선택해 놓고 '내가 왜 그랬을까' 하는 후회만 7년 이상 했다. 2003년 두리안을 처음 먹어 보기 전까지는 말이다.

사랑과 행복을 부르는
동남아 과일의 왕, 두리안

두리안 나무는 상록수로, 심은 지 5~6년은 되어야 열매를 조금씩 맺기 시작한다. 두리안이라는 이름은 말레이어로 가시를 뜻하는 '두리duri'에서 기원했다. 과일이 풍부하고 흔한 동남아에서도 가장 비싸고 귀한 대접을 받아 '과일의 왕'이라고 불린다. 두리안이 잘 자라는 곳에서는 다른 과일도 풍부하게 생산되며, 특히 '과일의 여왕'이라 불리는 망고스틴이 잘 자란다.

두리안 껍질은 가시가 날카롭고 삐죽삐죽하여 쉽게 잡을 수 없다. 껍질을 벗기려면 숙련된 기술이 필요하고, 껍질을 자르는 방식도 국가마다 문화마다 사람마다 다르다. 또 두리안은 선호도가 분명히 나뉜다. 두리안을 좋아하는 사람은 그 맛에 중독되어 아무리 비싸도 두리안만 찾지만, 두리안을 처음부터 싫어하는 사람도 꽤 많다. 서구, 특히 유럽인들은 두리안 냄새만 맡아도 토가 나올 것 같다며 '혐오 식품'으로 멀리하는 경우가 많다. 하지만 지리학자 월리스Alfred Russel Wallace는 "두리안을 맛보기 위해서라도 극동은 여행해 볼 만하다The taste of durian is worth the travel to the far east!"라고 두리안 맛을 극찬했던 특이한 영국인이었고 동남아 탐사 여행을 통해 서양 과학사에 이름을 남긴 '생물지리학의 아버지'다.

"두리안의 냄새는 지옥이지만 맛은 천국 같다"는 말이 있다. 껍질을 벗기면 노란 과육이 나오는데, 가시가 있는 껍질과는 달리 안은 부드럽고 향긋하다. 커스터드 크림같이 달고 오묘한 맛이 난다. 안에 큰 씨가 들어 있어 실제로 먹을 수 있는 양은 매우 적지만, 동남아 사람들은 씨에 붙은 노란 과육을 쪽쪽 빨아 가며 남김없이 먹을 정도로 두리안에 열광한다. "두리안 시즌 9개월 후에는 출산율이 높아진다", "두리안이 나무에서 떨어지면 사롱(허리에 둘러 입는 동남아 전통 의상)이 내려간다"는 말레이 속담이 있을 정도로 동남아 사람들에게 두리안은 '천연 비아그라'이자 '부작용이 전혀 없는 프로작(항우울제)' 같다. 실제로 동남아 사람들과 두리안을 함께 먹다 보면 누구나 쉽게 행복해지고 사랑하고 싶어진다.

두리안의 원산지는 수마트라, 보르네오 섬으로 알려져 있다. 심으면 어디서나 잘 자라서 세계인을 먹여 살리는 과일이 된 바나나와는 달리, 두리안은 오직 동남아에서만 자란다. 태국 동부, 인도네시아(특히 수마트라 섬), 말레이시아, 필리핀 남부, 파푸아 뉴 기니, 스리랑카와 인도 일부 지역 정도가 두리안 나무가 자랄 수 있는 곳이다. 두리안 나무는 천둥을 맞는 등 천재지변이 없다면 수백 년도 살아 계속 열매를 맺는다. 반면 두리안은 매우 예민한 과일나무이기도 해서, 토양이 오염되거나 환경이 파괴되면 열매를 맺지 못하고 시름시름 앓다가 생을 마감한다. 베트남 남부의 메콩 강 유역에서 자라던 두리안 나무는 미군이 베트콩을 전멸시키기 위해 밀림을 파괴하는 고엽제를 뿌린 후 많이 죽었다고 한다.

동남아에서는 "두리안을 잘 먹는 남자와 결혼한 여자는 평생 행복하다"는 이야기가 있다. 두리안 애호가는 비싼 두리안을 사 먹을 경제력도 있고 정력도 좋을 테니 검증된 신랑감인 것이다. 하지만 두리안은 열을 많이 내는 '양'의 음식이라 열을 식히는 '음'의 음식인 망고스틴 같은 과일과 함께 먹으라고 권장된다.

두리안 나무는 키가 커서 50미터를 넘는 경우도 있고, 열매는 보통 축구공만 하다. 지름이 20~40센티미터이고, 작은 것은 1킬로그램, 큰 것은 무려 8킬로그램까지 나간다. 말레이시아의 숲에서 자란 야생 두리안은 크기는 작지만 맛과 향이 좋아 최고로 취급된다. 태국은 품종 개량으로 '몬 통Mon Thong'이라는 두리안을 연중 대량생산하는데, 크기는 크지만 냄새와 맛이 강하지 않아 '밍밍한 고구마 같은 두리안'이라는 놀림을 받기도 한다.

**펑키 지리학자, 두리안과
사랑에 빠지다**

"이 남자가 입으면 뉴욕이 되고, 저 남자가 입으면 동남아가 된다"는 한 의류 광고의 카피. "여기가 동남아인 줄 아느냐"라며 국회의 폭력 현장

을 비판한 어느 국회의원. "동남아는 국민들의 정치 수준이 낮아 투표율
이 높다"는 한 언론인의 분석.

어떤가. 동남아에 대한 한국 사람들의 무지와 편견은 이처럼 뿌리
깊다. 나 역시 동남아 연구자임에도 불구하고 동남아에 대한 편견과 부
정적인 인식을 오랫동안 버리지 못했다. 석사 논문을 쓰러 베트남 하노
이에 처음 갔는데, 그곳이 왜 그리 춥고 그곳 사람들이 왜 그리 가난에
찌들어 보였던지. 소중한 물건을 몇 번씩 도난당하고, 집요하게 바가지
를 씌우려는 사람들에게 시달렸다. 심지어 하노이 사범대학교 교정에서
교수와 거닐다가 지나가는 오토바이 강도에게 카메라를 날치기당하고
나니 베트남에 대한 오만 정이 다 떨어졌다.

"베트남, 괜히 선택했어. 동남아, 괜히 전공했어." 후회한 적이 한두
번이 아니었다. 수하르토 체제가 무너진 직후, 치안이 불안했던 인도네
시아 자카르타 빈민가에서 '바바리맨'을 만나기도 했고, 쥐가 나오는 기
차에서 음식을 먹고 거머리에게 뜯기는 일도 비일비재했다. 빠듯한 예
산에 맞춰 열악한 숙소에 머물 때 도마뱀이 나오면 놀라기는커녕 오히
려 반가웠다. 도마뱀이 모기를 잡아먹으니 최소한 모기
에게 뜯기지는 않을 테니까.

하지만 2003년 박사 논문을 쓰며 싱가
포르에서 생활하다 동남아의 매력을 재
발견했다. 우선 음식이 정말 맛있고,

구식 저울에 올려진 두리안.

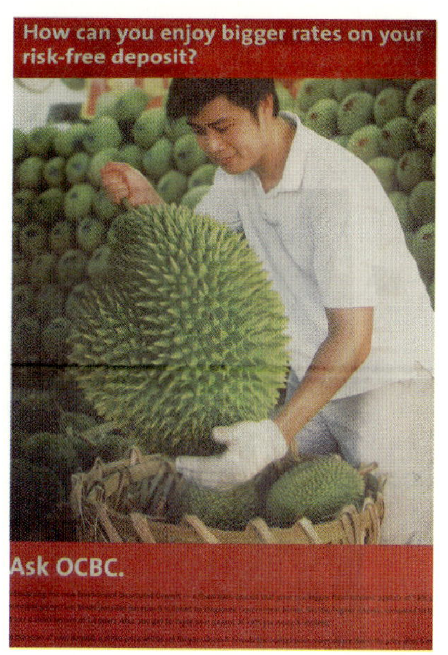

은행 광고 포스터에 등장하는 빅 두리안.
과일이 흔한 동남아에서도 귀하고 비싼
두리안은 동남아 사람들에게는 부의 상징이다.

여성에 대한 편견이 없어 편안했다. 특히 싱가포르 국립대학교로 가는 버스 정류장 앞 가게에서 두리안을 난생 처음 먹어 보게 되었는데, 혹자는 냄새만 맡아도 토할 것 같다는 두리안이 나는 처음부터 그렇게 맛있을 수 없었다. 그때부터 두리안이 있는 곳을 열심히 찾아다녔는데, 두리안을 파는 장소가 왜 그리 흥미롭고 재미있던지. 신기하게도 두리안을 팔고 또 함께 나눠 먹는 곳에서는 늘 웃음과 행복이 넘쳐흘렀다. 그곳 사람들은 나그네를 환대했고 낯선 이들을 그냥 지나치지 않고 식사 자리에 초대했다. 그 뒤로 두리안은 나에게 사랑과 행복의 상징이 되었다. 영국에서 힘든 생활을 할 때 런던의 차이나타운에서 두리안을 발견하고 얼마나 기뻤는지 모른다. 비록 너무 비싸 사 먹지는 못했지만, 보기만 해도 냄새만 맡

사랑과 행복의 상징 두리안을 소개하는 동남아 사람들(20쪽, 21쪽 위와 중간).
두리안을 쪼개는 행위는 성적인 의미를 담고 있기 때문에 말레이시아나 싱가포르에서는
두리안을 쪼개는 이가 주로 남성이었지만, 태국에서는 여성들이었다.

말레이시아에서 두리안을 발견하고 행복해하는 저자(아래).

아도 위로가 되었다. 이 책은 '두리안을 미치도록 좋아하는 펑키 지리학자가 행복을 찾아가는 동남아 힐링 로드'라고 해도 좋을 듯하다.

'행복 밀집 지역'으로
떠나는 힐링 로드

직장 생활을 하며 애 키우는 한국 아줌마는 '아프거나 혹은 미치거나'다. 농담이 아니다. 한국에서 남들이 알아주는 일류 대학을 나오고 이력서에 하루도 빈 날이 없을 정도로 경력을 쌓아 왔지만, 가정과 직장 생활을 병행하며 쓰러져 죽을 것 같다는 생각이 들 정도로 모든 에너지를 소진했다. 겉으로는 화려하고 성공적인 삶을 살아온 것처럼 보일지 모르겠다. 하지만 동남아에 대한, 지리학에 대한, 아이 딸린 직장 여성에 대한 이중 삼중의 편견으로 인해 너무나 많은 상처를 받았고 고통의 시간을 보내야 했다.

가부장적 질서가 공고한 한국에서 여자로 살아온 지난 인생을 돌아보면 영광과 기쁨보다는 패배와 눈물이 가득하다. 특히 결혼한 뒤에는 명절이나 휴일에 제대로 쉬어 본 적이 없고, 편안한 마음으로 잠을 실컷 자지도 못했던 것 같다. 늘 피곤한 가운데 정말 죽을 것처럼 힘들 때도 이를 악물고 버텼건만, 아이를 제대로 돌보지 못한 늘 바쁘고 부족한 엄마였다는 자책감에 괴로워했다.

한국에서만 힘든 것은 아니었다. 영국 런던에서 직장과 가정을 병행하는 생활은 한국 못지않게 고단하고 팍팍했다. 영국 대학에서 불안정한 비정규직으로 일하면서 제대로 대가도 못 받고 인종 차별을 당하다가 만원 기차를 타고 집에 돌아오면 다시 아이를 돌보고 살림을 챙겨야 했다. 바쁜 엄마를 둔 탓에 한국에서 영어 선행학습을 전혀 못 해 알파벳도 모르는 채로 백인 학생이 대부분인 현지 공립초등학교 4학년에 바로 들어가야 했던 어린 아들의 고생이 심했다. 살인적인 물가에 늘 생활비가 부족했던 우리 가족의 런던 생활은 한국의 다문화 가정과 별로 다를 것이 없었다. 역설적이게도 내가 저자로 참여한 첫 영어 전공 서적 집필에서(콧대 높은 영국 대학 교수들이 구색 맞추느라 어쩔 수 없이 끼워 준 프로젝트에서 나는 유일한 외국인이었다) 내가 맡은 장은 '다문화 교육'과 관련된 것이었다.

　　그동안 학자로서 동남아에서 많은 여성들을 만나 도움을 받았고, 씩씩한 동남아 여성들을 보면서 많은 위로와 용기를 얻을 수 있었다. 특히 영국에서 당한 인종 차별과 다문화 가족 경험이 덧붙여지면서 나는 한국으로 시집온 동남아 여성들에 대해 무한한 애정과 동질감을 느끼게 되었다. 몇 해 전 한국으로 시집온 베트남 여성이 문화적 충격과 폭력, 학대에 견디다 못해 자살한 사건이 여러 번 발생했고, 베트남 현지에서도 충격적인 사건으로 부각되어 좋았던 한국 이미지가 많이 실추되었다. 베트남에 갔을 때 "한국은 여자가 그렇게 맞아도 국가가 방치하나요? 한국이 선진국인 줄 알았는데, 지금 보니 베트남보다 못한 여성 인권 후진국이네"라는 말을 듣고 얼굴이 화끈할 정도로 부끄러웠다.

　　나는 동남아 국가 중에서 베트남을 가장 먼저 공부했고, 성조만 6개여서 배우기 어렵다는 베트남어도 꽤 하는 편이다. 또한 싱가포르 국립대 아시아연구소에서 논문을 쓰며 현지에서 아줌마로서 생활해 보았기에 어떤 동남아 전공자 못지않게 싱가포르 사람들의 삶, 특히 여성들의 문화를 잘 이해한다고 자부한다. 하지만 이번 책에서 싱가포르 이야기는 최소화했고, 베트남은 아예 뺐다. 베트남은 동남아적인 요소, 특히 펑키한 측면에서는 핵심을 비껴간 국가라는 생각이 들었고, 또 쓰고 싶은 이야기가 넘쳐 도저히 짧게 마무리할 수 없었기 때문이다. 이번 책은 해양부 동남아를 중심으로 즐겁고 유쾌한 세계를 주로 다루지만, 기회가 주어진다면 베트남, 라오스, 캄보디아, 미얀마 등 대륙부 동남아의 문화와 지리를 소개하는 책을 쓰고 싶다. 특히 가슴 아픈 사랑과 보석 같은 눈물이 촘촘히 박혀 있는, 애잔하지만 아름다운 동남아 여성들의 삶에 대해 좀 더 이야기하고 싶다.

싱가포르에서 시작해서 말레이시아, 태국, 필리핀, 인도네시아까지……. 이번 여행은 부와 행복, 사랑과 희망의 상징이며 동남아에서만 생산되는 과일의 왕, 두리안을 찾아 사춘기 아들과 함께 힐링 로드를 따라간다. 책을 쓰며 발견한 법칙인데, 동남아 지역에서도 두리안 산지로 유명한 말레이시아의 페낭, 태국의 짠타부리, 필리핀의 다바오, 인도네시아의 수마트라 섬은 두리안뿐 아니라 다른 과일이나 음식도 모두 맛있다. 특히 이 지역들은 자연환경과 전통문화가 잘 보존되어 있을 뿐 아니라 모두가 즐길 수 있는 축제가 계속 이어지고, 무엇보다 행복한 사람들을 많이 만날 수 있는 '행복 밀집 지역'이다. 또한 두리안 산지는 모계사회 전통이 강해 씩씩하고 멋진 여성들이 많고 어린이가 행복한 곳이다. 이자스민 의원도 필리핀의 대표적 두리안 산지인 다바오 출신이라고 들었다.

자, 그럼 지금부터 희망과 사랑이 넘치는 행복 밀집 지역으로 여행을 떠나자. 직접 떠날 시간과 돈, 체력이 부족해도 괜찮다. 지리적 상상력만 길러도 우리는 충분히 행복해질 수 있으니까.

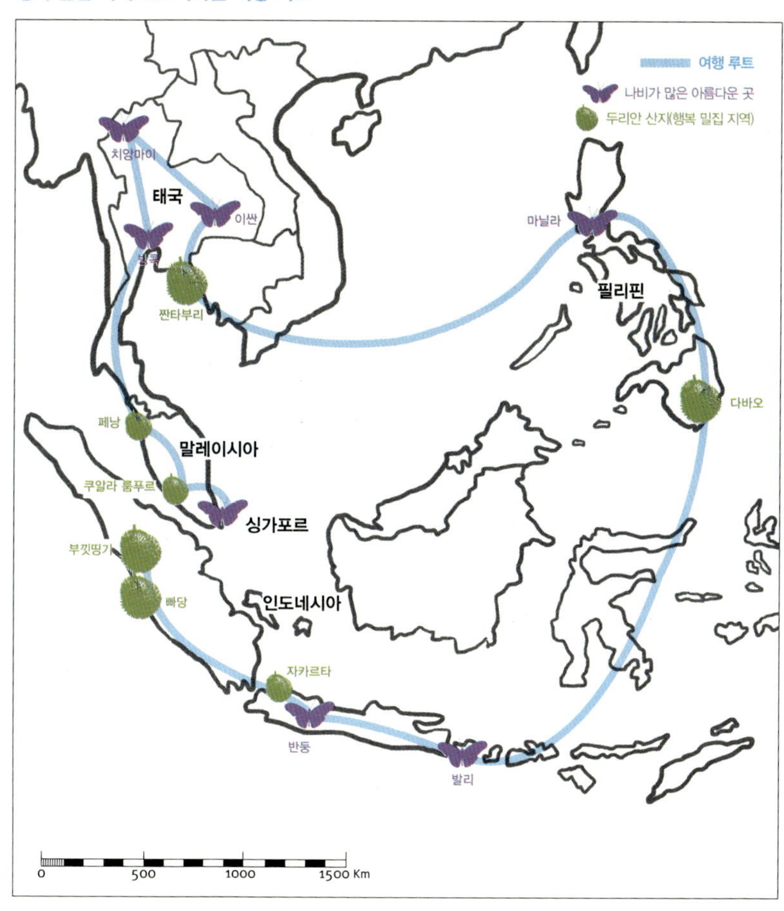

말레이시아 수입산 두리안이 대부분인 싱가포르에서 출발

쿠알라 룸푸르를 거쳐 →
밤차를 타고 두리안으로 유명한 페낭에 도착!
그런데 두리안 철이 아니어서 1년 내내 두리안을 먹을 수 있는 태국으로 출발

축제가 열리는 두리안 천국인 짠타부리에 도착

마닐라 찍고 →
미스 두리안과 두리안 여신이 있는 다바오 도착

발리, 반둥에 가서 커피 마시고 나비 구경 →
별명이 빅 두리안인 자카르타에 도착!
동네 슈퍼마켓에도 밤거리에도 두리안 천지

빠당에서는 진한 아이스 두리안! →
부낏띵기의 두리안은 감동 그 자체!

Singapore
Singapore
Singapore
Singapore

싱가포르

거대한 테마 파크 속에서 두리안 찾기

워킹 맘의 천국
: 친정 엄마같이 챙겨 주는 정부

7년 만에 다시 찾은 싱가포르에는 추적추적 비가 내리고 있었다. 손님에게 말을 잘 걸고 친절하기로 유명한 싱가포르 택시 운전사가 에어컨을 끄고 창문을 조금 열며 정겹게 인사를 건넸다. "좋은 날씨에 싱가포르에 오셨네요. 비가 내리니 참 시원해요. 휴, 그동안 정말 너무너무 더웠어요."

적도에 위치하여 연중 무더운 싱가포르에서는 계급이 에어컨으로 나누어진다. 에어컨 바람이 시원한 현대식 건물에서 일하는 사람들은 긴소매 옷도 모자라 카디건을 입고 생활한다. 외국 기업, 호텔, 연구소, 대학에서 일하는 하얀 얼굴의 사람들에게서는 향긋한 비누 냄새가 난다. 그들은 유창한 영어를 구사하며 늘 깔끔하고 세련된 모습이다. 반면 에어컨을 틀 수 없는 장소, 예를 들어 야외 음식점인 호커 센터 Hawker Center(서민 식당가)나 건설 현장에서 일하는 사람들의 몸에는 늘 땀과 음식 냄새가 섞여 있다. 하루 종일 땡볕에서 일하는 육체 노동자들은 얼굴이 까맣게 그을려 있고 알아듣기 어려운 영어를 쓴다.

나에게 싱가포르는 행복한 추억이 많은 곳이다. 베트남에서 죽을 고생을 하며 어렵게 석사 논문을 쓴 뒤로 나는 쾌적한 장소에서 흥미로운 주제를 연구하고 싶었다. 망설임 없이 동남아의 음식 문화에 대해 박사 논문을 쓰기로 결정했고, 운 좋게 풍족한 장학금을 받아 싱가포르 국립 대학교에서 연구에만 전념할 수 있었다. 중간에 싱가포르에서 사스SARS 감염자가 발생하는 바람에 학교가 오랫동안 문을 닫고 한국에 있는 아이를 데려오려는 계획도 포기해야 했지만……. 아무튼 당시 싱가포르

일요일 아침에 장을 보러 나온 싱가포르 남성들.
싱가포르는 워킹 맘의 천국이다.

는 세계 최고의 연구 기관을 목표로 아시아연구소Asia Research Institute를 신설했고, 세계 최고의 석학과 젊은 동남아 연구자들을 초청했다. 그 덕분에 책에서만 보던 전설적인 동남아 연구자들과 수시로 만나 이야기를 나눌 수 있었고, 무엇보다 논문을 핑계로(?) 두리안을 비롯해 맛있는 동남아 음식을 실컷 먹으러 다닐 수 있어 행복했다.

싱가포르는 예나 지금이나 일하는 여성의 천국이다. 내가 싱가포르에서 살면서 만난 워킹 맘 중에는 자기 손으로 살림하고 밥하는 사람이 단 한 명도 없었다. 내가 한국에서 매끼 밥하고 살림하고 애 보면서 직장 다니고 공부했다고 하면, 싱가포르 사람들은 도저히 믿을 수 없다는 표정을 지었다. 싱가포르 여성들은 친정 엄마처럼 자상하고 꼼꼼한 싱가포르 정부가 책임지고 알선해 주는 외국인 가정부에게 우리 돈으로 50~60만 원만 주면 가사와 육아에서 저절로 해방된다. 특별한 날이 아니라면 가족들은 집에서 가정부가 차려 주는 밥을 먹거나 집 주변의 호커 센터에서 가볍게 아침을 해결한다. 점심도, 저녁도 식구들이 각자 알아서 먹고 오는 경우가 많다. 심지어 휴일의 이른 아침에 슈퍼마켓 앞에서 장바구니를 들고 문이 열리기를 기다리는 사람들마저 대부분 싱가포르 남자들이니, 싱가포르 여자들은 전생에 얼마나 좋은 일을 많이 했기에 이런 나라에 태어났을까……. 눈물 나게 부러웠다.

2000년대 초반, 한국에서는 싱가포르 출신의 한 여배우가 센세이션을 불러일으켰다. 그녀가 주연한 영화의 제목은 〈애나벨 청 스토리Sex: The Annabel Chong Story〉. 칸 영화제와 선댄스 영화제의 공식 초청작으로 작품성도 인정받은 이 영화는 한 포르노 여배우의 자전적 다큐멘터리로 국내 영화 수입업자들의 치열한 경쟁을 거쳐 비싸게 수입되었다. "251명이

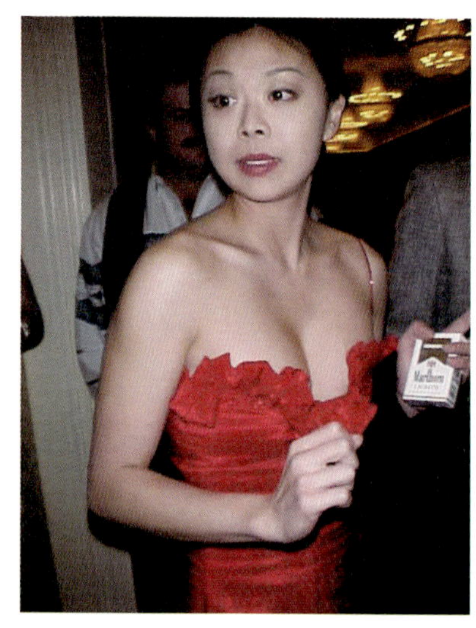

2000년 국제전자제품박람회에 참석한 애나벨 청.
©www.lukeisback.com

아니다. 그녀의 상대는 전 세계였다. 옥스퍼드 법대생(사실은 런던의 킹스 칼리지 법대 출신이다), USC 여성학 석사, 애나벨 청! 세계 최대의 섹스 이벤트에 도전한다"는 도발적인 광고 카피는 사람들의 호기심을 자극하기에 충분했다. "페미니즘을 적극적으로 실현하기 위해 자발적으로 포르노 여배우가 되었다"고 주장했던 애나벨 청은 서울의 한 대학 여성학 강좌에 초청되었다. 하지만 강의실에서 영화 상영과 학생들과의 토론은 여러 압력으로 불발되었고, 결국 영화는 흥행에서도 참패했다. 여자들이 복 받은 나라인 싱가포르에서 태어나 영재로 대접받으며 싱가포르 일류 학교를 다닌 '엄친딸', 장학금으로 외국 명문 대학에 유학까지 갔던 엘리트 여성이 뭐가 아쉬워서 하드코어 포르노 배우로 전락했을까. 부잣집 딸이 배가 부르니 별짓을 다 하는구나. 나는 나와 동갑내기였던 그녀를 도저히 이해할 수 없었다.

일류 국가가 되기 위한 처절한 노력
: 나비처럼 변신하라

세계경쟁력위원회GFCC와 산업정책연구원IPS이 함께 발표한 '2012년 국가 경쟁력 평가 결과'에 따르면 싱가포르는 평가 대상인 62개국 중에서 당당히 1위를 차지했다. 2위 캐나다, 3위 홍콩, 4위 미국, 5위 스위스였고, 우리나라는 18위에 그쳤다. 모든 분야에서 완벽한 국가, 세계 1등을 목표로 달려온 싱가포르의 꿈이 이루어진 것이다. 일류 국가가 되기 위한 싱가포르 정부와 국민들의 노력은 상상을 초월한다. '벌금 국가Fine Country'라는 별명이 있을 정도로 사소한 실수나 오점을 절대 허용하지 않는다. 껌을 씹어도 안 되고, 휴지를 버려도 안 되고, 무단 횡단을 해도 안 되고……. 심지어 현지 사정을 잘 모르는 외국인이 죄를 지어도 절대로 봐주지 않는다. 엉덩이에 뻘건 줄이 남을 정도로 엄청나게 아픈 곤장을 때리는 태형도 불사한다. 미국 대통령이 자국의 소년이 받을 정신적 충격을 감안하여 선처해 달라고 직접 부탁해도 소용이 없을 정도다. 법은 누구에게나 공평하게 적용되어야 한다는 싱가포르 초대 총리 리콴유Lee Kuan Yew의 소신이다.

서울시 면적의 작은 도시국가에 불과한 싱가포르가 일류 국가로 부상한 것은 순전히 카리스마 넘치는 지도자 덕이다. '아시아의 정원 도시' 싱가포르는 영국 케임브리지 대학교 법학과 출신의 중국계 엘리트 리콴유 전 총리가 평생을 바쳐 만들어 낸 작품이다. 지금은 그의 아들 리셴룽이 총리직을 수행하고 리콴유는 고문으로 현직에서 물러났지만, 아직도 그는 싱가포르 사람들에게 아버지 같은 존재이자 정신적 지주다.

1965년 말레이시아 연방에서 탈퇴한 싱가포르는 국가 생존을 위협하는 어려움을 여러 번 겪어야 했다. 오일 쇼크, 아시아 외환 위기, 사스 창궐 등 세계를 뒤흔드는 위기를, 싱가포르는 오히려 도약의 기회로 삼았다. 싱가포르 사람들은 서구 선진국을 따라잡기 위해 세계 최고의 전문가에게서 끊임없이 배우고 장·단점을 분석해서 완벽해질 때까지 연습했다. 뼈를 깎는 노력과 끊임없는 자기 혁신으로 싱가포르는 결국 아시아에서 가장 부유하고 경쟁력 있는 국가가 되었다.

싱가포르의 영재는 국가를 위한 인적 자원으로 철저하게 길러지고 치밀하게 관리된다. 싱가포르에서는 이미 초등학교 때 시험을 통해 계속 공부할 학생과 직업학교로 보낼 학생을 나눈다. 시험에서 우수한 성적을 거둔 학생은 싱가포르의 명문 중·고등학교에 진학하고 그곳에서도 특출한 재능을 보이는 영재들은 국가로부터 특별한 지원과 다양한 교육적 혜택을 받는다. 싱가포르의 최상위 인재는 싱가포르 대학에 진학하지 않고 정부 장학금으로 영국이나 미국의 명문 대학으로 유학을 가는 경우가 많다. 학위를 마치고 귀국한 뒤에는 싱가포르 공무원이나 교수로 특채되어 최고의 대우를 받으며 싱가포르를 위해 일한다. 명문 고등학교를 졸업한 뒤 장학금을 받고 런던의 킹스 칼리지 법대에 진학했던 애나벨 청도 그런 엘리트 코스를 밟았던 전형적인 싱가포르 인재였다.

담배꽁초 하나 떨어져 있지 않은 싱가포르의 영국식 풍경.
이처럼 완벽한 일류 국가가 되기 위해 싱가포르 사람들이
치르는 각고의 노력은 우리의 상상을 초월한다.

베스트셀러에는 당대 사람들이 중요하게 여기는 가치가 그대로 반영되어 있다. 성공, 노력, 출세를 키워드로 하는 책들로 빼곡히 차 있는 싱가포르의 베스트셀러 코너는 우리네 삶과 닮아 있다.

요즘 싱가포르 교육의 최대 화두는 새로운 환경 변화에 맞춰 언제든지 변신할 수 있는 '나비 같은 창의적 인재 양성'이다. 코닥이나 소니 같은 대기업조차 '한 방에 훅 갈 수 있는' 불안한 시대에는 원가 절감이나 생산성 향상에 의존하는 기존 방식으로는 기업의 안전한 생존을 도모하기 어렵다. 세계적인 경영 컨설팅업체인 맥킨지 & 컴퍼니는 다음과 같은 분석을 내놓았다. "세계 최고 수준 기업의 존속 연수는 1935년에는 90년에서 1955년에는 45년으로 반 토막이 났고, 2005년에는 15년으로 확 줄었다. 새 기업이 언제든지 신흥 강자로 부상할 수 있는 대격변기가 도래한 것이다." 또 국내의 한 경영연구소에서는 '기업의 지속 성장, 나비에게 배우다'라는 보고서에서 "나비의 변태는 기업들에게 사업 구조의 성공적 변신의 단초를 제공한다. 우리 모두 나비의 성공적인 적응을 배워야 한다"고 강조했다. 싱가포르는 이런 현실을 직시한 것이다.

하지만 내가 가르치고 만나 본 싱가포르 학생들은 모두 완벽한 모범생들이었다. 수업 시간에 딴짓을 하거나 떠드는 학생이 전혀 없었다. 과제도 기한에 맞춰 성실하게 수행하고 무엇보다 교수들을 하나님처럼 우러러보았다. 시험 문제나 성적에 지나치게 예민하다는 단점만 빼면 나무랄 데 없는 착한 학생들이다. 그 결과 주어진 과제를 완벽하게 수행하는 데는 '도사들'이지만, 스스로 문제를 설정하거나 자신이 무엇을 좋아하는지 생각조차 해 본 적 없는 학생들이 대부분이다. 한 번도 주체적인 결정을 내리거나 무한한 자유를 누려 본 적이 없는 이들에게 갑자기 새로운 것을 만들어 내라는 주문은 너무 버거울 듯했다.

스티브 잡스, 빌 게이츠, 손정의는 새로운 아이디어와 기술 혁신으로 세계 경제의 패러다임을 바꾼 인재이기도 하지만, 모두 대학 중퇴자라는 공통점이 있다. 이들은 기존 체제에 순응한 착실한 모범생이 아니었고 오히려 기성세대의 권위에 도전하고 구시대 질서에 반항한 아웃사이더였다. 또한 혁신적이고 창의적인 작품을 만들어 내고 새로운 세계를 계속 개척해야 인정받는 예술가, 연예인, 디자이너, 패션업계 종사자, 문화 기획자, 작가들 중에는 게이, 레즈비언, 양성애자 같은 성적 소수자들이 많고, 심지어는 마약을 하거나 히피 전력을 가진 사람마저 있다. 싱가포르 젊은이들이 세계를 자유롭게 날아다니는 나비가 되기 위해서는 알에서 깨어나 여기저기 나뭇잎을 먹으러 다닐 수 있는 여유, 축

적한 에너지를 실로 토해 번데기를 만들 수 있는 공간, 그리고 번데기
안에서 인내하며 변태하는 시간이 필요하지 않을까?

 **싱가포르의 숨은 가치를 알아본 영국인**
: 스탬퍼드 래플스

리콴유 외에도 싱가포르의 아버지로 불리는 또 다른 인물은 영국인 스탬
퍼드 래플스Stamford Raffles, 1781~1826 경이다. 18세기까지 싱가포르는 말레
이 반도 끝에 달려 있는 작은 어촌에 불과했지만 래플스 경의 지리적 감
각으로 재발견되었다. 당시 말라카 해협의 주요 무역항은 이미 네덜란드
가 다 장악한 상태였기 때문에 영국은 새로운 항구를 개척해야 했다. 영
국 사립학교에서 지리를 제대로 배우고 무역 회사에서 일한 전형적인 런
더너Londoner였던 래플스 경은 식수도 없는 황폐한 바위섬인 싱가포르의
지리적 입지와 지형적 특성(싱가포르 앞바다는 수심이 깊어 커다란 상선이
쉽게 정박할 수 있다)에 주목하고 과감히 인력과 자본을 투자하여 요새를

싱가포르는 영국인 스탬퍼드 래플스가 발굴하고 영국에서
유학한 리콴유가 영국식 정원처럼 정성스럽게 가꾼 도시로,
싱가포르에 가면 마치 영국에 와 있는 것 같다는 착각이 들 정도다.

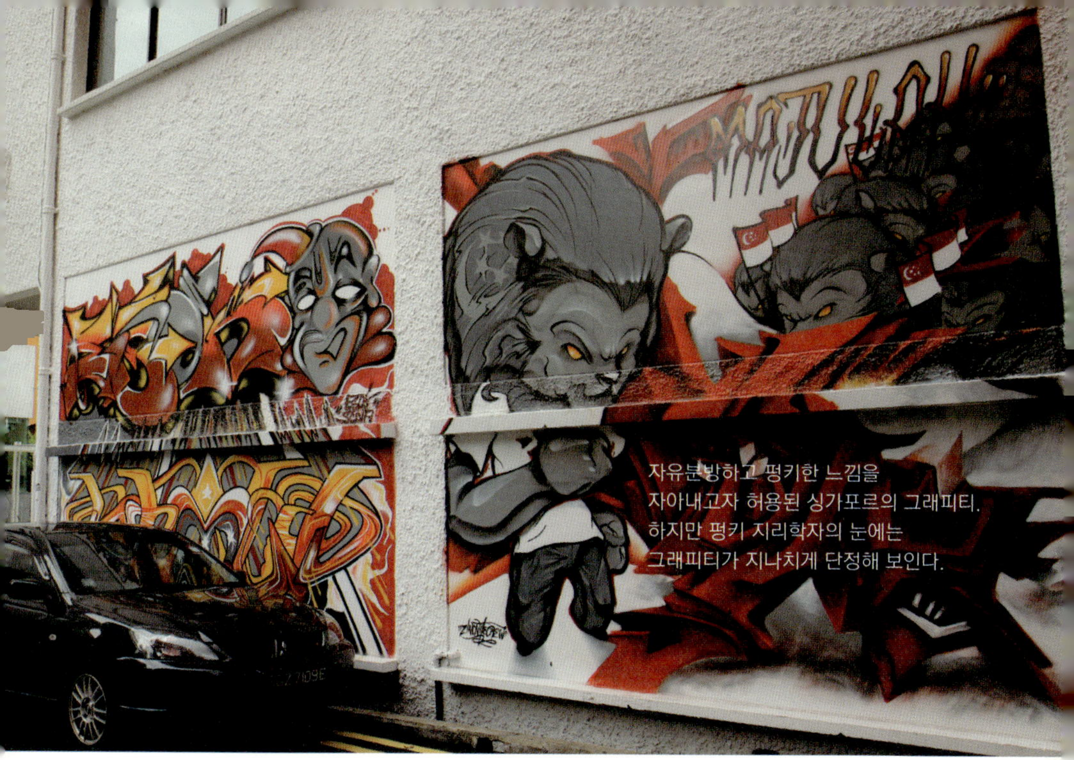

자유분방하고 펑키한 느낌을
자아내고자 허용된 싱가포르의 그래피티.
하지만 펑키 지리학자의 눈에는
그래피티가 지나치게 단정해 보인다.

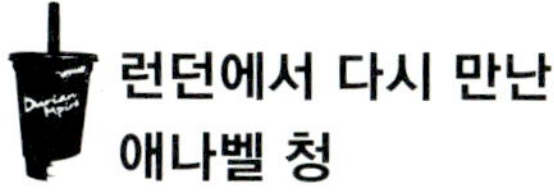

만들고 무역항으로서 기반을 다졌다. 래플스의 지리적 안목에 기반한 전략적 판단은 적중했고, 싱가포르는 동서양을 연결하는 중계 항구로, 또 선박이 기름을 보충하고 선원들이 쉬어 가는 기착지로 각광받게 되었다.

런던에서 다시 만난 애나벨 청

창의적인 인재가 몰리는 런던은 귀족 부인이 우아하게 홍차를 마시고 영국 신사들이 예복을 갖춰 입고 다니는 단정하고 한가한 도시가 아니

다. 세계적 도시 런던은 전 세계에서 온 다양한 민족과 종교가 격렬하게 충돌하고, 밤이면 술에 취해서 난동 부리는 알코올 중독자들로 시끄럽고, 클럽에는 테크노 음악에 맞춰 밤새 춤추는 클러버들이 북적대고, 마약 밀매범을 소탕하기 위해 경찰차가 바쁘게 출동하고, 동성애자들이 밤거리를 떠돌며 짝을 찾는 그런 곳이다. 심지어 런던을 상징하는 빨간색 공중전화 박스 안에는 성매매를 알선하는 전화번호가 찍힌 명함이 여기저기 붙어 있다. 나는 이곳 런던에서 워킹 맘으로 생활하면서 애나벨 청에 대해 다시 생각하게 되었다.

싱가포르의 엄친딸 애나벨 청이 모국을 떠나 처음 정착했던 곳은 바로 런던이었다. 하지만 그녀는 길거리에서 6명의 남자들에게 잔혹하게 성폭행을 당하고, 상처를 치료받는 과정에서도 불친절하기로 소문난 영국 국민보건서비스National Health Service(NHS)에 의해 비인간적이고 모욕

런던은 성매매의 중심지이기도 하다. 런던의 공중전화 박스는 인기 관광 상품으로 사진이나 엽서에 자주 등장하지만, 실제로 내부를 들여다보면 성매매 알선 업소의 연락처가 잔뜩 붙어 있다.

적인 대접을 받게 된다(영국의 공립학교와 국민보건서비스는 무료이지만 교육과 의료 서비스의 질이 낮아 국민들의 불만이 크다). 영국에서 일련의 충격적인 사건을 겪고 난 후 그녀는 자신의 삶에 대해, 인종 차별에 대해, 동양 여성으로서의 정체성에 대해 깊이 고민하게 된다.

부모가, 교사가, 그리고 싱가포르 정부가 원하는 인재가 되기 위해 최선을 다해 온 애나벨 청은 고통 속에서 살아남기 위해 처절한 변신을 시작한다. 우선 부모의 반대를 무릅쓰고 법대를 때려치운다. 독실한 기독교 신자였지만 종교도 버린다. 런던을 떠나 캘리포니아로 가서 영화와 여성학을 공부하고 우등생으로 졸업한다(역시 공부의 기초가 탄탄한 애들은 어디 가든 잘한다). 그리고 여성을 성적 대상으로만 보는 마초적인 할리우드 영화판에서 왜소한 동양 여성이 투쟁하는 방법은 전혀 새로운 방식의 포르노 배우가 되는 것밖에 없다는 매우 급진적인 결론에 도달한다. '왜 여성은 포르노 영화에서조차 항상 수동적으로 당해야 하나?' 하는 문제의식을 가진 그녀는 편견에 도전하고자 자신의 판타지를 영화로 직접 실현해 버린다. 1960년대에 플레이보이 클럽에 '바니 걸'로 위장 취업하여 포르노 산업의 문제를 적나라하게 폭로한 세계적인 페미니스트 글로리아 스타이넘도 상상하지 못한, 매우 전위적인 방식의 페미니즘이다. 애나벨 청은 어쩌면 시대를 앞서 간, 바로 지금 싱가포르가 원하는 창의적 인재였는지 모르겠다.

그녀의 홈페이지에 가면 "애나벨 청은 죽었다"는 메시지만 남아 있다. 포르노 배우로 살았던 6년간의 삶을 마감한 후 그녀는 조용히 사라졌다. 들리는 소문으로는 웹 디자이너로 새로운 삶을 살고 있다고 한다. 그녀가 아름다운 나비가 되어 자유롭고 행복하게 날기를 축복한다.

문화 · 예술의 중심지를 꿈꾸다
: 창의성도 수입할 수 있을까?

오랜만에 찾은 싱가포르 창이 국제공항의 변신은 놀라웠다. 7년 전의 공항은 청결하고 쾌적했지만(특히 지저분하고 정신없는 다른 동남아 지역의 공항에 다녀오면 더 그렇게 느껴진다) 왠지 차갑고 정이 안 갔다. 하지만 지금은 은은한 음악과 함께 청량한 물소리가 흘러나오고 진짜 나무와 꽃이 여기저기 심어져 있는 데다 나비 정원까지 조성되어 공항이 아니라 숲 속에 들어와 있는 것 같았다. 공항 로비에는 유명 현대 예술가의 작품이 설치되어 마치 미술관에 온 것 같다는 느낌이 들 정도로 펑키하고 창의적 공간으로 변했다. 실제로 런던의 테이트 모던에 설치되어 선풍적인 인기를 끌었던 작품 〈슬라이드Slide〉를 공항에 도입하여 어린이들이 층계나 엘리베이터를 이용하지 않고 미끄럼틀을 타고 아래층으로 내려갈 수 있게 해놓았다. 정원, 미술관, 놀이동산으로 변신한 것도 모자라서, 아르바이트생을 통해 더 개선할 사항은 없는지를 공항에서 설문 조사하고 있었다.

싱가포르 창이 국제공항에는
꽃으로 장식한 기념물과 정원,
미끄럼틀로 만든 작품
〈슬라이드〉(42쪽)가 설치되어 있어
놀이동산을 연상시킨다.

가시가 많은 두리안을 형상화한 공연장 에스플러네이드Esplanade 역
시 싱가포르 정부가 문화·예술에 대해 얼마나 지대한 관심을 가지고
있는지를 보여 준다. 싱가포르에서 공연을 관람할 때 관객이 중간에 일
어나 격하게 박수를 치고 소리를 지르는 것이 금지되었던 시절이 있었
지만, 이제 그러한 규제는 찾아볼 수 없다. 오히려 싱가포르는 세계적
인 연예인이나 예술가들이 선호하는 공연지가 되었고, 싱가포르 국민들
의 공연 관람 태도도 좀 더 열정적으로 변했다. "런던·뉴욕과 그 외 세
계 일류 도시에는 창의적 인재가 몰리고 그들이 만들어 내는 매력적인
분위기로 인해 도시의 경쟁력은 더 높아진다. 진정한 창
의 도시가 되려면 …… 다양한 사람들을 받아
들여야 한다. 심지어 게이도 인정해야
한다"는 창의 도시 전문가 리
처드 플로리다Richard Florida
의 이론을 수용한

듯, 싱가포르 정부는 성적 소수자 문제에 대해 매우 보수적이었던 기존의 자세를 바꿔 이제는 동성애자에 대해서도 유연한 태도를 보이고 있다. 무늬만 창의 도시를 지향하고 창의적인 예술가나 동성애자에 대해 아직도 편견과 억압이 많은 우리와 비교할 때, 과연 싱가포르는 끊임없이 변신을 거듭하는 세계 최고 수준의 '나비 정부'라 하지 않을 수 없다.

살아남기 위해서는 부족한 창의성을 빨리 보완해야 한다는 절박감

현대적인 조형 감각이 돋보이는 라살레 예술대학(위)과 그 내부에 있는 카페 '15분의 휴식'(아래).

에서, 싱가포르 정부는 창의적인 인재마저 외국에서 수입하는 정책을 편다. 싱가포르 정부에 관광 정책의 새로운 아이디어를 공급하는 싱크 탱크인 싱가포르 국립대학교 지리학과의 교수진도 계속 바뀌는데, 외국 국적을 소유한 교수진이 절반은 되었던 것으로 기억한다. 창의적인 문화·예술 인력을 양성하기 위해 신설된 라살레 예술대학LASALLE College of the Arts도 싱가포르 출신 교수진이 턱없이 부족하자 최고의 예술가, 건축가, 패션 디자이너, 음악가, 문화·예술 교육 전문가를 전 세계에서 모셔 왔다. 하지만 외국의 스타 예술가와 디자이너, 건축가는 비싼 돈을 들여 불러오면서 싱가포르의 현지 예술가에게는 보조적인 역할만 맡기고 홀대하는 것은 차별 대우가 아니냐는 불만도 조금씩 터져 나오고 있다.

세계 최고의 인재라면 국적을 가리지 않고 파격적인 연봉을 제시해서라도 꼭 모셔야 한다는 것이 싱가포르의 기본적인 인재 채용 방식이다. 시험 점수와 순위에 민감한 싱가포르 사람들은 영국『타임스』에서 선정한 대학 순위로 대학을 평가하는데, 이런 분위기에서 싱가포르 대학 출신보다는 외국 명문 대학 출신이 더 대접받는다. 싱가포르 대학들은 최고 일류 대학과의 교류를 강화하고, 순위가 높은 외국 대학의 분교를 유치하는 등 고등 교육 역시 세계 최고 수준을 지향한다. 지금도 싱가포르 중·고등학생들은 영국 케임브리지 대학교에서 개발한 평가 도구를 사용한 시험을 보고, 완벽한 영국식 영어를 구사하는 사람들을 부러워한다. 싱가포르에 소재한 대학의 교수들은 영국 케임브리지나 옥스퍼드, 아니면 미국의 아이비 리그 대학에서 학위를 마친 사람들이 대부분이다. 창의성이 생명인 예술·건축·디자인 분야의 프로젝트마저 새로운 아이디어가 톡톡 튀는 무명의 젊은 예술가들에게 기회를 주기보다는

명문 대학 출신으로 이미 해당 분야에서 실력을 인정받은 대가들에게
맡기는 경향이 강하다.

 **거대한 테마 파크를 넘어서**
: 진짜 두리안은 어디에?

싱가포르 관광청은 싱가포르 곳곳에 남아 있는 영국 식민 시대의 문화
유산을 관광 자원으로 활용하고, 영국이 구사하는 세계 최고 수준의 관
광 마케팅 기법을 그대로 도입하는 경우가 많다. 최근에 문을 연 싱가포
르 미술관도 영국 제1의 관광 명소로 부상한 런던 테이트 모던의 성공
에 힘입어 기획된 듯했다. 런던의 이스트 엔드를 본떠 시내에 예술가의
창작 공간을 조성하기도 하고 그래피티(지나치게 단정해서 예술적 가치가
많이 떨어지기는 하지만)도 이례적으로 허용하고 있었
다. 영국 지방 정부나 관광청에서 실험해
서 성공을 거둔 새로운 정책과 아

이디어는 바로 싱가포르에 도입된다. 오세훈 전 시장도 서울이 런던과 같은 도시가 되기를 꿈꾸었고, 사임 후에도 런던에서 연수할 정도로 영국 도시 정책과 마케팅에 관심이 많다.

싱가포르 관광청은 싱가포르를 '쇼핑·축제·음식 천국'이라고 홍보한다. 즉, '1년 내내 쇼핑하기 좋고, 다민족의 개성을 담은 흥미로운 축제가 계속 벌어지고, 세계 최고의 레스토랑에서 다양한 음식을 먹을 수 있는 곳'이라는 이미지를 만드는 데 주력한다. 실제로 싱가포르는 전 세계 유명 패션 브랜드의 집산지인 데다가, 쇼핑객들에 대한 섬세한 배려와 친절이 넘쳐 난다(특히 '신상'에 열광하는 명품족들에게 싱가포르는 최고의 도시라는 평가다). 차이나타운, 리틀 인디아, 모스크, 영국식 건물이 공존하는 다문화 국가, 싱가포르에서는 연중 흥미로운 축제가 릴레이처럼 이어지고, 특히 7월에 열리는 싱가포르 음식 축제는 해를 거듭할수록 인기를 더하고 있다. 세계 각국의 최고급 레스토랑이 싱가포르에서 문을 열고 스타 셰프가 새로운 퓨전 요리를 계속 개발하며 세계 미식가 총회가 싱가포르에서 열리는 등 싱가포르는 '세계의 음식 수도'가 되어 가고 있다.

영국 템스 강변에 위치한 테이트 모던을
벤치마킹한 싱가포르 미술관(48쪽, 아래).

에어컨이 나오는 쇼핑 센터에서
열리는 싱가포르 음식 축제 풍경.
왠지 인공적인 느낌을 지우기 어렵다.

택시에 등장한 해산물 식당의
칠리 크랩 광고.

그렇다면 싱가포르를 대표하는 국민 음식은 무엇일까? 독립국가를 형성한 지 채 50년도 되지 않은 다민족 국가이기 때문에 대표 음식을 선정하는 것도 쉽지 않은 듯했다. 싱가포르는 다민족 국가의 특성을 살리고 주요 민족의 문화를 모두 포용한다는 의미에서 영어, 중국어, 말레이어, 타밀어 등 4개 언어를 공용어로 채택했고, 공공시설의 안내문은 반드시 4개 언어로 쓰는 등 민족 간 균형을 기본 원칙으로 삼고 있다. 만일 국민 음식으로 중국계가 좋아하는 돼지고기 요리를 선정할 경우, 돼지고기를 절대로 먹지 않는 말레이계 무슬림들이 질색을 할 것이다. 혹은 인도계가 즐겨 먹는 피시 헤드 커리를 선정하면, 중국계와 말레이계 국민들이 섭섭할 것이다. 그래서 싱가포르 관광청과 정부가 제시한 타협안이 '하이난 치킨 라이스Hainanese Chicken Rice'였는데, 이 음식은 안타깝게도 밋밋한 맛 때문에 관광객들에게 큰 인기를 끌지 못했다. 결국 대안으로 함께 내세운 음식이 매콤 달콤한 맛으로 입맛을 자극하는 '칠리 크랩Chilli Crab'과 동남아 사람이라면 누구나 좋아하는 '두리안'이었다. 이 두 음식은 싱가포르를 안내하는 관광 책자에 빠지지 않고 등장하는 단골 소재가 되었다.

싱가포르 공항에 내리자마자 나는 두리안부터 먹고 싶었지만 참았다. 지독한 두리안 냄새를 싫어하는 외국인, 특히 엘리트 서구인을 배려하여 공항, 호텔, 대중 교통수

다민족 국가인 싱가포르에는 중국계, 동남아계, 인도계 등 다양한 민족의 음식들이 뒤섞여 있다.

단에는 두리안을 절대로 반입할 수 없고 이를 어길 경우 벌금을 물어야 한다는 사실을 잘 알기 때문이다. 그런데 이게 웬일인가? 싱가포르 창이 국제공항에 두리안 케이크, 두리안 스무디를 먹을 수 있는 카페가 들어선 것이다. 생두리안은 아니었지만 이 정도만 해도 아쉬움을 조금이나마 달랠 수 있었다. "이제 싱가포르도 두리안 천국이 되어 가는구나. 이전에는 두리안 이미지만 활용하고 진짜 두리안은 외진 곳에서 숨어서 팔더니…… 시내에 들어가면 두리안이 넘쳐

두리안 디저트 카페에서 파는 달콤한 케이크(위)와 스무디(왼쪽).

나겠구나” 하고 내심 흐뭇했다.

호텔에 짐을 풀자마자 이전에 자주 갔던 단골 두리안 가게를 찾았다. 하지만 나에게 두리안을 쪼개 주던 가게 주인은 찾을 수 없었고 두리안을 팔던 허름한 가게도 사라졌다. 예전에는 HDB 아파트(싱가포르의 서민 주택으로 우리 식으로 주공 아파트 같은 곳) 근처의 공터에서 목욕탕 의자에 쪼그리고 둘러앉은 가족들이 큰 칼을 든 아저씨가 쪼개 주는 두리안을 먹으면서 이야기를 나누었는데……. 이제는 그런 사람들을 찾아볼 수 없었다. 대형 쇼핑 센터에 가면 몇 겹으로 포장해서 별로 맛있어 보이지 않는 두리안 과육이 진열되어 있을 뿐이었고, 그나마 서민들이 사 먹기에는 매우 부담스러운 가격이었다.

두리안뿐 아니라 싱가포르의 전체 물가가 너무 올라 있었고, 거리에서 만나는 사람들의 얼굴은 우울하고 지쳐 보였다. ‘관광객을 위한 거대한 테마 파크’가 되어 버린 런던처럼, 싱가포르 역시 쇼핑을 즐기고 맛있는 것을 골라 먹을 수 있는 부자들만 행복한 도시가 된 것 같아 슬퍼졌다.

‘도대체 진짜 두리안은 다 어디로 간 거야?’

싱가포르에서 두리안은 이제 부자만 먹을 수 있는 과일이 되어 버렸다. 그럼에도 두리안이 가진 상징성은 퇴색하지 않았다.

밸런타인 데이용 두리안 초콜릿.
진짜 두리안 맛은 잘 느낄 수 없지만
그래도 사랑을 꼭 이루어 줄 것 같다.

진짜 두리안을 파는 아저씨(아래 왼쪽)와 두리안을 맛있게 먹고 있는 사람들(아래 오른쪽).

싱가포르 정부가 국민의 문화·예술 수준을 향상시키고자 만든 국립 극장인 에스플러네이드는
지붕이 두리안을 닮아 '두리안 건물'로 불린다. 2003년 10월, 한 신문에는 에스플러네이드의 CEO인
벤슨 푸아가 취임 1주년을 축하하며 준비된 두리안 케이크의 촛불을 끄는 장면이 실렸다(아래).
그의 헌신적인 노력으로 싱가포르는 예술 중심지로 급부상했지만 정작 본인은 현재 암 투병 중이라
고 한다. 창의적인 예술가이자 탁월한 경영자인 벤슨 푸아의 쾌유를 빈다.

Happy Birthday, Durian

두리안은 무한 경쟁 시대에 살아남기 위한 창의적이고 펑키한 인재, 지역적이면서도 세계적인 문화, 독창적 아이디어를 발휘하는 계급의 상징이 되어 가고 있었다. 나는 싱가포르 어딘가에서는 진짜 두리안을 만날 수 있을 것이라고 믿고 숨은 두리안을 찾아 나서기로 했다.

 ## 영국인 역술가와 인도 수행자의 예언

: 절망과 희망의 교차로에서

부유한 중국계 사람들이 많이 오는 시장에 갔지만, 두리안은 팔지 않았다. 중국 사원 앞에는 돈을 많이 벌게 해 달라고 열심히 기도를 올리는 사람들로 넘쳐 났고, 중국계 점집들도 성업 중이었다. 제단에 바칠 꽃을 파는 아주머니 옆으로 나비 한 마리가 나풀나풀 날아갔고, 평소 나비를 좋아하는 나는 사진을 찍기 위해 나비를 따라갔다. 노란 나비는 책을 펼쳐 놓고 앉아 있는 서양인 쪽으로 가서 사뿐히 앉았다. 그는 주역으로 인생 상담을 하는 특이한 영국인이었고, 이 동네에서는 꽤 유명한 역술가인 듯 자신을 취재한 신문 기사도 스크랩해서 펼쳐 놓고 있었다.

"보통은 예약을 하거나 기다려야 하는데, 마침 손님이 없군요"라면서 그는 나에게 동전 두 개를 주고는 몇 번 던져 보라고 했다. 계속 걷느라 다리가 아팠고, 서양인이 주역을 어떻게 풀지도 궁금했다. 그는 주역의 점괘를 이야기하며 영어로 요약해서 적어 주었다.

"지금부터 당신은 계속 자료를 모으고 많은 사람들을 만날 거예요. 그 결과를 잊어버리기 전에 잘 정리해야 합니다. 모든 일은 바닥에 닿을 때까지, 끝까지 파고들어야 좋은 결과를 얻을 수 있어요. 그런데……, 아, 자칫하면 애써 모은 것을 다 잃어버릴 수 있어요. 작은 일에 주의하고 조심하세요. 특히 세세한 것들을 잘 챙기세요."

나는 알았다고 말하며 급하게 일어섰다. 어두워지기 전에 사진을 많이 찍고 두리안을 찾으러 가야 했기 때문이다. 리틀 인디아 거리로 향하는데, 인도에서 왔다는 힌두교 수행자가 내 뒤를 따라오더니 인도식 영어로 예언을 했다.

"당신은 좋은 카르마를 가지고 있어요. 그리고 올해는 운이 바뀌는 해입니다. 작년까지 당신의 인생은 아주 힘들었지만, 올해부터 좋은 일이 아주 많이 생길 겁니다. 하지만 조심하세요. 마지막 고비를 잘 넘기셔야 해요."

그러고는 수행자는 홀연히 사라졌다.

리틀 인디아 거리로 가는 방향을 알려 주는 이정표.
이 길 위에서 나는 내 인생의 행로를 미리 일러 주는 듯한 이상한 체험을 했다.

마치 인도에 온 것 같은 착각이 들게 하는 리틀 인디아 거리.

리틀 인디아 거리에서 만난 사람들.

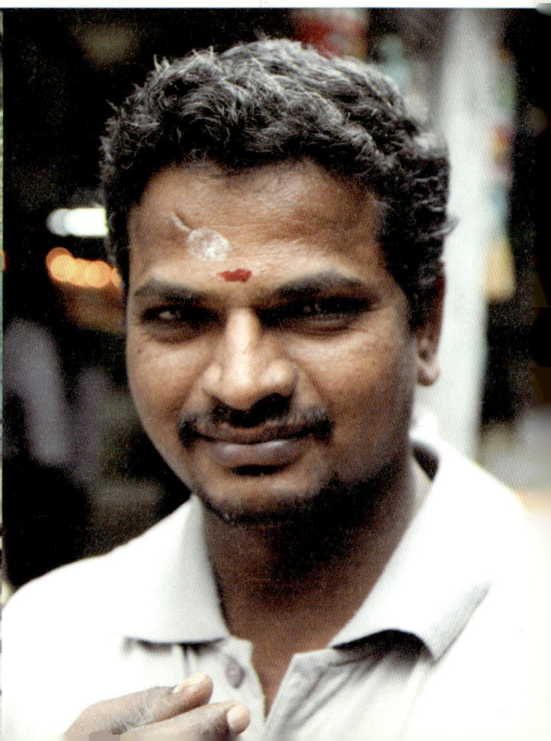

하루 종일 돌아다닌 끝에 결국 진짜 두리안을 파는 곳을 두 군데 찾아냈다. 한 곳은 관광객들이 많이 찾아오는 리틀 인디아 근처의 시장 입구였고, 다른 한 곳은 싱가포르의 원조 두리안 거리인 겔랑Geylang이었다. 두 군데 다 싱가포르 현지인보다는 외국 관광객들이 많았고 말레이시아에서 수입한 두리안을 팔았지만, 오랜만에 두리안 파는 상인들을 만나고 진짜 두리안을 맛보니 황홀했다. 싱가포르 현지인들은 공항 가는 길에 자투리 시간을 이용하여 외국인 바이어나 손님을 접대하기 위해 일부러 겔랑의 두리

사랑을 부르는 과일 두리안을 파는 야시장에
침대 광고판이 설치되어 있는 것도 무리는 아니다.
밤거리에서 두리안을 나누어 먹는 커플들의 다음 코스는?
독자의 상상에 맡긴다.

안 거리에 들른 듯했다. 대부분의 서양인들은 냄새가 역겹다며 코를 막고 그 비싼 두리안을 제대로 먹지 못했다. 나는 운 좋게도 그들이 남긴 두리안을 공짜로 배 터지게 먹을 수 있었고, 겔랑의 밤거리에서 만난 두리안을 좋아하는 사람들과 농담을 주고받으며 행복했다.

다음날 싱가포르를 떠나는 비행기를 탔다. '조심하라'고 당부하던 영국인 역술가가 생각나 사진기의 메모리 칩을 꺼내 그 속의 사진 파일들을 모두 노트북에 옮겨 놓고 다른 짐들도 잃어버리지 않도록 신경을 썼다. 책을 읽고 자료를 정리하다가 비행기가 착륙하기 직전에 화장실을 다녀왔다. 도착지에 내려서 짐을 챙겨 나오는데 느낌이 이상했다. 노트북이 든 가방이 너무 가벼웠다. 아……. 그동안 찍은 사진과 자료가 든 신형 노트북이 사라졌다. 내 옆자리에 앉았던 젊은 남성이 순간적으로 떠올랐다. 계속 고개를 푹 숙이고 있던 그의 행동거지가 수상했지만 이미 때늦은 일이었다. 예언을 듣고도 중요한 노트북을 제대로 챙기지 못했다는 자책감에 너무 괴로웠다.

오랫동안 나와 함께 여행을 한 사진기도 이제 수명을 다했는지, 렌즈 조리개가 제대로 작동하지 않았다. 여행을 계속할 기력과 의욕이 하나도 남아 있지 않았다. 중간에 다 포기하고 집에 돌아가고만 싶었다. '책을 계속 쓸 것이냐, 말 것이냐' 하는 기로에 섰다.

하지만 눈물을 흘리며 시간을 허비할 수 없었다. 후회만 하면서 계속 쓰러져 있을 수 없었다. 새로운 각오로 일어나 처음부터 모든 것을 다시 시작하기로 했다. '지금 나에게 가장 필요한 것, 내가 가장 하고 싶은 것이 무엇인지'를 스스로에게 다시 물었다. 원래는 동남아에 있는 여러 나라의 다양한 음식 문화를 소개하는 책을 쓰려 했는데, 우선 나의

지치고 상처받은 마음부터 치료하고 위로받아야 했다. 결국 '행복해지
고 싶은 아줌마 지리학자가 사춘기 아들과 함께 두리안을 찾아 떠나는
여행'으로 책의 주제가 바뀌었다. 여행 지역도 말레이시아의 페낭, 태국
의 짠타부리, 필리핀의 다바오, 인도네시아의 수마트라 같은 두리안 산
지 중심으로 압축되었다. 이미 잃어버린 것들은 다 잊기로 했다. 그 대
신 중고 노트북과 새 카메라를 구입하기 위해 신용카드를 꺼냈다.

늦둥이 막내와 함께 온 가족도(62쪽),
민족이 다른 인도 남성과 인도네시아 여성 커플도(위),
깊은 우정을 나누는 친구끼리도(아래) 모두 두리안 때문에 행복하다.

Malaysia

Malaysia

Malaysia

Malaysia

Malaysia

말레이시아

동양과 서양이 만나는 다문화 음식 천국

페트로나스 쌍둥이 빌딩에서 다시 만난 로티보이

말레이시아 수도 쿠알라 룸푸르의 랜드 마크로 우뚝 솟아 있는 페트로나스 쌍둥이 빌딩 1층에 들어가면 고소하고 맛있는 빵 냄새가 사람들을 유혹한다. 2000년대 초에 쿠알라 룸푸르를 방문한 나는 로티보이Rotiboy의 빵bun을 처음 먹어 보고는 그 맛에 반해 버렸다. 커피 향이 나며 겉은 바삭바삭하고 속은 촉촉한 버터 크림이 살짝 들어간, 꽉 잡으면 부서질 것 같은 독특한 질감의 빵은 30분 넘게 줄을 서서 먹어야 할 정도로 인기 있었다. 말레이계, 중국계, 인도계 가릴 것 없이 말레이시아 사람이라면 누구나 좋아하는 '국민 빵'으로 현지에서 폭발적인 인기를 끈 로티보이는 이후 싱가포르, 인도네시아, 태국에서 차례로 매장을 오픈했고 한국에도 진출하는 등 글로벌 브랜드로 계속 성장하고 있다.

'로티'는 말레이어로 빵을 의미하며 '보이'는 소년을 뜻하는 영어 단어로, 말레이시아가 말레이어와 영어를 함께 사용하는 국가라는 점을

로티보이 매장의 입구에서는
늘 기분 좋게 웃고 있는
소년이 고객을 반긴다.

자연스럽게 알려 준다. 기분 좋게 웃고 있는 친근한 '빵 소년'의 이미지는 창업자인 히로 탄Hiro Tan이 활짝 웃고 있는 조카를 보며 직접 고안해 냈다고 하는데, 말레이시아 사람들의 따뜻한 가족 사이의 정을 느낄 수 있게 한다. 빵의 주요 재료인 설탕, 계란, 커피, 팜유, 카야잼(계란과 코코넛을 섞어 만든 동남아 특유의 잼)은 모두 동남아에서 풍부하게 생산되기에 현지에서 먹는 빵이 더 맛있고 신선한 듯하다. 또한 로티보이는, 무슬림이 많은 말레이시아이지만 다른 동남아 국가들과 마찬가지로 남자들이 음식을 서비스하는 나라라는 점도 함께 확인시켜 주고 있다. 싱가포르에서 가벼운 아침 식사 장소로 인기가 높은 커피점 '꼬삐 띠암Kopi Tiam(코피 티암)' 역시 소년이 웃으며 토스트와 커피를 서빙하는 로고를 사용한다. 어릴 때부터 서비스 정신이 몸에 밴 동남아 남자들은 21세기

일등 신랑감이 아닐까?

말레이시아 수도 쿠알라 룸푸르는 19세기 영국 식민 통치기에 주석 광산에 일하러 온 중국계 노동자들이 모여들면서 성장한 도시인데, 기존 말레이 문화에 중국, 인도, 이슬람 및 영국 문화까지 공존하는 글로벌 도시로 부상했다. 말레이어로 '별들의 언덕'이라는 뜻을 가진 부킷 빈탕Bukit Bintang에는 세계적인 호텔과 서구식 쇼핑 센터가 즐비하다. 깔끔한 도로와 영국 식민 시대에 지어진 빅토리아 시대풍의 건물 사이를 걷다 보면, 마치 유럽 도시에 온 것 같다. 심각한 교통 체증과 연중 반복되는 홍수로 수도를 옮겨야 한다는 말이 나오는 자카르타나 방콕과는 달리, 대영 제국의 전성기에 발전한 계획 도시로 최근 스마트 터널 등 첨단 기법까지 도입한 쿠알라 룸푸르는 비가 많이 내려도 걱정이 없다.

무슬림의 표준을 제시하다

: 할랄 음식과 이슬람 금융

페트로나스 쌍둥이 빌딩은 세계 최고급 브랜드와 레스토랑이 입점한 대규모 쇼핑 공간인데, 베일(말레이시아에서는 '뚜둥Tudung', 아랍 국가에서는 '히잡Hijab'이라고 하는 등 국가별로 명칭이 다양하기에 이 책에서는 '베일'로 통칭하기로 한다. 무슬림 여성들이 외출할 때 머리카락을 보이지 않게 하기 위해 쓰는 일종의 스카프다)을 두른 무슬림 손님들이 점점 더 늘고 있었다. 특히 보수적인 무슬림 국가가 많은 중동 출신의 여성들이 온몸을 검은색 천으로 감싸는 부르카를 입고 눈만 내놓은 채 양손에 여러 개의 명품 쇼핑 백을 들고 돌아다니는 모습이 이전보다 더 많이 눈에 띄었다. 말레이시아는 동남아에서 모범적으로 경제 성장을 이룬 나라이자 이슬람식 경제 발전의 대표적 성공 사례로 인정받고 있다. 특히 수도 쿠알라 룸푸르는 놀러 가기 좋은 '열대의 정원 도시'를 넘어 '이슬람 제국의 새로운 수도'가 되어 가고 있는 듯했다.

독실한 무슬림이 많은 말레이시아에서는 이슬람 교리에 따라 생활하기 위해 꼭 필요한 용품을 생산하는 '할랄Halal 산업'이 발달했다. 이슬람 신도들은 돼지고기나 술을 절대로 먹지 않는 등 음식을 철저히 가려 먹기로 유명하다. '율법에 따른', '허용된'이라는 뜻을 담고 있는 '할랄 음식'으로 인증을 받으려면 음식 원료에 돼지고기나 술 성분이 절대로 들어가서는 안 된다. 돼지 껍질pig skin로 만든 젤라틴이 어린이들의 젤리나 과자에 들어가는 경우가 종종 있는데, 무슬림들은 코흘리개 아이의 간식조차 할랄 인증을 받았는지 꼭 확인할 정도다. 닭고기와 양고기의

할랄 인증을 받은 중국계 음식점.
이슬람 율법에 맞는 재료를 쓰는
음식점만이 할랄 음식 인증 로고를
내걸 수 있다.

독실한 말레이시아 무슬림들은 심지어
할랄 음식을 담았던 접시를 일반 음식
접시와 구분하여 따로 설거지한다.

경우에도 '신의 이름으로'라고 기도를 올린 후 단칼에 목 부위의 정맥과 동맥을 끊어 도살한 것만 할랄 음식으로 인정할 정도로 재료를 준비하는 과정도 이슬람 율법을 철저히 지켜야 한다.

이슬람이 급격히 보수화되고 근본주의 세력의 목소리가 커지고 있는 말레이시아에서는 말레이 전통 음식점뿐 아니라 중국계 레스토랑까지도 '할랄 음식 인증' 표시를 내거는 경우가 많다. 가공 식품, 화장품, 축산업 등에 집중되었던 말레이시아 할랄 산업은 이슬람 금융, 여행업 등으로 그 영역이 계속 확장되고 있다. 말레이시아 전문가인 서울대 인류학과 오명석 교수는 말레이시아에서 팽창하는 할랄 산업의 실태를 다음과 같이 실감 나게 소개했다. "할랄 인증을 받기 위한 조건을 계속 강화하거나 '이슬람법에 의해 금지된 하람Harām' 성분이 음식에 극소량이라도 들어가 있는지를 테스트할 수 있는 탐지 기술을 개발하는 등 말레이시아는 엄격한 할랄 인증 시스템 구축에 총력을 기울이고 있다. 이런 노력들을 통해 전 세계 무슬림들은 '말레이시아 할랄 인증' 제품은 믿을 수 있다는 인식을 갖게 된다."

최근 네슬레, 버거킹, KFC, 까르푸 등 다국적 기업들도 16억 명이 넘는 세계 무슬림 인구를 겨냥해 말레이시아에서 할랄 인증을 받으려 하고, 페트로나스 쌍둥이 빌딩의 로티보이도 무슬림들이 안심하고 먹을 수 있는 음식이라는 표시인 '할랄 음식 인증'을 받았다.

영국의 식민지를 거치면서 서구의 선진 금융 인프라가 이미 구축되어 있던 말레이시아였지만, 쿠알라 룸푸르는 마하티르 전 총리가 동남아에서 최초로 이슬람 은행을 설립하여 대출을 시작한 1983년 이후 이슬람 금융의 메카로 꾸준히 성장해 왔다. 무역을 중시했던 중동의 이슬람 국가에서는 금융 산업이 중요했고, 특히 무슬림의 5대 의무 중 하나인 메카 성지 순례Haj를 위해서는 목돈이 필요하기에 장기간의 저축은 필수였다. 이슬람 금융에서는 대출금에 대한 이자를 받는 것을 금기시하고, 사회적 해악으로 간주되는 담배, 술, 도박, 돼지고기에 대한 투자도 금지하는 '착한 금융'을 지향한다. 9·11 테러 이후 미국과 중동의 관계가 악화되자 국제 정세에 밝은 마하티르 전 총리는 기회가 있을 때마다 이슬람 세계의 대변자로서 유창한 영어로 서구 열강의 잘못에 대해 거침없는 쓴소리를 날려 아랍 국가들의 답답한 속을 시원하게 풀어 주었다. 마침 국제 원유가의 폭등으로 인해 넘치는 오일 머니를 투자할 곳을 찾던 중동의 석유 부국들이 고마운 말레이시아를 음으로 양으로 지원하는 것은 당연한 결과였다. 연간 두 자리 수의 증가율을 보이며 빠르게 성장하는 이슬람 금융 산업의 규모는 세계적으로 1조 달러가 넘는데, 이슬람 채권인 수쿠크 발행액의 3/4 가량이 말레이시아에서 발행되고 있다.

말레이시아 근대화의 일등 공신이자 말레이시아 농가의 주요 소득원인 팜유가 건강에 좋지 않다는 연구 결과를 미국 기업들이 슬쩍 흘려 말레이시아가 세계 식용유 시장에서 고전하자, 무슬림 국가들은 오히려 더 똘똘 뭉쳐 미국의 콩기름이나 옥수수기름 대신 팜유를 우선적으로 수입하기도 했다. 말레이시아는 할랄 음식과 이슬람 금융뿐 아니라 무슬림을 위한 다양한 패션, 화장품, 장난감, 여행업까지 진출하여 무슬림 라이프스타일의 세계 표준을 세워 가고 있다.

할랄 음식 인증 마크.

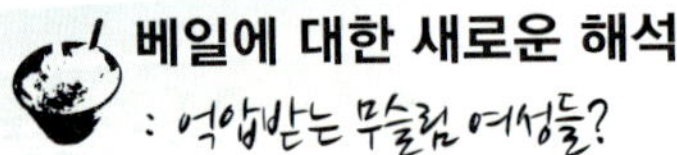

베일에 대한 새로운 해석
: 억압받는 무슬림 여성들?

힌두교와 불교 문화권이던 말레이 반도에 이슬람교가 전래된 것은 15세기경이었다. 서구인들은 이슬람이 얼마나 여성들을 억압하고 차별하는지를 잘 보여 주는 사례로 무슬림 여성들의 베일을 자주 언급한다. 독실한 말레이계 무슬림 여성들은 외출할 때는 항상 '뚜둥'이라는 베일을 착용하는데, 우리나라에 유학 온 말레이시아 여자 대학생들은 베일을 두른 자신을 이상하게 쳐다보는 한국 사람들로 인해 불편할 때가 있다고 했다.

말레이시아에 여행을 온 중동 커플(왼쪽)과 말레이시아 현지의 무슬림 여성들(중간, 오른쪽).
'부르카'라는 검은 옷으로 온몸을 가린 중동 무슬림 여성에 비해 말레이시아 무슬림 여성의
옷차림은 훨씬 자유롭고 편안해 보인다.

심지어는 "아유, 이렇게 더운데 왜 답답하게 스카프를 두르고 있어" 하고 베일을 벗기려는 할머니도 만난 적이 있다고 하니…….

　내가 아는 대부분의 무슬림 여성들은 자신의 종교적 정체성과 신앙을 드러내고 사회적 존경을 얻는 수단으로 베일을 인식했고, 특히 말레이계 무슬림 여성들은 베일을 쓰는 전통을 아주 자랑스럽게 생각했다. 우리는 가톨릭 수녀가 항시 착용하는 베일과 가톨릭 여신도들이 예배 볼 때 착용하는 미사보는 이상하게 생각하지 않으면서, 이슬람의 베일이나 무슬림 여성의 옷은 색안경을 끼고 본다. 하지만 새로운 해석도 가능하다. 무슬림 여성들이 베일을 두르는 전통은 여성들이 외모에 집착하기보다는 신에 대한 공경을 더 중시하도록 하는 종교적 가르침일 수

있다. 실제로 뚜둥을 두른 말레이시아 여성이 못 할 일은 거의 없다. 말레이시아 무슬림 여성은 남성들과 함께 3개월간 군대 생활을 경험하기도 하고, 공대·자연대·경영대 같은 단과대학에도 여학생이 반 이상인 경우가 많다. 정계, 학계, 경제계, 문화·예술계 등을 가릴 것 없이 다양한 분야에서 무슬림 여성들이 활약하고 있어 일간지를 펼치면 베일을 쓴 여성들의 사진이 반을 넘는다.

우리나라는 여성 운동가의 노력으로 얼마 전에야 '미스코리아 선발대회'를 공중파에서 생중계하지 않게 되었지만, 이슬람 국가들은 이미 오래전부터 여성들의 신체를 대상화하고 아름다움을 상품화하는 세계 미인대회를 보이콧해 왔다. 날씬한 몸매와 노출을 은근히 강요하는 한국 및 서구 문화에서 여성들은 다이어트에 강박적으로 집착하고, 현대 의학의 도움 없이는 거의 불가능한 '베이글녀'(인조인간도 아닌데 어떻게 얼굴은 베이비이고 몸매는 글래머일 수 있겠는가)가 되려고 뼈와 살을 깎는 고통을 감수한다. 또 항상 주변의 시선을 의식해서 화장을 하고 머리를 매만지고 옷을 입느라 소중한 시간을 허비한다. 나는 아침에 일찍 일어나 머리를 감고 드라이를 하면서 '이슬람 신자는 아니지만, 급할 땐 무슬림 여성처럼 스카프를 두르고 나가면 안 될까' 하고 엉뚱한 상상을 하기도 한다.

하지만 최근 말레이시아에서 근본주의적 이슬람 집단이 세력을 확장하고 사회가 보수화되면서 고통받는 여성도 생기고 있다. 아즐리나 자일라나라는 무슬림 여성이 기독교로 개종하기를 원해 소송을 제기했지만 이슬람 법원은 그녀의 청을 거부했는데, 한 개인의 희망보다는 무슬림 사회의 안정이 중요하다는 게 종교 사법 당국의 입장이었다(하지만 '리나 조이'라는 서구식 이름으로 개명하는 것은 허락했다). 또 말레이시아 이슬람법에 따르면 무슬림은 무슬림과 결혼해야 하고, 무슬림과 결혼한 이교도는 반드시 무슬림으로 개종해야 한다. 또한, 불교·힌두교·기독교 신자들은 자유롭게 종교 생활을 할 수는 있지만, 이들이 자신의 종교를 말레이계 무슬림에게 포교하는 것은 엄격하게 금하고 있다.

무슬림 여성들을 위한 패션 잡지. 말레이시아에서는 뚜둥을 쓴 여성이 정계, 학계, 경제계, 문화·예술계를 주도하는 모습을 쉽게 볼 수 있다.

손님 접대를 준비하는 말레이시아 가정. 우리의 편견과는 정반대로 말레이계 무슬림 남편은 아내와 자녀에게 자상한 경우가 많다.

무슬림 매력남의 대결
: 영국 유학파 변호사 vs 싱가포르 유학파 의사

그럼 남자 친구나 남편으로서 무슬림은 어떨까? 말레이시아 무슬림 남성은 우리가 흔히 떠올리는 포악하고 호전적인 무슬림 남성과는 거리가 멀 뿐 아니라, 적어도 내 주변에는 아내를 여럿 둔 말레이 남성은 없었다. 말레이시아를 영국에서 독립시킨 영웅이자 초대 총리였던 압둘 라만Tunku Abdul Rahman은 말레이계 무슬림이자 부유한 귀족 출신으로 첫 아내와 사별한 뒤 로맨스를 이어 나갔다. 변호사가 되기 위해 영국에서 유학 생활을 할 때도 그의 주변에는 말레이 친구들이 끊이지 않았고, 영국 하숙집으로 친구들을 초청해 고향 음식을 나눠 먹으며 우정을 쌓았다. 이후 그가 총리가 되는 데 친구들의 도움이 컸다고 하는데, 두리안을 좋아하고 유머가 풍부한 '로맨틱 가이'였던 압둘 라만은 술 대신 주스와 차를 홀짝홀짝 마시며 밤새도록 친구들과 이야기를 나누었을 것이다. 술과 도우미가 나오는 노래방에 가거나 룸 살롱에서 야한 아가씨가 따라 주는 술을 마시는 말레이계 무슬림 남성은 상상하기 힘들다.

　강단 있는 지도자인 마하티르Mahathir bin Mohamad 역시 강대국 지도자들에게는 기죽지 않고 당당했지만, 집에서는 부드러운 남편, 자상하고 따뜻한 아버지였다. 교사 집안의 막내로 태어난 그는 어릴 때부터 공부를 열심히 하는 모범생이었고, 장학금을 받아 싱가포르에서 의대를 다녔다. 마하티르는 의대에서 함께 공부했던 유일한 말레이 여학생을 오랫동안 짝사랑하고 용기를 내어 청혼했는데, 결국 그녀는 '순정남' 마하티르의 지혜로운 반려자가 되었다. 자녀들을 사랑으로 기른 마하티

유머가 풍부하고 로맨틱한 남자였던
말레이시아 초대 총리 압둘 라만.

자상하고 성실한 남편이자 따뜻한 아버지였던
마하티르 전 총리.

르는 좋은 아버지였고, 의사로서도 환자들을 헌신적으로 진료해 칭송을 받았다. 마하티르는 총리가 되어서도 공부하고 노력하는 자세를 잃지 않았다.

같은 기독교 내에서도 여성이 목사가 될 수 없는 보수적인 교단이 있는가 하면, 여성 목사가 주도적인 역할을 하는 교단도 있다. 마찬가지로 전 세계 인구의 1/4 정도로 추산되는 무슬림의 세계에서도 다양한 전통과 문화가 존재하고, 국가마다 다른 이슬람 율법을 적용한다. 또 모든 무슬림 남성이 아내를 여럿 두고 여성을 함부로 대할 것이라는 생각은 우리의 편견일 수 있다. 자상하고 부드러운 말레이계 무슬림 남성들은 큰소리를 내는 법이 없고 여성과 아이들에게 친절하다. 내가 말레이게 무슬림 가정을 방문할 때면 음식을 내오고 손님을 접대하는 사람은 대부분 남편들이었다. 전통적인 말레이계 가옥은 여성의 신체 사이즈를 기준으로 집을 설계하는 관습이 있고, 말레이시아의 무슬림 가정은 철저히 여성 중심적인 공간이다. 술은 한 방울도 안 마시고, 회사 끝나면 바로 집에 와서 애 보고, 1년에 한 달 정도는 금식하고, 이슬람 사원에 아이들을 데리고 가 예배 보고, 연소득의 2.5퍼센트는 가난한 사람들을 위해 기부하고, 하루에 5번씩 기도를 드리는 독실한 무슬림 남성은 애인으로는 심심할지 몰라도 남편감으로는 정말 괜찮지 않은가.

부미푸트라 우대 정책
: '사뚜 말레이시아'의 빛과 그림자

말레이시아는 약 60퍼센트의 말레이계('땅의 주인'이라는 뜻의 '부미푸트라Bumiputra'로 불린다)와 약 40퍼센트의 비非말레이계('비부미푸트라non-Bumiputra'라고도 하며 중국계 25퍼센트, 인도계 8퍼센트, 기타 7퍼센트 정도다)로 이루어져 있다. 2009년에 나집 라작Mohd. Najib bin Tun Haji Abdul Razak이 말레이시아의 6대 총리로 취임하면서 '사뚜 말레이시아Satu Malaysia'를 모토로 내세웠다. 말레이어로 '사뚜'는 하나라는 뜻으로, 말레이계, 중국계, 인도계가 모두 힘을 모아 '하나의 말레이시아'를 건설하겠다는 의지였다. 혹자는 'MALAYSIA'라는 나라명에 MALAY+S(중국계를 뜻하는 Sino)+I(인도계)+A(기타)를 포함한 독립국가의 이상이 잘 표현되어 있다고 주장하기도 한다. 나집 라작 총리의 집안은 말레이시아의 총리 6명

말레이계, 인도계, 중국계가 다정하게 함께
등장하는 포스터는 부티크 다문화주의의
이미지일 뿐, 현실은 항상 이렇게 평화롭지 않다.

중 무려 3명을 배출한 명문가로, 2대 총리
를 지낸 압둘 라작 후세인은 그의 아버지,
3대 총리는 그의 삼촌이었다. 말레이시아
독립 후 50여 년간 재임한 6명의 총리는
다 말레이계 무슬림이었고 말레이시아 정
부는 계속 말레이계 우대 정책을 폈으니,
나머지 종족의 불만이 커지는 것은 당연했다. '사뚜 말레이시아'는 말레
이시아 정부가 추진한 강력한 다문화 통합 정책을 상징하기도 하지만,
역으로 그동안 말레이시아 사회에서 비말레이계 종족의 소외감이 얼마
나 컸는지, 말레이시아 다문화 정책에 얼마나 심각한 문제가 있었는지
를 잘 드러내는 사례이기도 하다. 특히 근면하고 경제 활동을 열심히 하
지만 정치권력에서는 철저히 소외된 중국계의 불만은 점점 더 커지고
있다. 다양한 민족의 음식과 레스토랑, 민속의상, 축제는 허용하지만 일
자리와 핵심적인 권리는 나누지 않는, 흉내만 내는 '부티크 다문화주의
Boutique Multi-culturalism'에만 그칠 경우 언젠가는 문제가 터지게 되어 있다.

지금까지도 말레이시아 정부가 교육, 주택, 직업 등 민감한 영역에
서 '부미푸트라(말레이계) 우대 정책'을 펴게 된 배경은 50여 년 전으로
거슬러 올라간다. 1957년 말레이시아가 영국에서 독립한 초창기에 다양
한 민족의 복잡한 이해관계가 얽혀 시위가 빈번했고, 1969년에 이르자
혼란은 극에 달했다. 총선에서 자신들의 정당을 내세워 기대 이상의 득

표를 한 중국계 주민들이 거리로 뛰쳐나와 승리의 기쁨을 표현하자, '경제를 장악한 중국계가 이제는 정치까지 넘보는 것 아니냐'며 말레이계의 불안이 커졌다. 민족 간 갈등이 촉발되면서 거리에는 폭력이 난무하고 중국계 상가가 불타는 등 수백 명이 숨지는 유혈 참극이 발생했다.

부미푸트라 정책은 신규 주택 분양 때 일정 비율을 말레이계에게 사전 분양하도록 하고, 상장회사에서 말레이계 지분을 높이며, 공무원 채용과 대학 입시에서 말레이계를 우대하는 것이다. 이 정책은 말레이계와 중국계의 경제적 격차를 줄이고 말레이계의 빈곤을 타파하는 데는 큰 기여를 했지만, 비말레이계 입장에서는 차별로 느껴질 수도 있다. 중국계와 인도계 주민은 인구수에 따른 할당 비율이 낮아 집을 사거나 정부 기관에 취업할 때 말레이계에 비해 경쟁률이 높아진다. 자녀를 국내의 명문 학교에 보낼 기회가 제한되니 치열한 경쟁에서 탈락하면, 어쩔 수 없이 비싼 돈을 들여 자녀를 유학 보낼 수밖에 없어 특히 교육열이 높은 중국계 학부모의 불만이 크다. 경제 분야 역시 능력과 성과에 따라 평가하기보다는 인구 비례에 따른 종족 간 균형 원칙을 우선시한다. 더군다나 무슬림의 다산 장려 문화로 말레이계 인구가 비말레이계에 비해 더 빨리 증가하면서, 비말레이계 총리가 투표를 통해 선출되어 혁신적인 정책을 내놓을 확률은 제로에 가깝다. 중국계 및 인도계 주민의 불만이 커지면서 국가 보안법도 강화되는 추세다. 국가 및 종교 통합에 방해가 되는 모든 행위(국교인 이슬람과 왕실을 비판하는 행위, 이슬람 술탄의 지위와 권한에 대해 논쟁하는 행위, 말레이계 우대 정책을 비판하는 행위, 국어인 말레이어의 위상에 대해 논쟁하는 행위 등)는 처벌받을 수 있기에, 비말레이계 주민은 불만이 있어도 말을 못 하는 갑갑한 상황이다.

다문화 국가인 말레이시아에서는
민족 간의 극심한 갈등을 조금이나마
해소해 주는 것이 바로 다양한 음식 문화가 아닐까?

말레이시아 사람들은 커피를 마시면서
대화를 나누는 시간을 중요하게 생각한다.
어쩌면 이 행복한 시간이 말레이시아를
진정 하나가 되도록 해 주지 않을까?

그렇다면 이처럼 복잡한 정치 상황에서도 말레이시아를 하나로 묶어 주는 매개체는 무엇일까? 풍요로운 자연과 다양한 문화가 어우러져 빚어내는 맛있는 음식이 아닐까? 말레이시아 사람들은 호커 센터에서 나시 레막Nasi Lemak(코코넛 밥), 로작Rojak(샐러드), 첸돌Cendol이 들어간 아이스 카창Ice Kachang(과일 빙수), 사테이Satay(꼬치) 등 맛있는 음식을 먹으며 행복을 느낀다. 또한 '커피점 수다Kopitiam Chit Chat'라는 표현이 있을 정도로 술 대신 커피나 차를 마시고 달콤한 디저트를 먹으며 대화를 나눈다. 이런 과정을 통해 민족의 벽을 뛰어넘고 말레이시아 국민으로서의 정체성을 형성해 가는 듯하다. 특히 두리안은 연중 무더운 말레이시아에서 계절의 순환을 느끼게 하고, 두리안을 먹는 순간만큼은 빈부 격차, 종교 갈등, 민족 차별을 느끼지 않고 모두가 행복한 마음으로 하나가 될 수 있게 한다.

진짜 두리안이 사라진 싱가포르와는 달리, 말레이시아는 수도 쿠알라 룸푸르에서도 시내를 조금만 벗어나 한적한 주택가로 들어서면 두리안 파는 곳을 쉽게 찾을 수 있었다. 부미푸트라를 우대하는 신경제 정책에서 소외된 비말레이계의 삶, 경제 성장의 그늘에서 고통받는 서민들의 애환을 다룬 작품을 주로 만들어 온 영화감독이자 내 오랜 말레이시아 친구는 나를 현지인만 아는 두리안 뷔페로 데려가 주었다. 10링깃 정도만 내면 두리안을 실컷 먹을 수 있는 두리안 뷔페에서는 국가 보안법을 적용할 필요가 없을 정도로 모두 즐거운 대화만 나누고 있었고, 인종, 나이, 성별, 종교, 국적에 상관없이 모두 행복해 보였다. 심지어 공항에는 두리안으로 아세안이 하나가 될 수 있다는 광고판까지 설치되어 있었다.

두리안을 마음껏 먹을 수 있는 두리안 뷔페(위).
두리안으로 하나가 되는 동남아 국가들을 표현한 공항 광고(아래).

마담 버터플라이가 발견한 '나비 문명'의 발상지

나는 나비를 참 좋아한다. 기분이 울적할 때 나비만 보면 왠지 기분이 좋아진다. 내가 나비에게 꽂힌 순간은 에어 아시아Air Asia의 비행기 안에서였다. 에어 아시아는 말레이시아의 젊은 기업가 토니 페르난데스가 인수하여 '볼레boleh(말레이어로 '할 수 있다'는 뜻) 정신'으로 성공시킨 저가 항공사로, "이제 누구나 날 수 있다Now everyone can fly"라는 매력적인 광고 문구를 사용한다. 비행기 안에서 과학 잡지를 보는데, 푸른 하늘에 수천 마리의 주황색 나비가 날고 있는 사진이 눈에 들어왔다. 모나크 나비였는데 다음과 같은 설명이 붙어 있었다. "몸무게가 1그램도 안 되고 뇌도 옷핀 머리보다 작은 이 모나크 나비는 캐나다에서 미국을 거쳐 멕시코까지, 오직 날아가겠다는 의지만으로 수천 킬로미터에 달하는 멀고 위험한 여행을 감행합니다. 먼 길을 떠나온 나비 친구들을 멕시코의 숲에서 만나 함께 휴식합니다."

빡빡한 일정에 늘 쫓기듯이 지내다 급하게 짐을 싸서 지친 몸으로 비행기에 오르고, 좁은 이코노미석에서 열 시간도 넘게 꼼짝 못하고 쪼그리고 앉아 있다가 공항에 내리자마자 강의나 일을 하러 가야 하는 고달프고 피곤한 내 삶이 너무 슬퍼서 한숨짓고 있었는데……. 작은 나비 한 마리가 맨몸으로 수천 킬로미터를 여행한다는 기사를 읽으니 눈물이 주르르 흘렀다. 그리고 비행기 여행이 힘들다고 불평하는 내 자신이 부끄러워졌다. 그때부터 나는 나비만 보면 위로가 되었고 나비와 관련된 물품이나 이야기를 수집하기 시작했다. 나비를 통해 좋은 사람들을 만나고 힘든 여행

중에도 나비를 보면서 위로를 받았다. 평상시에도 나비 장신구를 착용하고 국내외 학회 발표 때는 나비를 상징으로 애용했다.

그러고 보니 내가 전공한 동남아 지역은 나비 천국이었다. 동남아 전역이 열대 기후로 연중 다양한 꽃과 식물이 잘 자라니, 향기로운 꽃을 찾아다니는 나비도 많아서 동남아 어디를 가든지 나비를 볼 수 있었다. 베트남, 필리핀, 말레이시아, 인도네시아, 태국에는 다양한 종의 나비가 서식하고 있었고, 나비와 관련된 이야기, 나비를 응용한 장식품, 나비를 좋아하는 사람들을 계속 만날 수 있었다.

일본의 생태·평화 운동가 마사키 다카시가 쓴 에세이 『나비 문명』에는 나뭇잎을 먹어야만 살 수 있기에 나무에게 너무 미안해하는 착한 애벌레에게 "너는 곧 나비가 될 것이고 그럼 나뭇잎 대신 꽃의 달콤한 꿀을 먹고 춤을 출 거야. 그리고 너로 인해 꽃이 열매를 맺을 거야"라고 위로와 희망을 주는 나무의 이야기가 나온다. 파괴하고 단절시키는 것이 아니라 서로가 서로를 품어 주고 서로의 생명이 되어 순환하는 아름다운 세계를 상상한 작가는 인간이 아닌 작은 나비의 눈으로 세상을 바라보고, 상생의 가치를 실현하는 '나비 문명'이 전 세계에 퍼져 나가기를 기원했다. 그런데 말레이 반도 서쪽의 작은 섬 페낭은 '나비 문명의 발상지' 같다는 생각이 들 정도로 평화와 환경을 소중하게 여기고 다양한 가치를 인정하며 남을 배려하는

열대 기후로 연중 다양한 꽃과 식물이
잘 자라는 동남아 지역에서는 나비도
쉽게 볼 수 있다. 그러다 보니 어디를
가든 나비와 관련된 이야기와
장식품들이 넘쳐 난다.

페라나칸 문화에서
발달한 나비 장식.

페낭의 에코 버스는 환경 보호라는 메시지를 담은 공익광고판과
함께, 실내를 마치 숲 속처럼 꾸며 놓고 운행한다.

따뜻한 마음이 잘 보존되어 있었다. 심지어 페낭에서는 환경 보호의 메시지와 자연의 이미지로 가득한 에코 버스를 운행할 정도다.

꽃이 많은 온화한 기후에 깨끗한 환경, 생태계가 잘 보존되어 있는 페낭에서는 도처에서 나풀나풀 날아다니는 다양한 종류의 나비를 볼 수 있었다. 또한 나비는 행운을 가져오는 상징으로 페낭 사람들에게 인기가 높은 듯했다. 나비 바틱, 나비 티셔츠, 나비 볼펜, 나비 머리띠, 나비 핀……. 나비로 된 모든 것들의 집합소였다. 그러고 보니 페낭에서는 제단에 바친 가짜 돈에도 관우와 나비가 그려져 있었다.

페낭을 돌아다니다 진짜 나비를 넣은 목걸이가 눈에 확 들어왔다. 점원에게 이 나비 목걸이를 만든 사람이 누구인지 만나고 싶다고 했다. 여기저기 수소문해서 겨우 만난 나비 예술가의 이름은 제임스. 감성적인 50대 중국계 남성이었다. 나비 벽화를 그리고 나비 액세서리를 만들면서 하루 종일 나비만 생각하며 사는 로맨틱한 예술가였다. 제임스는 나비 농장에서 나비가 죽고 그냥 버려지는 것이 너무 슬펐다고 했다.

"나비는 정말 신비로워요. 나비들의 날개를 보면 똑같은 것이 하나도 없어요. 심지어 한 나비의 날개에서도 앞뒤 색이 다르고 무늬도 조금씩 다르거든요. 나비는 아름다운 대신 생명이 짧으니 더 애틋하고 특별하게 느껴지더라고요. 이 아름다운 나비를 어떻게 다시 살려 낼 수 있을까, 고민하다가 진짜 나비를 활용한 예술 작품을 만들게 되었죠."

그는 자신이 전생에 나비였을지도 모르겠다며 부드러운 미소를 지었다.

페라나칸 가옥을 개조한 호텔.

페라나칸 문화의 모계사회 전통

: 전족 대신 비드 슬리퍼를

말레이 전통문화는 15세기에 이슬람교가 전해지면서 보수화되기는 했지만, 원래는 다양한 여신들을 숭배하고 어머니가 주도하는 양계 또는 모계사회의 특성이 강하게 나타나는 등 세계 어느 지역보다 양성평등적인 문화였다. 특히 수마트라의 미낭카바우 여성들은 근본주의적인 이슬람이 강화되는 상황에서도 모계 중심 사회의 전통을 꿋꿋하게 지켜 나갔다.

한편 중국계 남성들이 페낭, 말라카, 싱가포르 등에 일하러 와 현지 말레이 여성과 결혼하여 가정을 이루게 되면 그 후손을 말레이어로 페라나칸Peranakan이라고 했다. 말레이 문화와 중국 문화가 혼합된 페라나칸에서 남자는 페르시아 말로 '바바Baba'라 하고, 여자는 '뇨냐Nyonya'라 한다. 특히 뇨냐는 할머니라는 뜻의 네덜란드어와 자바어가 결합된 '노나Nona'와 관련이 있어 보이는데, 페라나칸 문화가 얼마나 다양한 문화의 영향을 받았는지 잘 보여 주는 사례다. 15세기경 페라나칸 문화 초기에는 이국땅에 맨몸으로 혼자 와 현지에 정착한 중국 남성보다는 친정이 '빵빵'한 말레이 여성의 힘이 셌던 것 같다. 즉, 처음에는 가정의 주도권을 뇨냐가 잡았고 모계사회의 전통이 뚜렷했지만 차츰 중국 본토의 가부장적인 문화가 유입되며 양상이 달라졌다.

말라카, 페낭, 싱가포르 등에서 발달한 페라나칸 사회가 18~19세기에 이르면 중국 본토와의 교류가 많아지고 페낭에서 영국의 식민 통치가 본격화되면서 모계 전통과 여신 문화는 조금씩 지워지기 시작했

다. 즉 영어와 중국어, 무역에 능통한 바바는 밖에서 사업을 하여 돈을
벌고, 뇨냐는 집에서 요리, 육아, 바느질만 하는 등 성별 분리가 강화되
는 공간 구조로 변해 간 것이다. 전통적인 페라나칸 결혼식은 신랑 집과
신부 집을 오가며 12일 정도 진행되는데, 중국계 신랑은 힘들고 복잡한
모든 의식을 제대로 치러 내야 했다. 신랑 신부가 험난한 결혼 예식을
무사히 마치고 마지막 날에 가족들과 함께 결혼사진을 찍게 되면 드디
어 결혼이 완성되었는데, 이제는 결혼식이 많이 간소화되었다.

　　한편 중국 향신료에 코코넛 밀크 같은 말레이 향신료를 조합하여
만든 퓨전 요리인 페라나칸 뇨냐 요리는 원래 평범한 가정식이었는데,
지금은 페낭, 말라카 등에 있는 페라나칸 레스토랑에서나 맛볼 수 있는
별미가 되어 버렸다. 하지만 페낭, 말라카 등 말레이 반도의 항구 도시에
가면 전통적인 페라나칸 문화의 흔적을 찾아볼 수 있는데, 중국계 사원에

페라나칸 비드 슬리퍼를 만드는 과정.
구슬로 만든 나비 모양이 이채롭다.

가면 '자비의 여신'으로 불리는 관음보살상이 제단의 중심에 모셔져 있는 경우가 많다. 또한 페라나칸 패션과 문화를 주도해 온 뇨냐들은 중국의 전족을 따르기보다는 색색의 작은 구슬 장식이 달린 비드 슬리퍼Beaded Slippers(말레이어로 '카숫 마넥Kasut Manek')를 만들어 냈다. 더운 날씨에 통풍이 잘 되도록 뒤꿈치를 막지 않은 편안한 스타일로 화려한 구슬 장식이 아름다운 신발이다. 페라나칸의 뇨냐 의상은 중국 전통 의상처럼 몸에 딱 붙는 스타일이 아니라 긴팔의 편안한 디자인으로, 다양한 꽃을 수놓아 영롱하게 빛나는 옷감에 나비 보석 브로치 등으로 장식하여 우아함과 화려함의 극치를 보여 준다.

또 페라나칸 가옥은 중국식 창문과 정교한 인테리어가 웅장한데, 비가 오면 똑똑 떨어지는 빗소리로 더욱 매력적이다. 햇볕과 바람을 적절히 느낄 수 있도록 지붕의 가운데를 비워 자연스럽게 실내 채광과 통풍이 잘 되도록 설계하고, 비가 내리면 바로 1층의 연못으로 떨어지게 하여 연못 속 잉어와 식물들이 청정한 자연의 기를 직접 받을 수 있도록 하는 에코 디자인을 실현했다.

해마다 2월 초가 되면 페라나칸 여성들은 너도나도 바다에 나가 오렌지를 던지는 풍속이 있다. 공교롭게도 밸런타인 데이인 2월 14일보다 한 주 앞서서 '자기가 사랑하는 남자'의 이름을 큰소리로 부르며 사랑이 이루어지기를 기원하는 것이다. 벙어리 냉가슴 앓듯 남자 친구에게 초

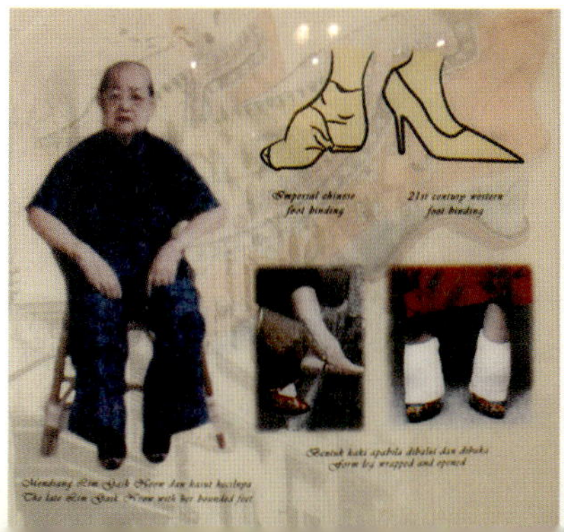

전족/하이힐이 여성을 어떻게 억압하는지를 설명하는 도판(왼쪽)과 편안하고 아름다운 비드 슬리퍼(오른쪽).

말레이시아 정부는 1965년에 싱가포르를 말레이 연방에서 분리함으로써 중국계가 말레이시아 본토를 장악하는 것을 막으려 했다. 중국계의 경제력을 견제하기 위한 부미푸트라 우대 정책에도 불구하고 현재 말레이시아 국부의 70퍼센트 정도를 전체 인구의 30퍼센트에 불과한 중국계가 장악하고 있다. '동양의 진주' 페낭의 중국인들은 남녀노소가 함께 참여하는 축제를 통해 자신들의 문화와 전통을 지켜 나가고 있다.

TAL HOTEL

EASTERN & ORIENTAL HOTEL
EST. 1885

이제 영국과 유럽의 시대는 가고, 중국과 동남아의 시대가 났다!
페낭의 영국 통치 시대의 유산인 E & O 호텔 앞을 지나가는 중국인들의
축제 행렬은 부상하는 중국의 파워를 상징한다. 페낭은 말레이시아에서도
중국계의 비중이 높은 도시로, 최근 중국 본토와의 무역이 늘고 경제가
지속적으로 성장하면서 관광과 축제, 문화와 산업이 더욱 활기를 띠고 있다.

콜릿을 곁들인 사랑 고백을 받기만 기다리기보다는 자신의 욕망을 적극적으로 표현하는 페라나칸 여성들이 왠지 더 멋져 보인다.

착한 아저씨가 만드는 최고의 국수
: 페낭 아삼 락사

페낭 아삼 락사Penang Asam Laksa는 2011년 CNN이 선정한 세계 50대 음식에서 7위에 올라 국수로는 유일하게 10위권에 들었으니 '세계에서 가장 맛있는 국수'라고 해도 좋을 것 같다. 커리에 코코넛 밀크가 들어가 열량이 높고 기름기가 많은 커리 락사Curry Laksa(그냥 '락사' 또는 '싱가포르 락사'라고도 한다)와는 달리, 페낭 아삼 락사는 다양한 허브와 야채가 풍부하게 들어가 향긋하고 담백한 맛이 특징이다.

가는 쌀국수에 유부, 어묵, 새우, 조갯살을 얹고 달걀노른자를 올린 후 커리와 코코넛 밀크를 혼합한 걸쭉한 국물을 끼얹어 먹는 국수인 커리 락사 역시 CNN 재투표에서 44위를 차지할 정도로 맛있는 국수이기는 하다. 하지만 베트남에서 가장 맛있다는 국숫집의 쇠고기 쌀국수인 퍼 보Pho Bo부터 왕실의 음식 문화를 그대로 재현했다는 정통 고급 태국 레스토랑의 볶음국수인 팟 타이Pad Thai까지, 카메라를 들고 직접 찾아가 안 먹어 본 국수 종류가 별로 없는 음식 지리학자인 내게도 페낭 아삼 락사는 특별했다.

아삼은 말레이어로 '타마린드'를 뜻하는데, 페낭 아삼 락사는 아삼 외에도 다양한 야채와 신선한 허브가 많이 들어간다. '베트남 민트' 또

페낭 아삼 락사는 다양한 허브와 야채가 풍부하게
들어가 향긋하고 담백한 맛이 특징인 반면, 커리 락사는
커리와 코코넛 밀크를 집어넣어 열량이 높고 기름기가
많다. 어느 쪽을 선택할지는 독자의 몫.

페낭 아삼 락사에 들어가는 재료들.

착한 주인아저씨가 말아 주는
국수의 맛은 그 어떤 음식과
비교해 보아도 착하고 맛있었다.

는 '락사 민트'라고도 불리는 다운 케섬Daun Kesum과 고운 분홍색을 띤 '생강 싹Bunga Kantan(ginger bud)'이 독특한 맛을 내는 데 중요한 듯했다. 맑은 생선 국물에 부드러운 (보통은 면발이 통통한) 국수를 먼저 넣고 생선 살, 레몬그라스, 민트 잎, 파인애플 조각, 곱게 채 썬 다양한 야채 등 형형색색의 다채로운 고명을 얹고 삼발 소스(칠리 고추로 만든 소스)를 자신의 입맛에 따라 넣으면 완성되는 새콤달콤한 국수다.

페낭에서도 가장 맛있다고 소문난 아삼 락사 가게를 찾아가기로 했다. 조지타운 시내에서 버스만 4번 갈아타고, 물어물어 겨우 찾아간 작은 시골 마을의 2차선 도로 모퉁이에 그 가게가 있었다. 준비한 재료를 미리 펼쳐 넣고 고명을 썬 뒤에 준비한 국물에 국수를 말아 바로바로 내놓는 전형적인 동남아 국숫집이었다.

페낭 아삼 락사를 만드는 주인아저씨의 얼굴이 너무 선했다. 세상에 태어나서 거짓말 한 번 안 했을 것 같은 주인아저씨가 어찌나 정성스럽게 재료를 다듬고 곱게 써는지, 또 재료는 왜 그렇게 신선하고 건강해 보이는지……. 평생 국수만 만들어 팔아 왔다는 아저씨는 매일매일 도 닦는 마음으로 국수를 준비하는 듯했다. 비록 평범하고 소박한 그릇에 담겨 나오지만, 그 맛은 황홀했다. 세계 어디서 먹어 본 국수보다 맛있었고, 특히 국물 맛이 깊고 오묘해서 한 방울도 남길 수 없었다. 역시 '맛있는 음식은 착한 마음에서 나온다'는 진리가 확인되는 순간이었다.

이 맛있는 페낭 아삼 락사를 한국에 수입하면 좋겠다고? 아무리 훌륭한 음식도 제대로 맛있게 먹으려면 '어디서' 먹느냐가 정말 중요한 것 같다. 쿠알라 룸푸르의 한 백화점 레스토랑에서 먹었던 페낭 아삼 락사는 실망스러웠다. 페낭의 착한 아저씨가 파는 국수보다 값이 대여섯 배는 비쌌지만 맛은 형편없었다. 국물은 그냥 소스를 사서 거기다 물을 부어 끓인 듯이 깊은 맛이 없었고, 다양한 허브와 야채를 사용하지 않아 톡 쏘는 맛이 부족했다. 역시 페낭 아삼 락사는 음식 천국 페낭에서 먹어야 제맛인 듯! 괜히 '페낭' 아삼 락사라고 하겠나.

국숫집에서 만난 두리안 명가 주인들
: 행복한 수다 시간

아삼 락사 국숫집 실내에서는 간단한 간식과 커피, 그 자리에서 바로 갈아 주는 과일 주스를 팔고 있었는데, 동네 주민들의 사랑방 역할도 하는 듯했다. 페낭은 '세계의 배꼽'이라고 불릴 정도로 동남아에서도 축복받은 자연환경이다. 인도네시아처럼 지진이 발생하는 것도 아니고, 필리핀처럼 태풍의 피해를 입는 것도 아니고, 태국처럼 홍수로 물에 잠기지도 않는다. 주로 과일을 재배하는 페낭의 농부는 쌀이나 팜유를 생산하는 다른 말레이시아 지역의 농부에 비해 편안해 보였다. 그저 씨를 뿌려 놓거나 과일나무를 심어 놓고 기다리기만 하면 자연이 알아서 맛있는 과일을 길러 주기에 부지런할 필요가 없을 것 같았다.

음식 지리학자의 관점에서 보았을 때 두리안 산지인 페낭은 두리안뿐 아니라 모든 음식이 다 맛있는 다문화 음식 천국이 된 이유가 충분했다. 우선 페낭은 산과 평야와 바다가 만나는 곳이라 다양한 음식 재료를 한꺼번에 구할 수 있다. 기후가 연중 온화하고 태풍도 없는 데다가 강수량도 일정하니, 곡식, 야채, 과일을 비롯한 식물들이 잘 자라고 또 이 식물을 먹는 소, 닭, 돼지, 물고기가 잘 커서 환상적인 음식 재료가 된다. 이렇게 페낭에서 직접 조달할 수 있는 음식 재료가 풍부한 조건에서 말레이 현지인뿐 아니라 중국, 인도, 베트남, 인도네시아, 태국, 아랍, 포르투갈, 영국 사람들이 자기 나라에서 가장 맛있는 음식과 요리법을 갖고 오니, 페낭은 계속 새로운 맛을 개발하고 실험하기에 좋은 곳이다. 또한 무슬림 사원부터 미얀마·태국 불교 사원, 영국 식민 통치기에 지어진 E & O^{Eastern and Oriental} 호텔까지 역사적 건물들이 잘 보존되어 있고, 다양한 종족이 서로의 개성과 문화를 존중하며 평화롭게 살아간다. 행복한 사람들이 착한 마음으로 정성을 다해 재료를 준비하고, 평생 열심히 음식을 만들어 온 백발의 달인들이 넘쳐 나니, 허름한 음식점이나 길거리에서 파는 음식도 그 맛이 기막히게 좋을 수밖에 없는 것이다.

특히 페낭 아삼 락사를 파는 가게의 인근 지역은, 두리안으로 유명한

음식 천국 페낭의 밤 풍경.

페낭은 맛있는 음식을 평생 만들어 온 은발의 달인들이 넘쳐 난다.
나이를 잊은 채 열심히 일하는 노인들은 건강하고 행복해 보였다.

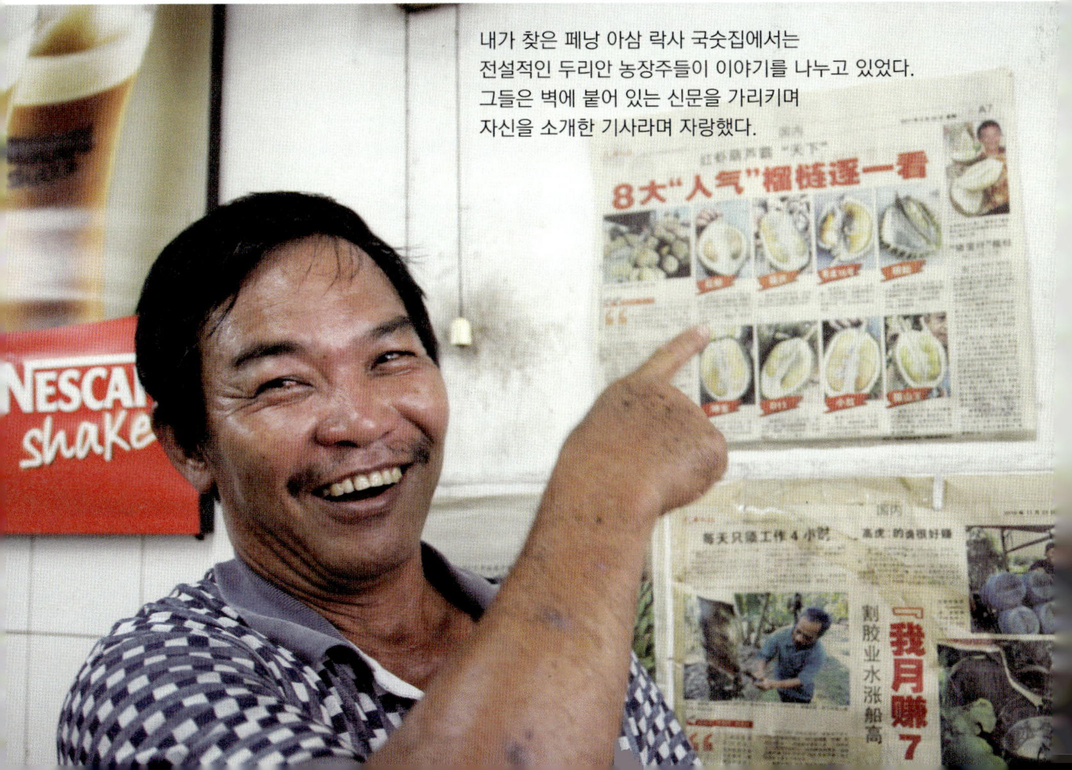

내가 찾은 페낭 아삼 락사 국숫집에서는
전설적인 두리안 농장주들이 이야기를 나누고 있었다.
그들은 벽에 붙어 있는 신문을 가리키며
자신을 소개한 기사라며 자랑했다.

페낭에서도 두리안이 가장 맛있고 잘 자라는 곳이었다. 그래서 허름한 아삼 락사 국숫집에서는 '두리안 명가'의 주인들을 다 만날 수 있었다. 그들은 두리안 수확기를 여유롭게 기다리며 행복한 이야기꽃을 피우고 있었다. 벽면에는 페낭의 전설적인 두리안 농장주들을 소개하고 맛있는 두리안의 비결을 파헤친 신문 인터뷰 기사가 빽빽하게 붙어 있었다.

두리안 명가의 주인들은 두리안을 좋아해 무료한 산골까지 찾아온 나를 매우 신기해하며 과일 주스와 이름 모를 간식을 공짜로 주며 환대했다. 그런데 주스와 간식 맛도 음식 천국 페낭에서 먹어 본 것 중에 최고였다. 예민하고 까다로운 두리안이 선택한 지역이니 다른 과일과 채소, 농산물들도 잘 자랄 것이고, 그런 재료들을 사용하여 정성껏 만든 음식 맛이 특별한 것은 당연했다. 또한 페낭은 동, 식물뿐 아니라 사람이 살기에도 좋은 곳이니 전 세계 사람들이 몰려 왔고, 이곳을 찾는 음식 관광객들이 계속 늘면서 이곳의 음식 문화는 계속 발전하고 있었다. 두리안 산지 근처의 허름한 페낭 아삼 락사 음식점이 가장 맛있는 것도 다 이유가 있었다.

참, 살다 보니 이렇게 복 받은 날도 있구나. 오늘은 왠지 일석이조, 아니 삼조, 사조도 가능할 것 같았다.

보기만 해도 병이 낫는다?
: 섹시 도사의 특별한 치료법

아무리 맛있는 음식만 먹고 다닌다 해도 하루 종일 뙤약볕 아래서 무거운 카메라를 메고 사진을 찍으며 빨빨거리고 돌아다니다 보면 일사병에 걸려 쓰러질 지경이 된다. 페낭의 한적한 산골을 둘러보고 두리안 나무가 있는 과수원의 시원한 그늘에서 쉬면서 다음 차편을 기다렸다. 작은 정원에는 두리안뿐 아니라 스타프루트, 망고, 구아바 등 다양한 열대 과일이 자라고 있었지만, 아쉽게도 두리안은 하얀 꽃봉오리만 맺혀 있는 상태였다. 저렇게 작고 연약한 꽃이 100일이 지나면 어른 머리처럼 큰 두리안으로 변하다니……. 나비로 거듭나는 애벌레의 변태 수준으로 극적인 변화를 보여 주는 두리안의 속성이 신비로웠고, 자연이 가진 생명력이 놀라웠다.

조용한 오후, 페낭의 농촌 마을에 있는 한 사원을 방문했다. 힌두교·도교·불교의 각종 신들이 둥근 원을 그리며 세워져 있고 마당에는 형형색색의 깃발이 나부끼고 있었는데, 페낭의 중국계 주민들에게는 꽤 유명한 사원이라고 했다. 사원에는 악귀를 (모기나 벌레도 함께) 쫓아내는 회오리 형태의 향이 피워져 있었고, 좋은 냄새가 은은히 퍼지고 있었다. 그리고 무술로 단련한 듯이 이소룡처럼 탄탄한 근육질 몸에 수염을 기른 '섹시 도사'가 제단을 청소하고 있었다.

안쪽 제단에는 다양한 부처가 모셔져 있었는데, 동남아 어디서든 쉽게 마주칠 수 있는 불상의 배치였다. 비쩍 말라 고통스러워하는 보살, 생사를 초월한 아라한부터 맛있는 것을 좋아해서 살이 통통하게 찐 넉넉한 웃음의 '해피 부다'(우리나라에서는 '포대 화상'이라고 불린다)까지. 물론 제단의 한가운데, 가장 높은 곳에는 커다란 해피 부다가 모셔져 있었다.

얼굴을 찡그리고 있는 비쩍 마른 부처는 인간으로 말하면 대학만 졸업한 '학사', 깨달음을 얻고 해탈해서 편안한 표정의 부처는 대학원

페낭의 산골 마을 과수원에서 자라는
두리안 나무(아래, 오른쪽 위)와 하얀 꽃봉오리(오른쪽 아래).

고행을 자처하는 부처부터 음식을 많이 먹어 배가 터질 듯이 부풀어 오른 해피 부다까지
갖가지 부처상을 모셔 놓은 제단. 최고 상석은 해피 부다의 차지였다.

논문을 쓴 '석사', 맛있는 음식을 많이 먹어 배가 잔뜩 나온 행복한 부처
는 인생 전공 '박사'가 아닐까? 펑키 지리학자의 엉뚱한 해석이다.

다리를 절뚝거리는 할머니가 승합차를 타고 제단을 찾아왔다. 할머

기괴한 동작으로 할머니의 아픈 다리를 순식간에 낫게(?) 한 섹시 도사. 혹시 할머니는
섹시 도사의 예식 때문이 아니라 탄탄한 근육질 몸매 때문에 병이 나은 것이 아닐까?

니는 정성스럽게 준비한 예물을 제단에 바치고 향을 피우며 기도를 올
렸다. 섹시 도사는 종을 땡땡 울리고 할머니 앞에서 주문을 외우더니 기
괴한 동작으로 하늘과 땅의 기를 모았다. 헐렁한 하의만 대충 걸친 섹시

도사는 진지한 표정의 할머니 앞에서 묘기를 부렸고, 꽃으로 할머니의 아픈 무릎을 연신 두드렸다. 기이한 예식이 끝난 후 할머니는 아픈 다리가 치료되었는지, 밝은 표정과 한결 가벼운 발걸음으로 돌아갔다. '섹시 도사가 열심히 무술하는 것만 보아도 저절로 치료가 되겠네.' 나는 터져 나오는 웃음을 억지로 참으며 사진과 비디오를 계속 찍었다.

페낭의 산골에서 위로받다
: 해피 부다의 특별한 상담

섹시 도사가 치료를 하는 동안에 좀 모자라 보이는 옥동자 스타일의 남성이 황금색 옷을 입고 계속 왔다 갔다 하면서 정원 일을 했다. 땅을 파서 나무를 옮겨 심기도 하고, 꽃나무의 가지를 치기도 했는데, 자세히 보니 외모가 꼭 해피 부다를 닮았다. 그는 영어를 전혀 못 하고 중국어 방언만 하기에 통역이 없으면 대화가 불가능했다. 하지만 그의 해맑은 웃음에 저절로 마음이 행복해져서 "당신은 꼭 해피 부다처럼 생겼네요. 세상 걱정 다 잊고 사는 인생의 진정한 박사 같아요"라며 미소를 보냈다.

이번에는 두 중년 여성이 승합차를 대절해서 찾아왔다. 섹시 도사를 찾아왔나 했더니, 의외로 옥동자를 닮은 해피 부다와 함께 제단 옆 작은 방으로 들어간다. 나중에 알고 보니 해피 부다의 이름은 오 파이Au Pai로 페낭에서 유명한 예언자이자 풍수 전문가라고 했다. 페낭 사람들은 인생의 어려운 문제가 닥치면 해피 부다를 찾아와서 상담하고 희망을 얻어 간다는 것이다. 최근에 사랑하는 남편이 갑자기 세상을 떠나 우

정원 일을 하는 옥동자 스타일의 남자(위)와
그를 꼭 닮은 해피 부다(오른쪽).
어쩌면 그야말로 세상 걱정을 다 잊고 사는
진정한 해피 부다가 아닐지.

울하고 힘들었다는 여성은 해피 부다와 상담하고 나자 한결 가볍고 밝은 표정이 되었다.

이 일행과 함께 승합차를 타고 시내로 돌아가려는데, 해피 부다가 나에게 상담을 자청했다. 중국어를 전혀 못 하는 내가 머뭇거리자 자신의 중국어를 영어로 통역해 줄 수 있는 사람을 데리고 왔다. 결국 상담이 시작되었다. 해피 부다가 중국어 방언으로 이야기하면 중간에서 영어로 통역을 해 주는 식이었다. 우선 내게 어디서 왔는지, 주소가 어디인지를 물었다(말레이시아 시골의 영적인 세계에서도 '지리 정보'가 중요하다는 사실이 놀라웠다).

해피 부다는 눈을 감더니 주르르 눈물을 흘렸다. 마치 내 과거를 영화처럼 보면서 슬프게 흐느끼듯 이야기했다. 그가 내 과거에 대해 하는 말들은 놀랍게도 하나도 틀리지 않았다. 나도 이야기를 털어놓기 시작했다.

"전 지난 40년 동안 정말 열심히 살았어요. 잘되는 듯하다가도 마무리가 안 되고 마지막에 자꾸 틀어져 버려요. 오랫동안 동남아 책을 준비해 왔는데, 중요한 자료가 담긴 노트북을 도둑맞았어요. 카메라는 망가져 버렸고요. 왜 이렇게 되는 일이 없을까요?"

"당신은 마음이 착한 사람입니다. 하지만 그동안 겪지 않아도 될 고통을 너무 많이 당했습니다. 당신이 받은 마음의 상처를 생각하면 내 마음이 찢어질 듯 아픕니다. 하지만 그것은 당신 탓이 아니니까 너무 자책하지 마세요. 모든 문제는 당신이 한국에서 여자로 태어났기 때문에 벌어졌습니다. 만일 남자로 태어났다면 아무런 문제가 없었을 겁니다…….

하지만 걱정 마세요. 이제 당신 앞에 새로운 세계가 펼쳐질 거예요.

신기한 일을 계속 경험하고 좋은 사람들을 만날 겁니다. 나도 여기서 열심히 기도해 줄게요. 당신이 앞으로 겪을 놀라운 일들을 그대로 쓰세요. 많은 사람들이 당신의 책을 읽고 위로받을 겁니다. 영어로 쓰나요?"

"아니요. 이번 책은 한국어로 써요."

"앞으로 당신이 쓰는 책들은 여러 나라 말로 출판될 거예요. 당신은 유명해지고 돈도 많이 벌 거예요. 무엇보다 행복한 마음으로 페낭에 다시 돌아올 수 있을 테니, 복채는 그때 주셔도 늦지 않아요."

상담을 자청하더니 마지막에는 아름다운 예언의 노래를 불러 주고, 각종 과일을 선물로 듬뿍 안겨 주는 해피 부다. 내 과거와 현재를 신기하게 알아맞힌 그가 보여 주는 내 미래는 다행히 희망적이었다. 그동안 힘든 일이 계속 겹쳐 절망하고 있던 나에게 그의 말은 미신이든 아니든 위로가 되었다.

정말 해피 부다의 예언처럼 내가 책을 쓰고, 꿈을 이룰 수 있을까? 좋은 엄마, 행복한 마음을 가진 부자가 될 수 있을까? 페낭에 다시 와서 두리안을 먹고 그가 베푼 친절에 보답할 수 있을까? 나는 반신반의하면서 행복한 미소와 맛있는 음식이 넘치는 관광 대국, 전 세계에서 두리안이 가장 많이 생산되어 1년 내내 두리안을 먹을 수 있는 두리안 왕국, 태국으로 향했다.

Thailand
Thailand
Thailand
Thailand

태국

행복한 사람들이 만드는 두리안 왕국

 세계에서 가장 맛있는 음식, 태국 요리
: 맛싸만 커리, 똠 얌 꿍, 팟 타이, 솜땀

2011년 CNN에서 세계인의 사랑을 받는 맛있는 음식 50개를 선정했다. 1차 투표에서 한국 음식은 아쉽게 하나도 오르지 못했던 반면, 동남아 음식은 높은 인기를 누렸다. 특히 태국 음식은 1위를 차지한 맛싸만 커리Massaman Curry를 비롯해서 똠 얌 꿍Tom Yam Goong, 남 똑 무Nam Tok Moo 등이 세계 50대 음식 명단에 올랐고, 최종적으로는 7개의 태국 음식이 선정되었다. 하지만 자국의 음식이 홀대받았다고 주장하는 한국 네티즌을 포함한 시청자들의 항의로 실시된 재투표 결과, 한국을 대표하는 음식인 김치, 불고기도 50대 음식에 들어갔다. 하지만 10년 넘게 세계의 음식 문화를 연구한 학자로서 솔직하게 이야기하자면, 재투표 결과보다는 처음 선정된 50대 음식이 세계 시장에서 각국 음식이 차지하는 위상과 인기도를 더 충실히 반영하고 있다고 본다. 현지인의 입맛에 맞추면서도 정통의 맛을 유지하려는 태국 사람들의 노력으로 태국 음식은 전 세

태국의 대표적인 음식인 맛싸만 커리(위)와 똠 얌 꿍(중간),
솜땀(아래). 맛싸만 커리와 똠 얌 꿍은 CNN이 선정한
세계 50대 음식에 뽑히기도 했다.

계인의 사랑을 받는다.

  아시아 음식을 파는 식당은 가족이나 친구와 함께 어울리기에는 적
당하지만, 로맨틱한 분위기를 즐기거나 연인과 함께하기에는 어딘가 부
족해 보인다. 그러나 태국 레스토랑은 다르다. 트렌디하고 로맨틱한 이
탈리아나 프랑스 레스토랑에도 밀리지 않을 만큼 고급스러운 분위기에

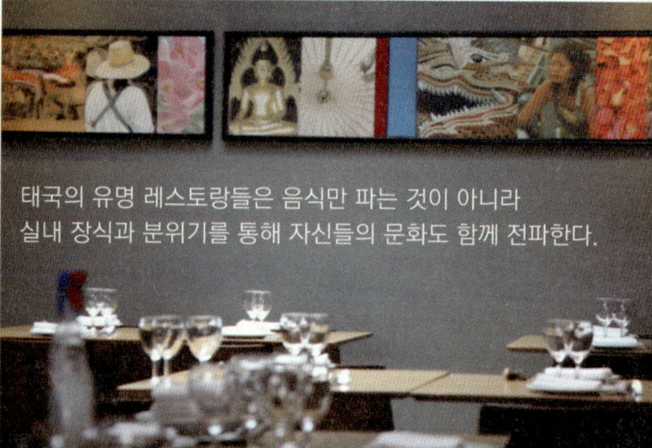

태국의 유명 레스토랑들은 음식만 파는 것이 아니라
실내 장식과 분위기를 통해 자신들의 문화도 함께 전파한다.

오감을 골고루 충족시키는 특별한 공간이다.

태국 레스토랑은 임대료가 비싼 서구의 대도시에서도 환상적인 입지를 자랑한다. 런던에서도 영국을 대표하는 미술관이나 박물관 바로 앞, 대사관이 밀집된 외교 중심지, 현지의 상류층 거주지에는 어김없이 태국 레스토랑이 들어서 있다. 뮤지컬이나 오페라, 발레 등 공연장 근처에도 태국 레스토랑이 있어 공연 전에 간단하게 요기를 하거나 공연 후 와인을 곁들인 근사한 식사를 할 수 있다. 또한 태국 음식이 칼로리가 낮은 건강식으로 인식되면서, 고급 슈퍼마켓에서도 음식 재료와 소스를 쉽게 구할 수 있을 정도로 인기가 높다. 심지어는 영국 문화를 대표하는 펍에서도 전통적인 '피시 앤 칩스' 대신 '팟 타이'가 주메뉴로 올라 있을

세계적인 도시 런던에서 가장 트렌디한
아시아 음식점은 단연 태국 레스토랑이다.

정도다.

　태국 레스토랑에 들어가면 마치 태국에 여행을 온 것 같은 느낌을 받는다. 태국의 아름다운 전통을 보여 주는 각종 소품과 인테리어가 세련되게 배치되어 있고, 전통 의상을 갖춰 입은 친절한 종업원이 미소를 띠며 태국식 인사를 한다. 메뉴판도 독특하고 무엇보다 외국인도 쉽게 이해할 수 있게 메뉴가 잘 설명되어 있다. 시각적인 아름다움을 중시하는 태국 음식은 먹기가 아까울 정도로 화려하다. 독특한 허브와 향신료의 냄새가 후각을 자극하고, 잔잔한 태국 전통 음악이 귀를 즐겁게 한다. 냅킨과 식탁보, 그릇과 스푼, 포크 등도 전체적인 음식과 인테리어를 고려하여 세팅되기에 음식이 나오기 전부터 깔끔하고 청결한 느낌을

'타이 그릴'이라는 이름을
가지고 있는 전통적인 영국 펍.
이곳에서는 태국 음식을
주메뉴로 판매한다.

태국 레스토랑은 화려한 실내 장식과
태국의 전통을 느낄 수 있는 분위기,
오감을 충족시키는 음식으로
까다로운 런더너의 입맛을 사로잡았다.

준다. 오감이 충족된 상황에서 현지인의 입맛을 고려하여 적절하게 변형된 태국 음식을 먹는 순간, 누구나 태국 음식 애호가가 될 수밖에 없다. 한 번 태국 음식에 맛을 들이면, 태국에 직접 가고 싶다는 생각을 자연스럽게 갖게 된다. 이런 맛있는 태국 음식의 재료가 어디서 생산되는지, 자연은 얼마나 풍요로운지, 매일 이렇게 맛있는 음식을 먹고 사는 태국 사람들은 얼마나 행복할지 등이 궁금해지고 확인하고 싶어지는 것이다.

 **왕을 사랑하는 나라**
: '살아 있는 부처'로 추앙받는 푸미폰 국왕

방콕 시의 현대식 건물부터 가난한 농촌의 가옥까지, 태국 어디를 가든 국왕의 사진을 만날 수 있다. 푸미폰 아둔야뎃Phumiphon Adunyadet 국왕의 기념일을 전후한 시기가 되면 방콕 국제공항의 외벽은 국왕의 다양한 모습이 담긴 사진들로 도배가 되곤 한다. 입헌군주제를 채택한 영국의 엘리자베스 2세 여왕도 영국 전통의 상징으로 인정받기는 하지만, 푸미폰 국왕과 씨리낏 왕비Queen Sirikit처럼 국민들로부터 폭넓은 지지와 존경을 받는 것 같지는 않다. 푸미폰 국왕의 생일인 12월 초가 되면 태국인의 행복 지수가 높아진다는 여론조사 결과가 나올 정도로, 국왕은 태국 국민들을 행복하게 해 주는 인물임이 분명하다. 실제로 내 주위에는 국왕을 떠올리기만 해도 엔도르핀이 팍팍 솟는 것 같다고 고백하는 태국 사람들이 많았다.

보통 정치 지도자들은 국민에게 기쁨보다는 스트레스와 실망을 주는 경우가 많은데, 태국처럼 세계화된 국가에서 '살아 있는 부처'로 추앙받는 태국 국왕의 존재는 경이로울 정도다. 태국 국왕은 불교, 민족과 함께 태국 국가를 떠받치는 세 이념적 기둥 중 하나이기에 태국 어디를 가든 국왕의 사진이 넘쳐 난다. 특히 푸미폰 국왕이 마치 지리학자처럼 카메라를 메고 지도를 들고 전국 방방곡곡을 찾아다니는 사진이 인기다. 농촌의 가난한 농민들을 직접 만나 그들에게 무엇이 가장 필요한지 조사해서 그들의 필요를 채워 주려 노력해 온 '세계에서 가장 열심히 일하는 국왕'의 이미지는 그렇게 형성되었다.

양친이 미국 유학 중이던 매사추세츠 주에서 태어난 푸미폰 국왕은 청소년기의 대부분을 스위스 로잔에서 보냈다. 1946년 즉위 후 로잔 대학교에서 남은 공부를 다하고 귀국한 국왕은 1950년부터 정식으로 왕권을 행사했다. 젊은 국왕은 태국 전국을 순회하며 1천여 건이 넘는 농업

푸미폰 아둔야뎃 국왕의 즉위일이 다가오면 방콕 국제공항은 국왕의 사진으로 도배가 된다. 정치인들을 혐오하기까지 하는 우리들의 눈에는 국왕을 사랑하는 태국 국민들의 마음이 낯설 정도다.

관련 기획을 주도했고, 방대한 왕실 재산을 활용해 '국왕 개발 계획'을 추진해 왔다. 실제로 푸미폰 국왕은 '구름씨 뿌리기'라는 국제 특허를 이용해 극심한 가뭄으로 고통받는 농민들에게 단비를 내려 주는 마법사였다. 국왕은 인공 강우와 물소 은행 프로젝트를 추진하고 태국의 보건·의료 기술을 향상시켰고, 낙후된 동북부 지역에 녹색 혁명을 일으키는 '푸른 이싼' 프로젝트를 주도했다. 음악에 대한 관심과 열정도 대단해서 재즈 색소폰 및 클라리넷 연주에도 일가견이 있다고 한다. 또한 태국어 외에 영어, 프랑스어, 독일어, 산스크리트어 등 4개국 언어에 능통하고 과학자로서도 지식이 깊을 뿐 아니라 수준급 사진 실력에 요트 대회에서 금메달을 딴 적도 있다 하니, '원조 엄친아'인 국왕님은 약점이 없으신 것이 유일한 약점인 듯하다.

태국에서 '살아 있는 부처'로 추앙받는 푸미폰 국왕.

우리는 태국에서 푸미폰 국왕을 거리에서도, 물 위에서도, 심지어 상점의 달력에서도 만날 수 있다.

태국 국민들이 분홍 옷을 입고
국왕의 쾌유를 빌고 있다.

　　2012년 5월 초, 태국 시내는 국왕의 즉위를 기념하는 플래카드를 들고 행진하는 사람들로 넘쳐 났다. 각종 제복을 갖춰 입은 공무원부터 평범한 시민들, 심지어 외국인까지, 병상에 누워 계신 푸미폰 국왕의 쾌유를 비는 사람들이 모였다. 태국에서는 색깔이 각각의 의미를 지니는데, 원래 왕실을 상징하는 노란색은 왕이 태어난 월요일을 의미하기도 했다. 하지만 최근 태국 국왕이 퇴원할 때 분홍 셔츠를 입은 뒤로는 왕의 쾌유를 비는 의미에서 분홍 셔츠가 유행하기도 했다. 땀을 뻘뻘 흘리며 기념식에 참여한 사람들 사이를 티슈 통을 들고 다니며 자발적으로 친절을 베푸는 '매너남'을 보니, 더욱 태국이 좋아졌다.

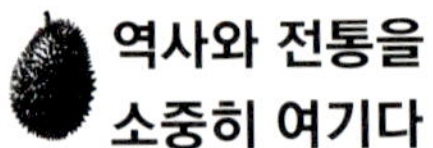 **역사와 전통을
소중히 여기다**

태국 사람들은 부처, 역사 속 위인들, 또는 부적을 목걸이로 만들어 지
니고 다니는 경우가 많다. 역사 속 왕의 이미지를 목걸이로 만들어 가슴
에 품고 다니는 여성도 있었고, 어떤 택시 운전사는 고승에게서 받은 행
운의 부적을 목에 걸고 다니다가 운전석에 앉으면 다시 백미러에 달기
도 했다. 심지어는 전철을 타고 가다가 방콕 룸피니 공원 입구에 있는
라마 6세 동상이 보이면 두 손을 모아 기도를 올리는 사람도 있었다. 부
적과 유물을 판매하는 텔레비전 홈쇼핑 프로그램이 인기이고, 역사 속
위인의 동상에는 항상 꽃이 걸려 있다. 음식이 가득한 제단에는 향초가
피워져 있어, 일상에서 신앙과 역사적 전통이 살아 숨 쉬는 듯하다. 역

사적 인물을 존경하고 문화적 전통을 소중히 하는 사람들은 자신의 현재를 긍정하고 행복하게 살 확률이 높아 보인다.

식민 통치를 경험한 적이 없어 역사가 왜곡되지 않은 가운데 외국 문물을 주체적으로 받아들여서일까? 문화적 유산과 전통을 소중히 여기는 태국 사람들은 심리적으로 안정되어 보였고, '내가 누구인지'에 대한 고민과 정체성의 혼란이 거의 없어 보였다. 서구 문화에 대한 콤플렉스가 없기에 남을 흉내 내거나 억지로 꾸미려고도 하지 않는다. 또 외국인에게 친절하지만 비굴하게 아부하지 않으며, 자부심을 지킨다. 쾌락과 욕망, 사랑에 대해서도 자유롭고 관대하다. 19세기에 라마 2세 왕은 맛싸만 커리를 사랑의 묘약으로 비유한 '손발이 오글거리는' 시를 남기기까지 하셨으니, 맛싸만 커리가 괜히 세계 음식 1등을 차지한 게 아닌 듯싶다.

택시에 걸려 있는 부적(아래)과 역사 속 위인의 사진(왼쪽).
태국 사람들은 신앙과 역사적 전통을 자신들의 일상으로 끌고 들어왔다.

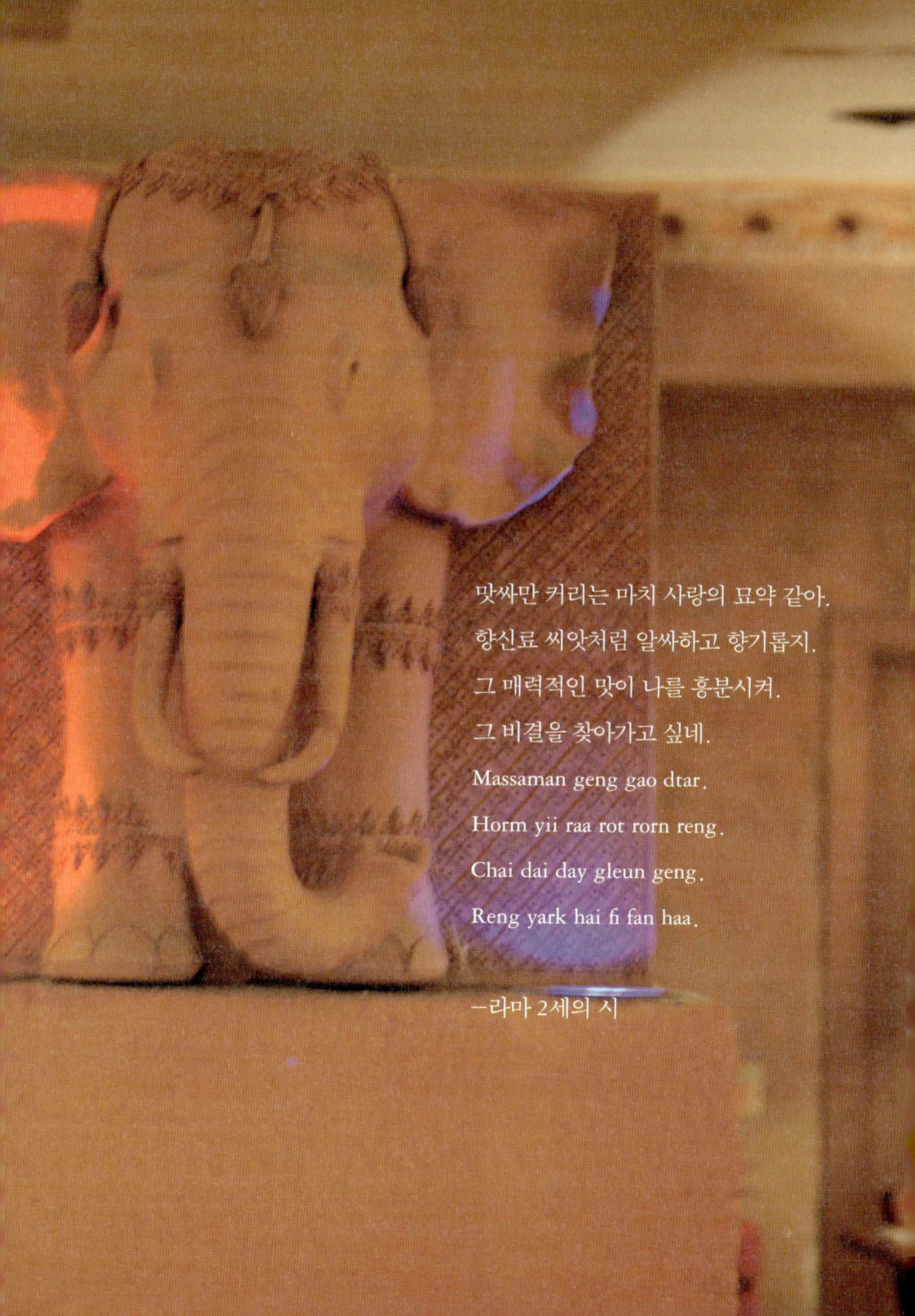
맛싸만 커리는 마치 사랑의 묘약 같아.
향신료 씨앗처럼 알싸하고 향기롭지.
그 매력적인 맛이 나를 흥분시켜.
그 비결을 찾아가고 싶네.
Massaman geng gao dtar.
Horm yii raa rot rorn reng.
Chai dai day gleun geng.
Reng yark hai fi fan haa.

—라마 2세의 시

태국 왕실은 태국 요리의 맛을 유지하고 홍보하는 데도 신경을 쓰지만 음식에 스토리를 입히는 데에도 천부적인 자질을 보인다. 음식과 관련한 스토리의 양과 질에 있어 태국 음식 문화는 타의 추종을 불허한다. 국민 드라마 〈대장금〉을 만든 PD는 "『조선왕조실록』에 여성 요리사 이야기가 단 한 줄 나오는 것에 상상력을 더해 드라마를 탄생시켰기에 고증과 재현에 어려움이 많았습니다"라고 고백했다. 하지만 태국에서는 19세기에 이미 국왕이 오감을 자극하는 시를 읊으며 맛싸만 커리를 알렸으니, 태국 왕실의 선견지명과 글로벌한 마케팅 감각이 그저 놀라울 뿐이다.

태국 음식과 지리, 역사, 문화를 연결시킨 성공적 사례는 블루 엘리펀트Blue Elephant 레스토랑이다. 창업자 누러 쏘마니Khun Nooror Somany Steppe는 이제 세계적인 유명 인사가 되어서, 태국을 대표하는 '비공식적 문화 대사unofficial cultural ambassador'라고 불릴 정도다. 그녀는 태국 남동부 지역 출신인데, 무슬림 아버지와 중국인 어머니 사이에서 다양한 정통 태국 요리를 자연스럽게 익혔다. 음식에 대한 예민한 감각과 손맛을 물려받은 그녀는 벨기에 남자와 결혼 후 브뤼셀에서 살았지만 태국 음식을 계속 발전시켰다. 그녀의 음식 솜씨를 아까워하던 남편의 격려로 브뤼셀에서 작은 태국 음식점을 시작했고, 결과는 대성공이었다. 이어 영국 런던에도 지점을 열었고, 블루 엘리펀트 런던 레스토랑 역시 『타임스』에 의해 '올해의 레스토랑'에 선정되는 등 대박을 터뜨렸다. 블루 엘리펀트 레스토랑에 들어서면 마치 태국에 온 것 같은 느낌을 조성한 전략이 주효했고, 이국적인 태국 요리는 런더너의 입맛을 사로잡았다. 이 레스토랑은 전 세계 12개 지역에 차례로 지점을 열고 결국 방콕까지 입성했다.

블루 엘리펀트에서는 레스토랑뿐 아니라 요리 학교도 운영하는데,

런던, 파리 등 세계적인 도시에서 태국 음식을 널리 알린 뒤에 방콕까지 진출한 블루 엘리펀트 레스토랑.

그 커리큘럼이 독특하다. 우선 음식 재료를 시장에서 직접 구입하는 것부터 시작한다. 시장에서 태국 상인들을 만나고 재료의 냄새를 맡고 시식하고 직접 만져 보면서 태국의 문화를 다양하게 체험한다. 키가 훤칠한 꽃미남 요리사가 재래시장에서 뜨거운 조리대까지, 다양한 공간에서 땀을 뻘뻘 흘리며 재료의 특징과 유래, 문화적 의미를 진지하게 설명하니 귀에 쏙쏙 들어올 수밖에 없다. 레스토랑 메뉴도 태국의 과거, 현재, 미래의 세 가지 버전으로 개발되어 있는데, 수백 년 전의 태국 왕실 음식을 복원한 과거 버전이 가장 인기가 높다고 한다.

태국 음식이 세계의 인정을 받고 태국이 관광 대국이 된 배경에는 태국 음식의 맛을 표준화시키고 태국의 관광지를 알리는 노력도 중요했지만, 음식 재료가 생산되는 곳의 자연환경과 문화유산의 소개, 음식을

태국 레스토랑은 들어서면서부터 소비자가 경험하는 특별한 공간을 통해 태국의 지리, 역사, 문화를 함께 느낄 수 있도록 장치해 놓고 있다. 접시에 꽃처럼 피어나는 요리 역시 특별한 태국 음식을 다른 아시아 음식과 차별화시키는 전략이다.

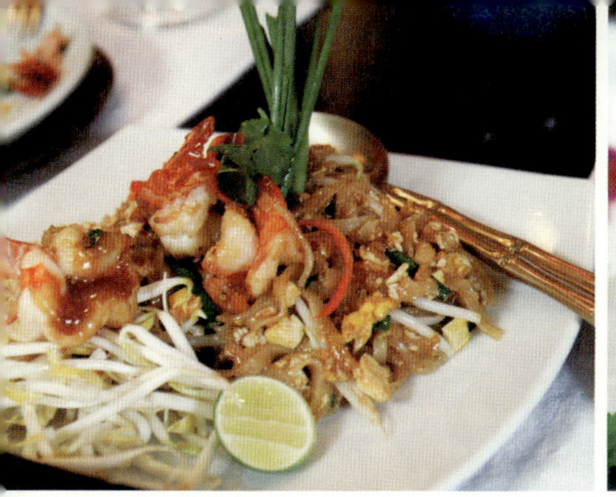

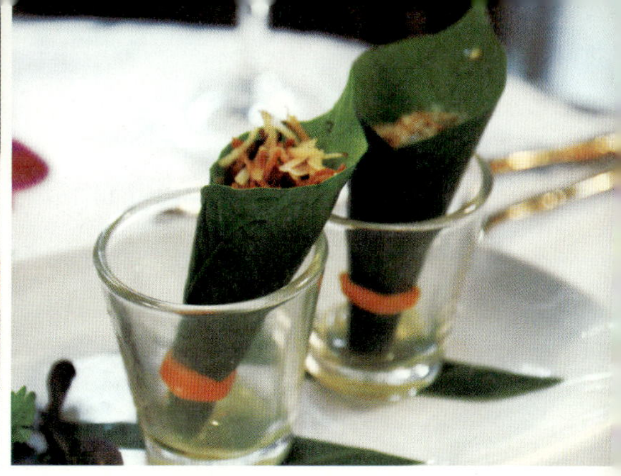

소비하는 공간에 대한 세심한 배려, 음식·관광산업과 국가 홍보를 효과적으로 연계하는 통합적인 국가 브랜드 마케팅이 더 큰 역할을 한 게 아닐까 싶다. 특히 음식에 태국의 역사와 문화를 담고 그럴듯하게 포장하는 능력, 또 재료가 생산되는 환경과 음식이 소비되는 장소에 대한 관심은 태국 음식을 다른 아시아 음식과 차별화시켰고, 그 결과 우리는 태국 레스토랑에 들어가기만 해도 행복해지는 게 아닐까?

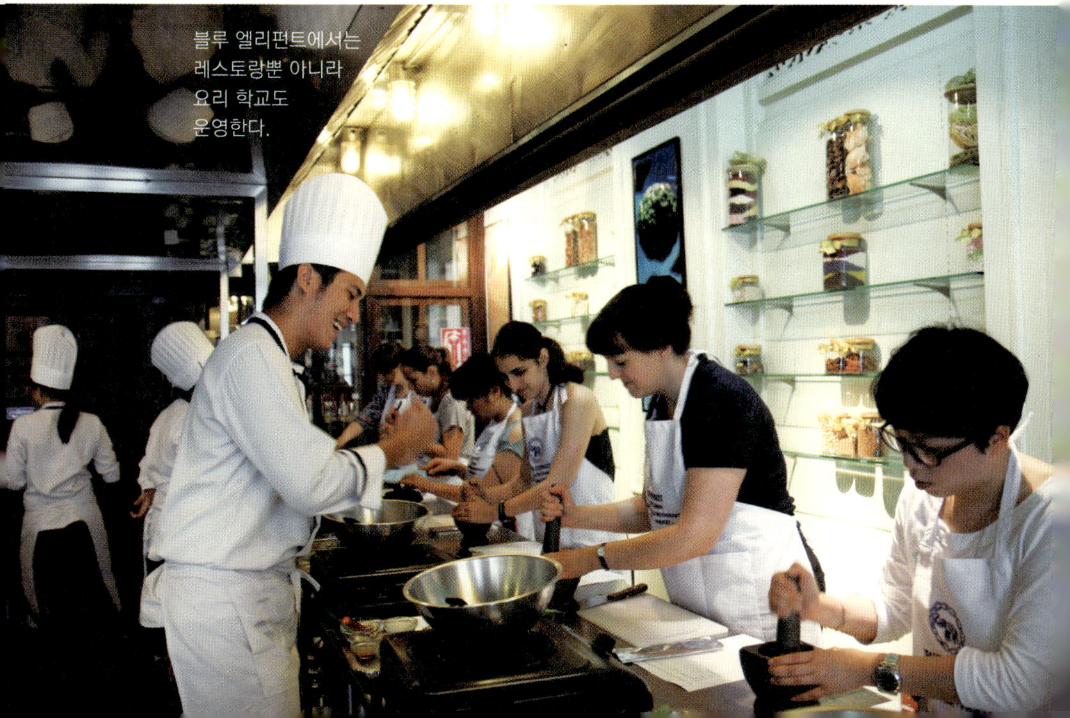

블루 엘리펀트에서는
레스토랑뿐 아니라
요리 학교도
운영한다.

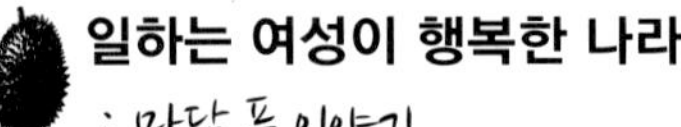

일하는 여성이 행복한 나라

: 마담 퓨 이야기

태국의 관광 안내 책자를 보면 꼭 등장하는 것이 수상水上시장인데, 그중 방콕에서 반나절 코스로 다녀올 수 있는 담넌 싸두억 수상시장Damnoen Saduak Floating Market 투어가 인기다. 배에서 과일과 음식을 사고파는 풍경이 이색적인 담넌 싸두억 수상시장은 태국 관광청 홍보 사진에도 자주 등장한다. 관광객은 이 수상시장을 배경으로 사진을 찍기도 하고, 보트를 타고 다니며 맛있는 음식을 사 먹기도 한다. 현대식 쇼핑 센터에만 익숙했던 사람들에게 전통적인 방식으로 물건을 사고파는 경험은 잊을 수 없는 추억이 된다. 관광객들은 보트를 타는 투어를 마친 후, 선착장에 올라와 커피를 마시고 다양한 기념품도 살 수 있다.

그렇다면 담넌 싸두억을 이렇게 대표적인 관광지로 만든 실세는 과연 누구일까? 그 주인공은 바로 마담 퓨다. 담넌 싸두억은 마담 퓨의 왕국 그 자체다. 여기저기 그녀의 사진이 붙어 있으며, 카페와 기념품 상점 이름도 역시 마담 퓨! 긴 머리에 꽉 끼는 보라색 원피스, 날씬한 몸매의 뒷모습만 보아서는 도대체 나이를 가늠할 수 없었다. 곱게 화장을 한 마담 퓨는 계산을 할 때마다 공손히 두 손을 모으고 '컵쿤 카(감사합니다)' 하며 손님들에게 감사의 마음을 전했다. 이제는 현역에서 은퇴해서 편히 쉴 때도 된 것 같은데, 여전히 카운터에서 직접 돈을 받고 손님들을 맞이하는 그녀의 삶이 궁금해 인터뷰를 하기로 했다. 카운터 앞에는 장미꽃이 한 송이 꽂혀 있었다.

"처음에는 조그만 배 몇 척을 가지고 시작했어요. 외지에서 온 손님

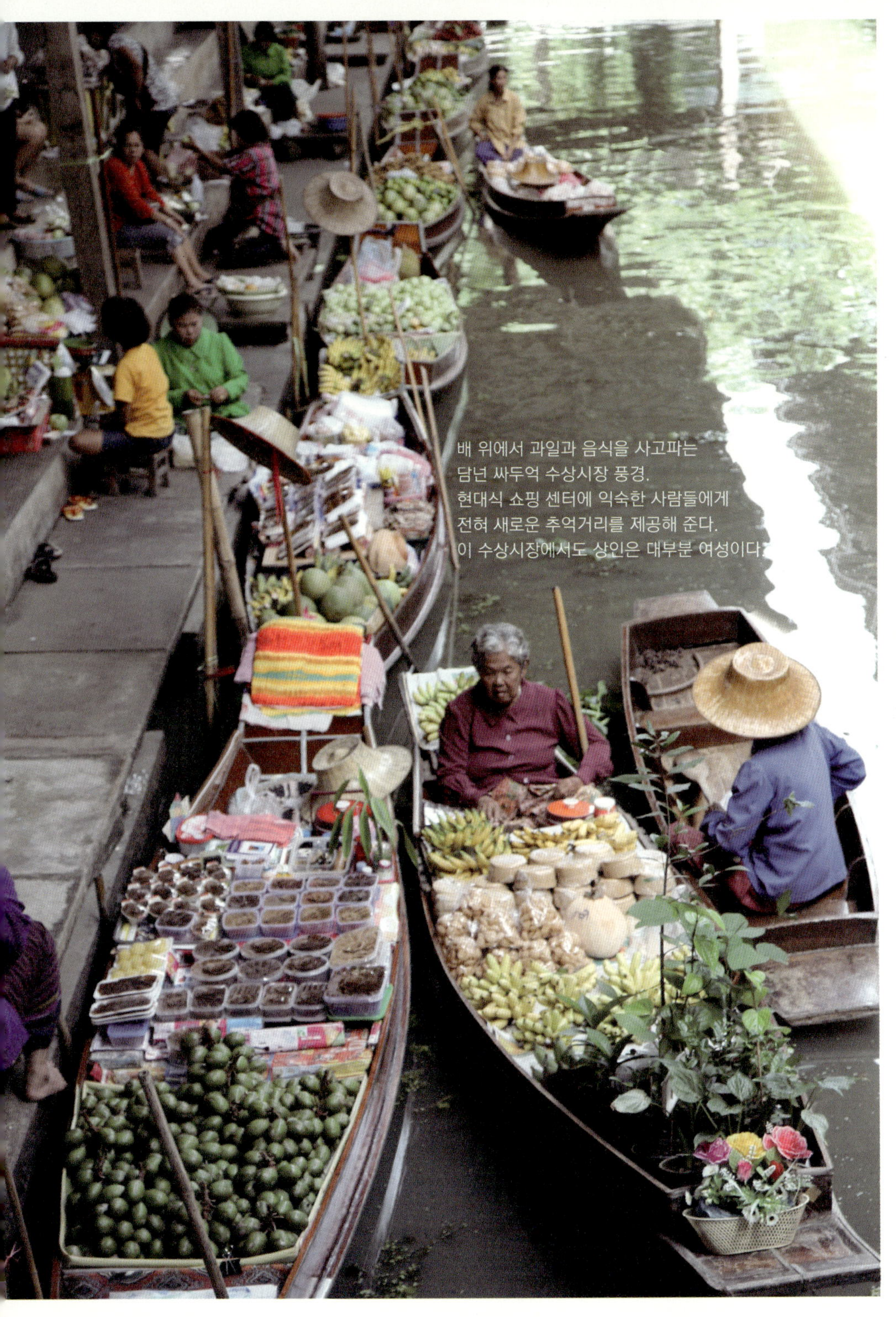

배 위에서 과일과 음식을 사고파는
담넌 싸두억 수상시장 풍경.
현대식 쇼핑 센터에 익숙한 사람들에게
전혀 새로운 추억거리를 제공해 준다.
이 수상시장에서도 상인은 대부분 여성이다.

담년 싸두억 수상시장의 실세인 마담 퓨의 매혹적인 모습과 그녀의 남편. 그들은 아직도 서로를 보면 가슴이 설렌다는 로맨틱 커플이다.

에게 배를 빌려 주고 안내하는 서비스를 했지요. 그런데 손님들이 더 많은 것을 원했어요. 그래서 커피도 팔게 되고 그분들이 원하는 선물도 개발했어요. 그렇게 조금씩 사업을 늘리다 보니 이렇게 커졌네요" 하며 그녀는 수줍게 웃었다. 그녀는 명문 타마삿 대학교에서 공부한 재원이었고, 결혼 후에 딸 하나를 두었다고 한다. 그 딸도 어머니 못지않은 미인이고 지금은 대학 졸업 후 패션 디자인 분야에서 일한다고 했다. 창고에서 일하다 그녀의 전화를 받고 달려온 그녀의 남편도 직접 만났다. 편안한 인상의 남편은 마담 퓨가 앞장서서 스포트라이트를 받게 하고 자신은 뒤에서 그림자처럼 묵묵히 온갖 잡일을 다하는 '내조의 왕' 타입이었다. 그들은 60세에 가까웠지만 지금도 서로를 보면 가슴이 설렌다는 로맨틱한 커플이기도 했다. 서로를 아끼고 칭찬하는 부부의 모습이 참 보기 좋았다.

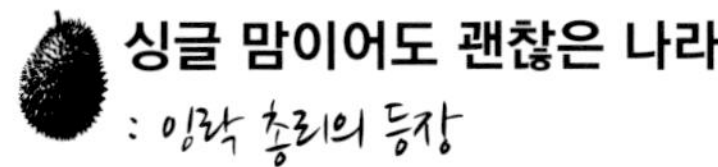

싱글 맘이어도 괜찮은 나라

: 잉락 총리의 등장

잉락 친나왓Yingluck Shinawatra 총리는 2006년 군부 쿠데타로 물러난 탁신 친나왓 전 총리의 막내 여동생으로, 2011년 5월 정계에 데뷔한 정치 신인이었다. 하지만 2011년 7월 초에 치러진 태국 총선에서 잉락이 이끄는 프어 타이Pheu Thai당이 전체 500석 가운데 263석을 가져가서 태국 역사상 최초의 여성 총리가 되었다. 탁신의 후광이 작용하기는 했지만 그녀가 정계에 본격적으로 입문한 지 단 두 달 만에 이룬 성취다. 고향인 치앙마이에서 정치행정학을 전공한 뒤 미국 켄터키 주립대학교에서 정치학 석사학위를 받은 알파 걸, 잉락은 미인대회 출신의 출중한 미모로 전 세계 언론의 집중적인 관심을 받았다.

잉락은 "오빠를 지지한다면 나에게 기회를 달라"고 서민 계층에 호소했고, 탁신 전 총리를 지지했던 도시 빈민층과 북부·동북부의 가난한 농민들의 지지를 흡수하는 데 성공했다. 최저임금 40퍼센트 인상, 탁신 전 총리 등 정치범 사면 복권, 법인세 인하, 고속철 도입, 농민 전용 신용카드 발급, 초등학교 입학생 전원(약 80만 명)에게 태블릿 PC 지급 등의 공약을 내세워 왕실과 군부, 엘리트 계층의 지지를 받는 집권 여당의 지지율을 두 배 가까이 앞서는 돌풍을 일으켰다. 심각한 재정 적자와 물가 상승, 세수稅收 부족으로 비틀거리는 태국 경제에 프어 타이당의 공약은 독약이 될 수 있다는 지적이 나왔지만, '탁시노미즘(탁신 경제)'의 부활에 대한 국민적 기대는 열광적이었다.

잉락 총리는 훤칠한 키에 시원한 이목구비, 세련된 패션 감각과 유창한 영어 실력에 대중적인 친화력과 겸손함까지 갖춘 유능한 정치인이다. 남성 위주의 태국 정치판에서 잉락은 여성스럽고 우아한 이미지를 한껏 활용했고, 서민과 스스럼없이 어울리는 소박한 성격도 플러스 요인이 되었다. 정치적으로 몰락한 집안의 막내딸이라는 '피해자 이미지'로 동정표를 얻는 등 군부와 여당도 그녀를 함부로 건드릴 수 없는 미묘한 분위기를 조성했다. 또한 경제를 우려하는 기득권층에게는 화해의 메시지를 던지는 정치적 노련미도 보여 주었다. 잉락이 2012년 서울 핵안보정상회의 참석을 위해 한국을 방문했을 때도 그녀의 일거수일투족이 한국 언론에 의해 생중계되다시피 하는 등, 쟁쟁한 강대국 지도자들 속에서도 태국 총리의 인기는 폭발적이었다.

하지만 방콕의 교통 혼잡과 반복되는 홍수, 인프라 부족과 인플레이션, 커지는 빈부 격차는 잉락 총리에게 또 다른 도전이 되고 있다. 특히 2011년 하반기의 대홍수로 수도 방콕을 포함한 국토의 1/3이 물에 잠기고 350여 명이 숨지는 등 국민들이 심한 고통을 겪었고, 신임 총리 잉락의 지도력 역시 시험대에 올랐다. 최근 돼지고기, 닭고기, 계란, 쌀, 카우 깽Khao Kaeng(태국 사람들의 주식인 커리) 등 주요한 음식·재료 값이 계속 오르고 서민들의 삶도 팍팍해지면서, 잉락 총리는 물가 관리에 실패했다는 비판을 받고 있다.

태국에서는 여자라서, 또는 남자라서 못 하는 일이 거의 없는 듯하다. 여성들이 출가해서 승려가 될 수 없다는 것 빼고는……. 태국 여성들은 정치, 경제, 사회, 문화·예술계의 모든 세속적인 권력을 누리는 듯하다. 심지어 어린이 장난감도 여자, 남자의 구별이 별로 없을 정도다. 공원에서 에어로빅을 지도하는 남자 강사도 있고, 꽃집 종업원도 아가

잉락 총리의 친근함이
잘 표현된 당선 사례 포스터.

잉락 총리를
표지 모델로 한 잡지.

태국 최초의 여성 총리인 잉락은
미인대회 출신의 출중한 외모와 세련된 패션 감각,
대중적인 친화력과 겸손함까지 갖춰 세간의
이목을 집중시켰다.

씨보다 총각이 훨씬 더 많다. 일하는 아내를 위해 살림을 하고 아이를 돌보는 남성들도 의외로 많다.

잉락 총리는 법적으로는 미혼이지만 기업가인 동거남과의 사이에서 아들 하나를 둔 것으로 알려져 있다. 한국의 엄격한 법률적 기준으로 보면 그녀는 분명 미혼모다. 하지만 태국에서는 남녀의 사랑과 결혼에 대해 유연하게 생각하고, 동거나 이혼에 대한 편견도 거의 없다. 직업 세계에서 여성의 실력과 능력만 중시되므로, 결혼을 하든, 동거를 하든,

혼자 살든 모두 개인적인 선택일 뿐이다. 개인의 사생활이 총리가 되는 데 전혀 문제가 되지 않을뿐더러 그녀의 아들과 아이 아버지의 프라이 버시 역시 보호받고 있다. 모든 여성이 사생활에 구애받지 않고 자신의 능력을 마음껏 발휘할 수 있는 태국은 진짜 '여행(여성이 행복한) 국가' 가 아닐까?

성에 대해 당당한 태국 여성들의 태도는
오래된 벽화에도 잘 나타나 있다.

공주가 예쁘지 않아도 되는 나라

: 학구파 공주들의 활약

잉락 총리는 최근에 등장한 신데렐라이고, 원조 국민 엄친딸은 현 국왕의 둘째 딸인 마하 짜끄리 씨린턴 공주Maha Chakri Sirindhorn다. 최근 잉락 총리가 한국을 방문하여 한강 수중보를 답사하는 등 4대강 개발 현황을 시찰한 적이 있는데, 씨린턴 공주는 이보다 먼저 한국을 방문하여 한국의 치수 기술에 관심을 보이기도 했다. 씨린턴 공주는 독신이지만, 우리가 보통 상상하는 '사치스럽고 외모만 가꾸면서 백마 탄 왕자를 기다리는 공주'가 아니다. 수수한 외모와 친화력 있는 성품의 소유자로, 영어·프랑스어 등 다양한 외국어를 구사할 수 있고 다방면에서 학식과 조예가 깊다. 지도와 사진기를 들고 '세계는 넓고 공부할 것은 많다'는 지리학자의 마음가짐으로 세계를 여행하는 공주! 세계 각국에 대한 살아 있는 지식과 자신의 경험을 모은 책을 여러 권 출판해서 태국 젊은이들에게 꿈과 희망을 심어 주고 있다. 마하 와치라롱껀 왕세자가 좋지 않은 행실로 인해 국민의 지지를 받지 못하는 상황에서 둘째 딸 씨린턴 공주의 인기는 나날이 높아지고 있다. 씨린턴 공주의 사진은 태국 전역에서 볼 수 있고, 그녀는 태국 왕실에서 국왕 다음으로 국민의 사랑과 존경을 받는 존재다. 부산외대 태국어과 김홍구 교수에 의하면, 그녀는 〈대장금〉, 〈선덕여왕〉 등 한국 드라마를 빠짐없이 챙겨 보고 삼계탕을 즐겨 먹는 원조 한류 마니아이기도 하다.

또한 2011년 6월에 한국을 방문한 태국의 파차라끼띠야파 마히돌 공주Bajrakitiyabha Mahidol는 직업이 검사다. 와치라롱껀 왕세자의 외동딸이

씨린턴 공주는
수수한 외모와 친화력 있는
성품으로 국민들의 지지를
한 몸에 받고 있다.

씨린턴 공주가 펴낸
여행 서적들.

148

자 푸미폰 국왕의 손녀인 파차라끼띠야파 공주는 현직 검사로 범인을 직접 심문하여 기소하는 수사 검사로도 두각을 나타내 '검사 프린세스'란 애칭을 가지고 있다. 미국 코넬 대학교에서 법학 박사학위를 취득하고, 2008년부터는 유엔이 추진하는 '여성 수용자의 삶 향상' 프로젝트를 주도했다. 파차라끼띠야파 공주가 서초동 대검찰청을 방문하여 "교정 시설 내 여성 재소자 처우를 개선해야 하고, 세계 각국이 이 문제에 더 많은 관심을 갖도록 한국이 나서 주기를 바랍니다"라고 부탁하자, 검찰 총장은 "곧 서울에서 열리는 세계검찰총장회의의 주제 중 하나가 '형사 절차에서의 여성 인권 보호'라며 그녀의 의견에 전적으로 공감한다"며 화답했다고 한다.

하지만 이 검찰 총장은 바로 며칠 전에 "남자 검사는 집안에 무슨 일이 일어나도 일을 계속하는데, 여자 검사는 애가 아프면 일을 포기하고 애 보러 간다. 남자 검사는 출세나 사회적 인정을 첫째로 생각하는데 여자 검사는 행복을 추구한다"는 시대착오적이고 성차별적인 발언을 해 사회적으로 거센 비난을 받았던 분이기도 하다. 역시 우리나라 검찰의 카멜레온 같은 변신 능력은 세계 토픽감이다. 마초적인 한국 사회에서도 남성 중심적인 조직으로 악명 높은 한국 검찰의 수장과 당당하게 포즈를 취하는 공주의 사진을 보며, 한국 사회에서 워킹 맘으로 살아오며 받은 스트레스와 상처들을 잠시나마 잊을 수 있었다.

태국 공주의 신화는 여기서 멈추지 않는다. 푸미폰 국왕의 셋째 딸인 쭐라펀 왈라일락 공주Chulabhorn Walailak는 과학자다. 1985년부터 마히돌 대학교에 합류하여 화학 분야 교수직을 맡고 있으며, 주요 관심 분야는 개발도상국의 환경 및 건강 문제, 암 연구, 천연 제품 관련 화학, 태국의 약용식물, 독성학 연구 등이다. 그녀는 사회와 경제 발전에서 과학의 역할을 적극적으로 주창해 왔으며, 과학기술을 이용해 태국 국민의 삶의 질을 높이기 위해 노력해 왔는데, 과학자로서 아시아 각국의 협력을 증진시킨 공로를 인정받아 유네스코로부터 금메달을 받기도 했다.

보통 왕실 사람들은 만들어진 아이콘의 역할만 수행하며, 왕실 여성들은 고급 패션 브랜드를 애용하고 사치스러운 생활을 하여 지탄을 받곤 한다. 그 결과 '여자 팔자는 뒤웅박 팔자'라는 편견을 강화시키고 '나도 신데렐라가 되고 싶다'는 환상을 심어 주는 경우가 많다. 하지만 태국 공주들은 각자 선택한 직업 분야에서 자신의 세계를 개척하고 소탈한 모습으로 국민들에게 다가간다. 어쩌면 할리우드 애니메이션 〈슈렉〉에 등장하는 신세대 공주 피오나보다 한 발 더 앞서 나가는 듯하다. 교과서에서 양성평등적 내용을 강화하고 '여행(여성이 행복한) 도시' 프로젝트를 실시하는 것도 의미가 있겠지만, 우리의 딸들에게 사회 각 분야에서 리더로 활약하는 여자 선배들을 볼 수 있는 기회를 제공하고 어릴 때부터 자신의 미래를 마음껏 꿈꿀 수 있는 문화를 가정에서부터 조성하는 일이 더 중요하지 않을까?

왕실의 예법에 갇혀 외모만 가꾸고 인형처럼 살기보다는 끊임없는 공부와 여행, 새로운 도전을 통해 지식과 경험을 확장하는 태국 공주들을 보며 자란 태국의 딸들은 세계 어디를 가든 자신감이 넘친다. 앞서 이야기한 씨린턴 공주는 튼튼한 몸매를 그대로 드러내며(태국 국민들이 그녀를 위해 정성스럽게 차려 놓은 음식을 맛있게 먹어 주다 보니 그런 것 같다) 당당하게 살아간다. 씨린턴 공주에 대한 국민들의 신망과 애정이 커지면서, 현재 그녀는 왕실 내에서 가장 유력한 국왕의 후계자로 부상하고 있는 듯하다. 총리도 여자, 차기 국왕 후보도 여자! 공주들은 검사와 과학자! 여인 천하인 태국은 알파 걸들에게는 희망의 나라다.

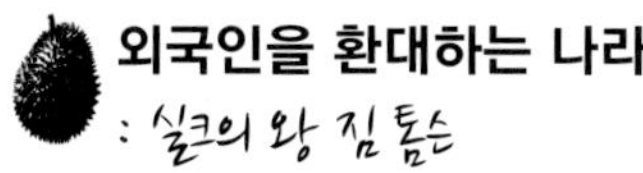 외국인을 환대하는 나라
: 실크의 왕 짐 톰슨

맛있는 음식과 함께, 늘 감사하고 행복해하는 사람들이 넘치는 태국은 외국인들에게 거주지로도 인기가 높다. 태국에 놀러 왔다가 눌러앉은 배낭객부터 태국을 연구하는 학자까지, 태국의 매력에 빠진 사람들은 태국을 좀처럼 떠나지 못한다. 이스라엘 출신의 인류학자에게 들은 이야기다. 그의 지도 교수가 태국 관광산업을 연구하다 연구 보조원으로 일하던 태국 여성과 사랑에 빠졌다. 독실한 유대교 신자인 그는 차마 이혼을 생각할 수 없었다. 태국 여성과 공동 연구를 진행하며 평생 관계를 유지했고, 본국의 아내가 세상을 떠나자 태국 여성과 재혼하여 태국의 아름다운 해변에서 행복한 노후를 보내고 있다고 했다. 역시 외국인도 쉽게 사랑을 찾고 행복해질 수 있는 나라가 태국일까?

태국의 실크를 세계에 알리고 가난한 태국 농촌 경제를 일으킨 주역인 짐 톰슨Jim Thompson 역시 비슷한 경우다. 미국 동부에서 태어나 뉴욕에서 건축가로 활동하던 그는 제2차 세계대전 때 여행자로서 태국을 처음 방문하게 된다. 태국 사람들의 미소, 아름다운 자연과 전통문화에 매혹된 그는 전쟁이 끝나자마자 방콕으로 돌아온다. 오리엔탈 호텔 리모델링 작업에 참여하고 태국 상품을 외국에 판매하는 일을 하다가, 태국 실크의 아름다움에 본격적으로 눈을 뜨게 된다. 그는 뉴욕에서 일하며 쌓은 인맥을 총동원하여, 태국 실크를 뉴욕의 디자이너에게 소개하고 브로드웨이 뮤지컬 〈왕과 나〉의 화려한 의상을 태국 실크로 제작하게 하는 등 태국 실크의 세계화에 헌신한다.

짐 톰슨은 새로운 염색 방법을 개발하여 태국 실크를 고급화하고 가난한 태국 농촌을 살렸다. 그의 실크 제품은 밝고 선명하며 보석처럼 반짝이는 독특한 컬러로 인기가 높았다. 그는 실크 무역으로 번 돈으로 저택을 지어 태국의 전통문화를 복원하고 골동품을 수집하는 데 재투자했다.

1967년 말레이시아의 카메론 고원에서 실종되기까지 25년 이상을 태국에 살면서 태국의 실크와 문화를 세계에 알리고, 농촌의 실크 산업을 부흥시키는 데 기여한 짐 톰슨. 그의 삶과 철학은 그를 기억하는 태국 사람들에 의해 계속 전승되었다. 짐 톰슨의 디자인 아이디어는 태국 실크를 이용한 다양한 인테리어와 패션 상품으로 진화했고, 짐 톰슨 재단은 태국 문화를 사랑하고 태국 국민을 위해 헌신한 외국인의 유지를 계승해 나가고 있다. 그의 저택은 전통적인 태국 가옥 양식을 충실히 재현했는데, 건물 내부는 그가 손수 수집한 골동품으로 채워져 방문객들에게 태국 문화를 체험할 수 있는 교육의 장으로 활용되고 있다. 별채는 미술관과 아트 숍, 카페와 레스토랑으로 바뀌어 방콕의 대표적인 복합 문화 공간으로 탈바꿈했다.

짐 톰슨도 훌륭하지만, 이미 세상을 떠난 미국인을 기리고 그의 은혜를 잊지 않는 태국 사람들이 나는 더 존경스럽다. 태국 실크 산업을 부흥시킨 외국인의 공로를 기억하고 그의 이름을 내세운 브랜드와 철학을 계승하고 발전시켜 나가는 태국 사람들을 보면, 나도 태국을 위해 뭔가

태국 실크의 아름다움을 전 세계에 널리 알린
짐 톰슨의 사진(왼쪽)과 그가 세운 브랜드 매장.

태국 실크를 탄생시키는 베틀(왼쪽)과
아름다운 색깔의 실들.

짐 톰슨의 사후에도 그의 브랜드는
태국 사람들에 의해 끊임없이 계승되고 있다.

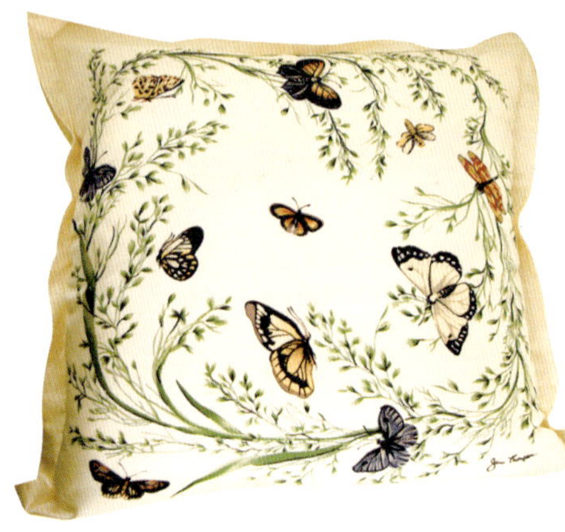

기여하고 싶다는 생각이 저절로 든다. 우리나라는 순혈주의가 강해 귀화한 외국인에게 마음을 쉽게 열지 못하고, 국제결혼에 대해서도 부정적이다. 이런 점에서 한국관광공사 사장으로 이참을 기용한 것은 참 잘한 일이다. 다문화 가정에 대한 편견도 외국인 혐오증이나 인종주의에서 비롯된 경우가 많다. 이제 혈통과 국적, 외모로 애국심을 평가할 것이 아니라 새로운 관점에서 진정 나라를 위하는 길이 무엇인지, 어떻게 하면 우리나라에 정착한 외국인이 행복할지를 진지하게 고민할 때다.

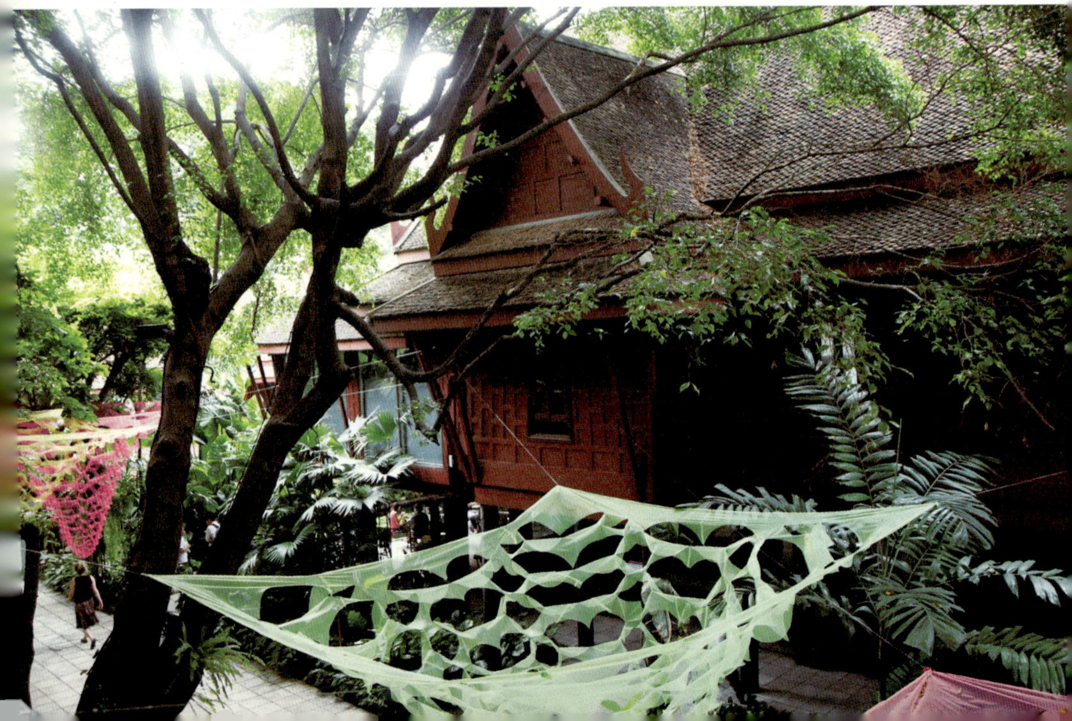

전통 태국 가옥 양식을 충실히 재현한 짐 톰슨 저택(왼쪽, 위, 아래)은
현재 미술관과 아트 숍, 카페와 레스토랑으로 바뀌어서 태국 문화를 알리는 데
앞장서고 있다.

# 세계와 지구를 품고 사는 나라

: 코즈모폴리턴의 안식처

창의적인 예술가나 세계적인 디자이너, 요리사 중에는 태국을 제2의 고향으로 생각하고 사업을 시작하는 외국인이 많다. 태국은 코즈모폴리턴의 진정한 안식처이고, 행복을 찾아 세계를 떠도는 '지구별 행복 난민들'의 마지막 정착지일지 모른다.

실제로 태국에서는 정통 태국 음식뿐 아니라 세계 각국의 음식을 제대로 맛볼 수 있다. 아시아에서 내가 먹어 본 가장 맛있는 이탈리아 음식점은 싱가포르나 도쿄가 아닌 치앙마이에 있었다. 이탈리아 출신의 사장은 태국 현지에서 이탈리아 요리의 모든 재료를 구하고 소스를 개발했으며, 특히 스파게티 면을 생산하는 공장을 현지에서 직접 운영하고 있었다. 태국 전문가 이지은 박사에 의하면 쑤코타이 시대의 람캄행 대왕 비문에는 '물에는 물고기가 있고, 들에는 쌀이 있다'라고 적혀 있는데, 이는 예부터 태국이 비옥한 자연환경과 풍요로운 식생활 문화를 가진 복 받은 곳이었음을 잘 보여 주는 사례라고 한다. 실제로 태국은 천혜의 자연환경으로 음식 재료가 풍부하고 신선할 뿐 아니라 외국인 요리사, 외국 음식, 새로운 문화에 대해 개방적이다. 쭐라롱껀 대학교에서는 태국 음식 및 세계 음식 문화에 관한 국제 컨퍼런스를 매년 개최하여 전 세계 학자들이 태국에 와서 음식에 대한 다양한 논문을 발표하도록 장려한다. 정부나 대학, 외식업계, 연구 기관이 힘을 합쳐 새로운 음식 메뉴를 개발하고 다양한 음식 문화를 적극적으로 수용하니 태국의 음식 산업은 계속 발달할 수밖에 없다.

　한편 태국은 오래전부터 환경을 생각하는 에코 리빙eco living을 실현해 왔다. 농촌의 트렌디한 카페도 유리 벽으로 사방을 막고 에어컨을 트는 인공적인 건축 양식이 아니라 처음부터 지역의 천연 재료를 활용하여 통풍과 환기가 잘되도록 설계한다. 사원에서도 가능한 한 음식을 남기지 않을 뿐 아니라 그릇을 설거지하는 대야에도 번호를 붙여 순서대로 배치해 물 사용을 최소화하는 식이다. 태국 국왕이 표지에 등장하는 환경 교과서도 초등학교 때부터 필수 과목으로 배우고 태국의 지리 과목에서도 환경은 중요한 이슈로 다루어진다. 이는 모든 것이 연결되어 있다는 불교적 세계관의 영향인 듯하다.

　가구 디자인에서도 에코 열풍이 거세다. 아름드리 나무를 베어 만드는 무거운 티크 가구보다는, 가벼운 대나무·등나무를 이용해 만든 가구가 대세다. 무거운 목재 가구는 태국의 산림을 파괴할 뿐 아니라 운송비와 에너지를 많이 들게 해서 지구 환경에도 부담을 주기 때문이다. 반면 대나무는 베어도 바로 다시 자라나기 때문에 환경도 덜 파괴할 수 있고, 유연하게 구부러지는 특성 때문에 대담

치앙마이에 이탈리아 레스토랑을 차린 이탈리아 출신의 사장. 태국에서는 외국인이 연 레스토랑이나 패션 브랜드를 쉽게 찾아볼 수 있다.

지역의 천연 재료를 활용해서
통풍과 환기가 잘되도록 설계한
태국의 한 음식점.

태국의 사원에서는 설거지하는 대야에
번호를 매겨 놓아 물을 최대한 아끼고 있다.

하고 혁신적인 디자인의 가구도 생산할 수 있게 한다. 더군다나 가벼운 대나무 가구는 물류비와 에너지 소비도 낮출 수 있는 '착한 가구'이자 녹색 성장을 견인하는 '에코 상품'이 된다. 실제로 태국에서 제작된 가구는 세련된 디자인으로 유럽의 인테리어 숍과 가구 전문점에서 인기가 높다.

태국은 또한 미얀마 국경 분쟁이나 내전으로 난민이 된 사람들을 돕기 위해 세계 각지에서 온 자원봉사자들의 활약이 활발한 국가이기도 하다. 환경과 난민의 인권 문제에 관심이 많은 환경 운동가나 국제기구 사람들에게 태국은 꿈을 이루고 영감을 얻을 수 있는 행복한 일터일지도 모른다.

한 쇼핑 센터 안에 마련된
에코 디자인 페스티벌의
상징물(왼쪽)과 에코 전화기(오른쪽).

에코 가구 디자인을
대표하는 판타의 제품들(아래 왼쪽, 아래 오른쪽).
태국의 가구 디자인은 전 세계 에코 디자인의
선두에 서 있다.

돈과 권력에 초연한 공간들
: 휴대전화는 잠시 꺼 두세요

태국을 비롯한 동남아에서 여성의 모습을 한 관음보살이 인기이지만, 실제로 불가에서는 오직 남자들만이 출가하여 승려가 될 수 있다. 여성은 기껏해야 사원의 일을 도와주는 수행자인 매 치Mae Chi가 될 수 있을 뿐이다. 세속적인 세계에서는 여성들이 정치·경제 활동을 주도하는 경우가 많지만, 승려들의 세계에서는 전혀 다른 규칙이 적용된다. 승려들이 여성과 접촉하는 것은 금기이기 때문에 태국 버스 뒷문 가까이에는 승려 전용석이 마련되어 있을 정도다. 잉락 총리도 자신의 생일 때 승려들을 초청하여 축하 자리를 마련하지만 악수는 할 수 없다. 길거리나 버스 안에서 스님들을 만나게 되면, 여성들은 얼른 자리를 비켜 드려야 한다.

태국에서 승려는 그 누구에게도 굽힐 필요가 없는 최고 권력이다. 청빈하고 진지한 삶으로 인해 부자나 권력자가 누리지 못하는 진정한 신뢰와 존경을 얻기 때문이다. 정신적 가치를 지키고 금욕적인 생활을 하는 승려는 '살아 있는 부처'로 추앙받고 '훌륭한 승려'가 되는 것은 아들이 어머니에게 할 수 있는 최고의 효도다. 태국 남자들은 결혼 전에 단 몇 달의 짧은 기간이라도, 일생에 한 번 정도는 삭발을 하고 승려가 되는 경험을 해 보도록 장려된다. 푸미폰 국왕도 짧은 기간이었지만 수계 의식을 거쳐 다른 승려들과 마찬가지로 사원에 들어가 수행을 했다. 국왕의 삭발식 장면은 국민들이 가장 좋아하는 국왕 사진 중 하나다.

수계 의식 때에는 자만심과 성욕을 버리는 상징으로 후보자의 머리와 눈썹을 민다. 의례 전문가는 조수와 함께 복잡한 예식을 능숙하게 진

삭발식 장면을
싣고 있는 포스터.

승려에게 예를
표하는 여자 신도.
태국에서 여자는
승려가 될 수 없다.

행하는데, '후보자를 낳느라 어머니가 겪었을 아픔과 고통을 열거하고
자식의 의무가 중요함'을 강조하는 노래를 부르기도 한다.

방콕의 복잡하고 번화한 도시 공간 안에 있는 한적하고 조용한 사원은 명상과 휴식의 장소가 된다. 사원의 정원은 연인과 조용히 이야기를 나누고 사랑을 속삭이는 데이트 공간이 되기도 한다. 태국은 돈이 최고라는 자본주의를 받아들였지만 불교 문화와 수행의 전통은 꿋꿋이 살아남아서 팍팍한 생활에 지친 중생들의 마음을 달래 준다. 방콕 한복판의 쇼핑 센터와 현대식 호텔 앞에도 지나가는 행인이 기도를 올릴 수 있는 제단이 늘 마련되어 있다. 잠시 휴대전화를 꺼 두어도 되는 공간이 방콕에는 아직 많이 남아 있다.

태국의 도심지에서는 지나가는 행인이
기도를 올릴 수 있도록 마련한 사원이나
제단을 쉽게 발견할 수 있다.

태국의 승려들은 돈 앞에서, 세속적 권력 앞에서도 흔들리지 않는다. 태국의 사원에 가면 신도들이 기부한 물품들이 넘쳐 난다. 신도들은 사원의 돈 나무에 돈을 꽂고 기도를 올리기도 한다. 하지만 이 모든 물질은 사원을 운영하거나 가난한 사람들을 돕는 데 사용된다. 태국 사람들은 자신의 경제 수준에 맞지 않는 고급 시계나 명품, 보석을 부러워하기보다는, 기도를 많이 하고 덕이 높은 고승이 묶어 주는 흰 실인 '싸이 씬Sai Sin'을 소중히 여긴다. 싸이 씬을 손목에 차고 있으면 위험에서 벗어날 수 있고 건강하고 행복해질 것이라고 믿는다. 수시로 교통이 막히고 빈부 격차가 큰 방콕에서 그래도 사람들이 스트레스를 덜 받고 정신적 평온과 행복한 마음을 유지하는 데는 돈과 권력에 초연한 스님들과 불교의 힘이 큰 것 같았다.

태국의 신도들은
값비싼 명품보다는
고승이 묶어 주는
흰 실인 싸이 씬을
더 소중히 생각한다.

태국의 승려들은 어떤 돈과
권력에도 굴하지 않고 당당하다.
그 힘은 청빈하고 진지한 삶의
성찰자라는 자부심에서
비롯되는 것이다.

태국의 스님들은 방과 후
아이들을 잘 돌봐 주어서
워킹 맘도 안심할 수 있다.

다양한 종교와 문화를 인정하다

: 진정한 관광 대국의 조건

태국은 불교 국가이고 전 국민의 95퍼센트가 불교를 믿는다. 하지만 기독교와 이슬람을 비롯한 다양한 종교가 공존하는 사회이고, 특히 유럽 국가와 교류가 많았던 지역에는 성당이 들어서 있는 경우가 많다. 태국 남부 지역에서 게릴라 활동을 벌이는 무슬림 분리주의자들과 경찰 당국이 충돌하여 사상자가 발생하는 등 긴장이 고조되기도 하지만, 태국의 모스크에서는 나지막한 기도 소리가 (비록 이슬람 국가인 인도네시아나 말레이시아처럼 우렁차지는 않지만) 평화롭게 흘러나온다. 국제 도시 방콕은 인근 동남아 국가나 중동에서 온 무슬림 관광객이 쇼핑과 외식을 즐기기에 전혀 불편함이 없는 곳이다. 할랄 레스토랑도 성업 중이고, 호텔과 쇼핑 센터에는 무슬림을 위한 공간과 시설이 충분히 확보되어 있다.

중국 경제가 급성장하고 중국 본토 출신 관광객이 늘어나면서, 방콕의 차이나타운은 활기가 넘친다. 샥스핀, 제비집 등 보양식을 즐기는 손님들이 밤새 끊이지 않고, 중국식 인테리어로 새로 단장한 상하이 부티크 호텔은 언제나 만원이다. 화교들의 중심지인 이곳에는 불교, 도교, 유교, 힌두교, 애니미즘이 혼합된 동남아식 중국 사원이 들어서 있다. 자애로운 관음보살이 미소 짓는 제단 앞에서 향을 피우고 나면, 미래를 족집게처럼 알아맞힌다는 점쟁이가 다급한 신도들의 인생 상담을 광둥어로 해 주기도 한다. 무슬림이든, 불교도든, 힌두교도든, 가톨릭 신자나 개신교 신자든, 중국인 또는 서구인이든, 채식주의자든 아니든, 마음이 따뜻한 태국 사람들은 그 어떤 관광객도 환영한다. 언제나 자신의 믿

태국은 불교 국가이지만
가톨릭, 이슬람, 도교 등
다양한 종교가 공존하고 있다.

음대로 신앙생활을 할 수 있고, 취향과 소신대로 음식을 골라 먹을 수 있는 방콕은 통 큰 국제도시다. 진정한 관광 대국은 슬로건만으로 되는 것이 아니고, 다양한 민족과 문화를 넉넉하게 포용할 때 도달할 수 있는 목표가 아닐까.

어린이가 마음껏 뛰놀 수 있는 나라
: 스트레스 제로 지대

싱가포르와 한국의 어린이들은 국제학력평가에서는 1, 2위를 다투지만, 공부 스트레스로 불행해 보인다. 반면 영어 몰입 교육이나 수학·과학 영재교육이 뭔지도 모르고, 수영, 태권도, 축구 등 다양한 체육 활동을 즐기며 '잘 노는 법'부터 배우는 태국의 어린이들은 정말 행복해 보인다. 태국 어린이들은 초등학교부터 감사하는 태도, 인사하는 법, 행복해지는 지혜, 가족과 친구들에게 사랑을 표현하는 법, 스님들에게 존경을 표시하는 법, 자연환경을 보호하는 방법을 집중적으로 배우고 익힌다. 실제로 태국 농촌의 아주 작은 시골 학교에 찾아간 적이 있는데, 넓은 야외 수영장과 놀이터에서 신나게 노는 어린이들을 보니 행복감이 파도처럼 밀려왔다.

태국의 어른들은 어린이들의 응석을 잘 받아 주는 것으로 유명하다. 특히 태국의 아기들은 원 없이 응석을 부리고 부모의 정성 어린 보살핌을 받는다. 태국의 이러한 육아 형태는 태국 사람들의 유쾌하고 온화한 성격을 형성하고 행복한 어른이 되는 데 도움이 되었을 것이라는 심리학자의 분석도 있다. 실제로 방콕의 버스와 전철에서 어린

부모에게 마음껏 사랑을 받고 자라서 낙천적이며 유쾌한 태국 사람들은 '싸눅'이 넘치는 펑키한 예술 작품을 좋아한다.

이에게 자리를 양보하는 어른과 노인을 자주 볼 수 있다. 어린 시절 사
랑을 듬뿍 받으며 성장한 태국 사람들은 모든 일에서 '싸눅sanuk'을 중요
시한다.

싸눅의 사전적 의미는 '유쾌하다', '즐겁다', '재미있다', '행복하다'

태국의 청소년들은
한국 어린이들이 갖는 공부
스트레스가 없어 행복해 보인다.

정도인데 태국 문화 속에서 싸눅은 어떤 상황 속에서도 즐거움과 재미를 추구한다는 의미다. 엄청난 자연재해를 당하고 어려움이 닥쳐도 태국 사람들은 당황하거나 절망하지 않는다. 미소와 여유를 잃지 않고 현재 상황에서 최대한 즐거움과 행복을 찾으려 노력한다. 방콕이 심한 물

유쾌하고 행복한 태국 사람들.

난리를 겪을 때에도 태국 아이들은 고무 튜브를 타고 다니며 마치 해수욕장에 놀러 온 것처럼 신나 보여서 너무나 낯설었지만, 그게 바로 태국 사람들의 행복 지수를 높여 주는 '싸눅 문화'였음을 지금은 이해한다.

짜뚜짝 시장Chatuchak Market의 한 상점에 들어갔다. 태국 사람들은 유럽, 특히 영국에 대해 좋은 이미지를 갖고 있는데, 젊은 여주인이 직접 디자인했다는 티셔츠는 비틀즈부터 영국의 전화 박스까지 그려져 있어 마치 런던에 온 듯한 느낌을 주는 패션 아이템이었다. 귀여운 안경을 쓰고 장난스러운 표정으로 티셔츠를 파는 펑키한 그녀의 주중 직업은? 종합병원 중환자실의 간호사다. 주중에는 긴장 속에서 살지만 취미에 가까운 주말 부업을 통해 '싸눅'을 실천하고 있는 듯했다.

짜뚜짝 시장에는 주말에만 장사하는 상인들이 많다. 태국 사람들은 '싸눅'이 없으면 아무리 돈을 많이 벌어도 불행한 삶이라 생각한다. 일반

주중에는 중환자실 간호사로, 주말에는
상점 여주인으로 변신하여 즐겁게 일하는 펑키한 아가씨.

시민들도 주중에는 주말 시장에 팔 물건을 준비하며 적당히 시간을 보내고, 주말에만 바싹 물건을 파는 여유 있는 삶을 즐기는 것이다. 24시간 바쁘게 돌아가는 우리나라 동대문 시장과는 전혀 다른 분위기로, 삶의 여유를 중시하는 태국 사람들의 가치관을 드러낸다. 물건을 악착같이 많이 팔겠다는 부담감이 적은 상인들은 평키하고 매력적인 시장 분위기를 연출한다. 시장에서 꼭 물건을 사지 않아도 모두가 행복하고 여유로운 시간을 보낼 수 있기에 짜뚜짝 시장이 국제적인 명소가 된 것 아닐까? 최대의 이윤을 남기는 것이 목적이 아니라 물건을 즐겁게 팔고 손님과 행복한 만남을 갖는 것이 삶의 중요한 이유인 '싸눅 정신' 때문에 말이다. 요즘 미국 할리우드 패셔니스타의 핫 아이템인 편안한 비치 샌들의 브랜드 명칭이 '사눅(싸눅)'인 것도 자연스럽다.

태국의 최대 명절이자 우리의 설날에 해당하는 송끄란 축제도 즐거운 추억을 만드는 '싸눅' 행사다. 4월 중순은 태국에서 가장 더운 시기인데, 얼굴에 흰 칠을 하고 서로에게 물을 뿌리며 더위를 식히고 새해를 축복한다. 대형 물총이 동원되고 짓궂은 사람은 차가운 얼음물을 끼얹거나 고춧가루가 섞인 물을 뿌리기도 하는데, 남녀노소 모두 유쾌하게 즐길 수 있는 축제다.

태국의 싸눅 문화는 도처에서 찾아볼 수 있다. 불교 사원의 종교 버스에도 '못 말리는 짱구'가 등장하고, 평범한 돌고래 쇼도 "삐용삐용" 하고 의성어를 쏘아 대며 어찌나 재미있게 설명하는지, 태국어를 전혀 모르는 나도 코믹 만화를 보는 것처럼 실컷 웃을 수 있었다. '잔디가 아파하니' 들어가지 말라는 귀여운 표지판도 있고, 체중이 90킬로그램을 넘는 여성만 참가할 수 있는 미인대회가 인기를 끌기도 한다.

타로 점을 보는 아저씨에게서도 싸눅의 기운이 넘쳐흘렀다. "아, 팬티에 뇌가 있는 남성들이 어찌 여성들의 깊은 속을 이해하겠습니까? 남자에 대한 환상을 버리고 레즈비언처럼 살아 보시는 건 어때요?" 태국에서만 들을 수 있는 위트 있는 조언에 나는 배꼽을 잡고 한참 웃었다. 아, 그리고 보니 혹시 그 아저씨, 게이였나?

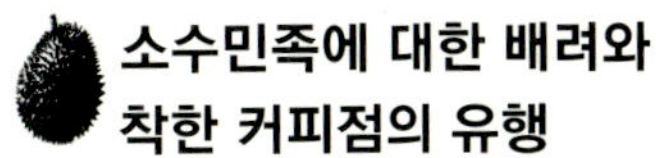

소수민족에 대한 배려와
착한 커피점의 유행

2011년 대홍수로 태국은 큰 고통을 겪었다. 특히 방콕 일대가 완전히 물에 잠겨 공항이 폐쇄되고 공장의 가동이 중단되었다. 지금은 도시화와 산업화가 진행되어 도로에 물이 넘치면 큰 문제가 되지만, 만일 농경지와 수로가 그대로 남아 있었다면 홍수가 지나간 뒤에 땅은 더욱 비옥해졌을 것이다.

태국의 쌀은 크게 두 종류로 나뉘는데, 하나는 '안남미'라고 불리는 쌀이고 또 다른 하나는 주로 북부에서 재배되는 찹쌀이다. 치앙마이에는 대나무 통이나 판단 잎에 담긴 찹쌀을 손으로 뭉쳐 커리나 양념에 찍어 먹는 음식 문화가 남아 있다.

태국의 각 지역 음식은 나름의 특징이 있다. 왕실의 별장이 있는 치앙마이는 서늘하고 쾌적한 기후다. 태국 내 제2의 도시이기는 하지만,

블루 엘리펀트 레스토랑에서 나오는 찹밥.

수도 방콕보다는 인구가 훨씬 적고 차분한 분위기가 매력적이다. 이곳에서는 돼지고기와 소고기를 이용한 기름진 고기 요리가 발달했고, 채소도 기름에 볶는 것이 많다. 그래서 '치앙마이 음식을 계속 먹으면 살이 찐다'는 말이 있고, 실제로 영양 상태가 좋은 치앙마이 사람 중에 키가 크고 건장한 사람이 많다. 서구적인 잉락 총리도 치앙마이 출신이다.

반대로 가난한 동북부 이싼 지방을 대표하는 음식으로는 까오 니여우Kao Niaw(찹쌀밥), 솜땀Somtam(파파야 샐러드), 랍Larb(고기 샐러드), 까이 양Kai Yang(구운 닭) 등을 들 수 있다. 라오스와 국경을 맞대고 있는 이싼 지역의 음식은 라오스 음식과도 유사한데, 기름과 고기를 거의 사용하지 않고 주로 야채와 칠리, 허브를 넣어 맛을 낸다. 평상시에 기름진 음식을 거의 먹지 못하는 이싼 사람들은 체격이 왜소하거나 마른 경우가 많은데, 탁신을 지지하는 레드 셔츠 계층(반대로 국왕을 지지하는 이들은 옐로 셔츠로 상징된다) 중에는 이싼 출신이 많다. 최근에 날씬한 몸매를 원하는 사람이 늘고 다이어트 열풍이 거세지면서 이싼 음식이 재조명되고 있다. 솜땀이 다이어트에 도움이 되는 음식으로 인식되면서 갑자기 방콕에서 인기가 높아진 것이다.

태국 북부뿐 아니라 중국 남서부, 라오스 북부, 베트남 북부, 미얀마 동북부 등 산지 지역에서 살아가는 소수민족을 '고산족Hill Tribe'이라고 한다. 이들은 작은 마을을 이루고 주로 화전을 경작하거나 가축을 기르며 살아가는데, 가장 규모가 큰 종족은 카렌Karen 족으로 태국에서는 '까리앙Kariang'이라고 부른다. 카렌 족은 다시 여러 개의 종족으로 나뉘는데 여자들이 목을 길게 만들기 위해 고리를 차는, 목 긴 카렌 족은 태국어로는 '까리앙 꺼 야우Kariang Kor Yau'라고 한다.

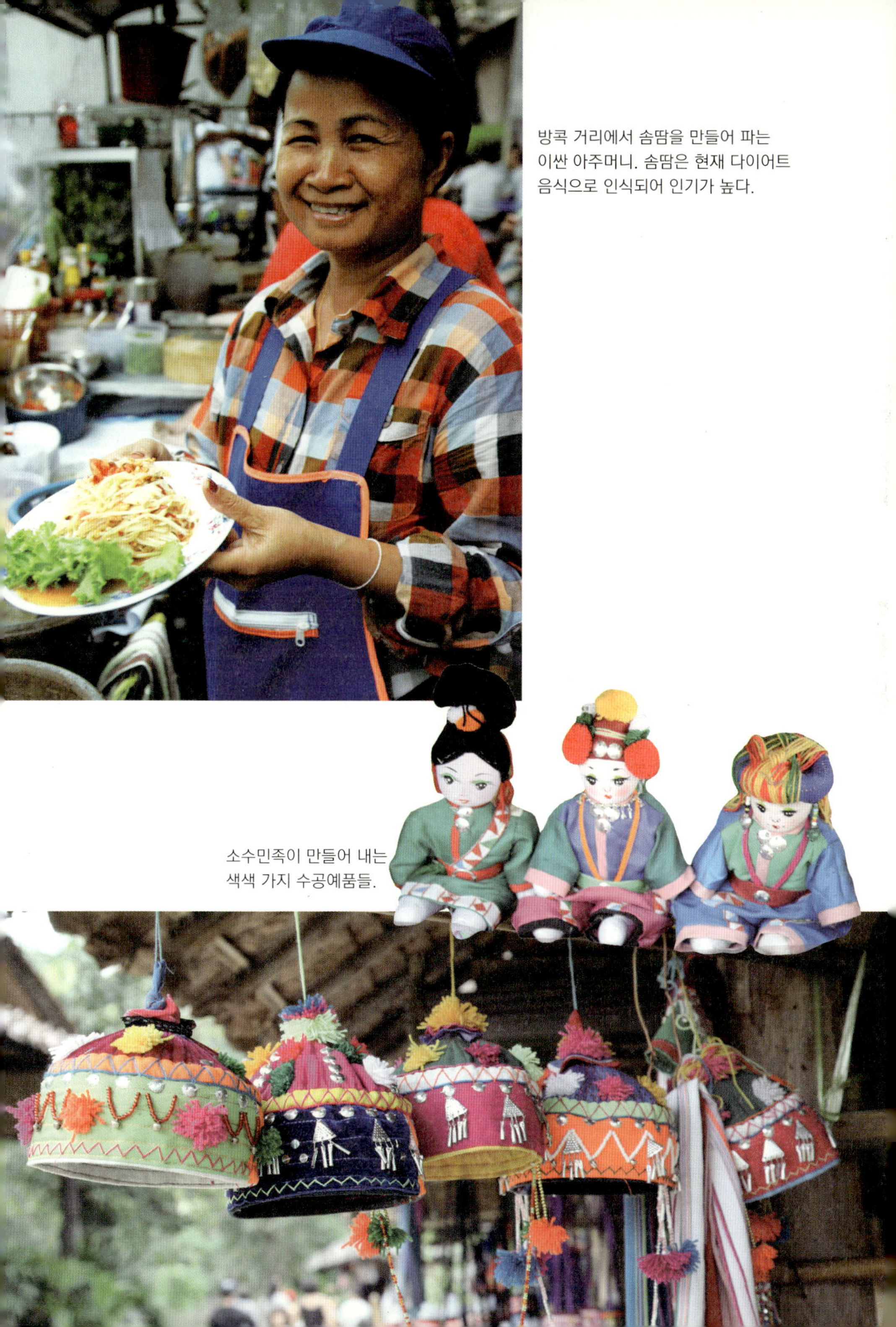

방콕 거리에서 솜땀을 만들어 파는
이싼 아주머니. 솜땀은 현재 다이어트
음식으로 인식되어 인기가 높다.

소수민족이 만들어 내는
색색 가지 수공예품들.

삶의 터전을 잃고 생계가 막막한 소수민족을 돕기 위해 '도이 뚱Doi Tung', '도이 창Doi Chaang' 등 고산족 마을 이름을 브랜드화하여 이들이 재배한 커피만 파는 '착한' 커피점이 늘어나는 추세다. 이 밖에도 소수민족에 대한 지원은 수제 면 생산, 실크 제품 및 전통 수공예품 제작 등 다양한 사업 형태로 확장되고 있다.

'인간 동물원' 같다는 비난도 있지만, 치앙마이 인근에 있는 매 헝 썬Mae Hong Son의 소수민족 마을에서 만난 소수민족 모자는 평온하고 안정되어 보였다. 내가 15년 전 베트남의 북부 산지 지역에서 소수민족의 생활을 조사할 때 목격했던 참담한 실상과 비교해 볼 때 더욱 그러했다. 당시 베트남 국경 지대의 몽Hmong 족 어머니들은 아침 일찍 일하러 나가고 아이들만 남아 있었다. 난방이 안 되는 추운 집에는 음식을 해 먹은 흔적이 없었고, 아기가 어머니 젖 대신 빨고 있는 우유병에는 아무것도 남아 있지 않았다. 당시 나도 어린 아들을 한국에 남겨 두고 현지 조사를 위해 베트남 오지까지 온 젊은 엄마였기에 마음이 더 아팠던 것 같다. 외국인을 상대로 기념품을 판매하는 베트남 소수민족 중에는 몸을 파는 소수민족 소녀들도 있었다. 그에 비하면 태국의 소수민족 마을에서 어머니 젖을 물고 있는 아기는 운이 좋아 보였다.

국왕이 주도하는 왕실 프로젝트Royal Project에서도 낙후 지역의 빈곤을 퇴치하고 이 지역 어린이들에게 영양가 있는 음식을 제공하기 위해 노력하고 있다. 이 프로젝트는 1960년대 아편 생산으로 유명했던 고산지방의 아편꽃 재배를 법으로 금지한 뒤에 시작되었다. 즉 산속에 고립되어 문화적 혜택을 누리지 못하고 생계조차 막막한 소수민족에게 지속 가능한 생계 수단을 마련해 주기 위한 배려였다. 소수민족이 재배한 야

소수민족 마을에서
만난 아기 엄마.

소수민족을 돕는
착한 커피점.

채와 과일은 태국 전역으로 보내지는데,
왕실 프로젝트의 취지에 공감하는 레스
토랑에서는 이들이 재배한 농작물을 식
재료로 사용한다. 짐 톰슨 재단이 최근
에 기획한 예술 작품 전시도 낙후된 동
북부 지역의 농민과 예술가들을 후원하
기 위해 마련되었다. 하지만 부와 권력
이 방콕에 더욱 집중되고 민주주의가 후
퇴하면서 태국 내의 빈부 격차, 수도와
지방의 지역 격차는 나날이 벌어지는 양
상이다.

낙후된 이싼 지역과 예술가를 후원하기 위해
짐 톰슨 재단에서 기획한 전시 포스터.

태국 국왕의 조각 앞에 개가 앞장서고 있다.
태국 국왕의 상징물에는 개, 코끼리, 토끼 같은 동물이
함께하는 경우가 많다.

 ## 동물도 행복한 나라
: 모든 생명을 소중히 여기는 전통

우리나라에 "꿩 먹고 알 먹고"라는 매우 잔인한 속담이 있다. 알을 품고 있는 어미 꿩의 약점을 이용하여 어미 꿩도 잡아먹고 생명이 담긴 알마 저 먹어 치우다니……. 악착같이 먹거리를 챙기고 생존을 위해 발버둥 치는 한국인의 못 말리는 억척스러움이 싫어질 때가 있다. 특히 가족과 같은 반려동물을 쉽게 버려 휴가철이면 유기견이 늘어난다는 뉴스에 더 욱 우울해진다.

태국은 불교 국가라서 그런지, 모든 생명에 대해 존중하는 마음을 도처에서 느낄 수 있다. 불교도들은 새장에 갇힌 새를 자유롭게 날려 보 내거나 물고기를 방생하는 의식을 통해 공덕을 쌓는다. 하지만 새를 자

태국 북부 정글의 코끼리.

유롭게 날리는 사람을 위해 새를 잡는 사람도 생기니, 실제로는 새에 대한 또 다른 억압이므로 사원에서 새장에 갇힌 새를 사지 말자는 의견도 만만치 않다. 자애로운 국왕이 몇 해 전 길 잃은 개들을 돌보는 행사를 한 뒤로, 유기견에 대한 태국 사람들의 관심이 높아졌다. 태국 국왕은 사람뿐 아니라 동물들에게도 왠지 인기가 높으실 것 같다.

최근 태국에서는 소수민족이나 가난한 어린이를 돕기 위한 모금 활동뿐 아니라 코끼리를 보호하기 위한 기금 마련 행사도 활발하다. 거리를 헤매다 뜨거운 도로에 발바닥 화상을 입거나 관절염으로 고생하다 죽어 가는 불쌍한 코끼리부터 코끼리 쇼에서 재롱을 떨거나 그림을 그려 V.I.P. 아니 V.I.E._{Very Important Elephant} 대접을 받는 영재 코끼리까지, 다양한 코끼리가 태국에서 살아가지만, 정글에서 자연스럽게 무리를 이루어 살아가는 코끼리 가족이 가장 행복해 보인다. 태국의 북부 지방에는 코끼리가 살 수 있을 정도로 자연 상태에 가까운 밀림이 아직은 조금 남아 있고, 코끼리의 생태에 대해 배울 수 있는 코끼리 학교는 높은 수업료에도 불구하고 인기를 끌고 있다.

성적 소수자도 행복한 나라
: 티파니 쇼에 등장한 상하이 걸

파타야는 방콕에서 버스로 2시간이면 도착하는 대중적인 휴양도시다. 도시화와 산업화가 진행되어 방콕과 별로 차별화되지 않는 평범한 관광지에서 최대의 볼거리는 '티파니 쇼'다. 여자보다 더 예쁜 트랜스젠더

티파니 쇼를 홍보하는 간판 모델 상하이 걸.

무희들이 전 세계에서 온 관광객을 위해 노래하고 춤추는 버라이어티 쇼로 인기가 높다. 티파니 쇼를 홍보하는 간판 모델은 중국 전통 의상 치파오를 입은 '상하이 걸'이다. 최근 급증하는 중국인 관광객의 이목을 끌기 위한 치밀한 관광 홍보 전략이 숨겨져 있다. 실제로 티파니 쇼의 내용 구성은 관광객의 국적에 따라 수시로 바뀐다고 한다. 한국 관광객이 많이 오면 한국 가요나 춤을 많이 넣고, 베트남 관광객이 많이 오면 베트남 가곡을 좀 더 많이 들려주는 식이다.

태국은 게이나 트랜스젠더에 대한 편견과 차별이 거의 없다. 아니 오히려 예쁜 게이나 트랜스젠더들은 자신이 선택한 직업 세계에서 우대 받기도 한다. 방콕의 차이나타운 부티크 호텔에서 일하는 늘씬한 몸매의 종업원도 알고 보니 게이였다. 태국은 서구의 동성애자들이 가장 선호하는 아시아 국가이고, 방콕은 '게이의 천국'이라는 별칭으로 불린다. 우리나라에서 연예인으로는 처음으로 동성애자임을 밝혀 출연하던 드라마에서 하차해야 했던 홍석천이 태국 레스토랑 사업을 시작한 것도 우연이 아닌 듯싶다.

뉴욕, 런던, 암스테르담, 헬싱키 등 서구의 대도시에서는 동성애자에 대한 차별이 사라졌기에, 감수성이 예민하고 창의적인 게이나 보헤미안들이 개성을 살려 패션, 디자인, 홍보 등 고부가가치 직종을 장악하고 고소득을 올리는 경우가 많다. '핑크 머니'가 새로운 시장으로 주목받고 있으며, 동성애자 특히 게이들의 취향을 반영한 '핑크 산업'이 뜨고 있는 상황에서 태국은 '핑크 관광지'로 인기가 높다. 진정한 관광 대국, 다문화 선진국, 행복 강국이 되려면 다양한 민족과 외국 문화를 폭넓게 수용할 뿐 아니라 여성, 노인, 장애인, 성적 소수자 등 사회적 약자도 함께 배려해야 하지 않을까?

차이나타운에 어둠이 내리면, 불을 켜고 두리안을 파는 사람들이 늘어난다. '천사의 도시, 아시아의 베네치아'로 불리는 방콕에서 두리안은 당당하게 존재했다. 호텔에 두리안 반입을 금지하는 싱가포르나 말레이시아와는 달랐다. 방콕의 랜드 마크인 바이욕 스카이 호텔의 과일 뷔페에서 두리안을 맛볼 수 있었다. 역시 태국은 서구 식민지를 거치지 않은 국가라 그런지, 두리안이나 전통문화에 대한 열등감이 전혀 없는 듯했다.

방콕의 두리안은 맛있고 신선했지만 가격이 좀 비쌌다. 트럭을 통째로 끌고 와서 두리안을 파는 할머니가 인상적이었다. 도대체 두리안을 어디서 갖고 오셨냐고 묻자, "짠타부리"라 대답했다. 말레이시아나 싱가포르의 두리안 파는 장소에서는 여자 상인은 찾기 힘들었고, 특히 두리안을 쪼개는 사람은 ('두리안을 쪼갠다'는 것에 성적인 의미가 있기에) 모두 남자였다. 하지만 태국의 차이나타운에서는 곱게 늙은 할머니가 직접 두리안을 쪼개고 목돈을 즐겁게 세고 있었다. 역시 태국은 남녀의 성 역할 구분이 다른 나라에 비해 뚜렷하지 않고, 사회의 여러 분야에서 여성이 활발하게 활동하는 듯했다. 남자든 여자든 동성애자든 자신의 성적 정체성에 의해 차별받지 않고 개성을 살려 자신이 원하는 삶을 살 수 있어야 모두가 행복하지 않을까?

태국에서도 행복한 사람들이 많은 '행복 밀집 지역'은 어디일까? 두리안이 많이 생산되는 곳이 아닐까? 펑키 지리학자의 직감을 믿고 두리안으로 유명한 라용Rayong을 거쳐 짠타부리Chanthaburi로 향하는 새벽 버스에 몸을 실었다.

방콕 차이나타운에서 씩씩하게
두리안을 쪼개 파는 할머니.

 ## 짠타부리로 가다
: 두리안 애호가의 천국에서 역사적 도시까지

방콕 동남부, 캄보디아와 국경을 마주하는 짠타부리는 태국에서도 두리 안이 가장 많이 생산되는 곳이다. 짠타부리 버스 터미널에 내리니 귀한 두리안이 막 굴러다녔다. 짠타부리 거리의 표지판에도 토끼와 망고스 틴 외에 두리안이 그려져 있을 정도로 두리안 천지였다. 마침 두리안 축 제 철이라 시내의 모든 숙박 시설이 만원이었기에 결국 시내에서 조금 떨어진 곳에 있는 호텔로 향했다. 화교가 주인인 듯 중국풍 장식이 되어 있는 호텔에 들어서니 '웰컴' 과일로 망고스틴을 주면서 원하는 대로 먹 으라고 했다(최근 한국의 대형 마트에서 파는 망고스틴의 가격이 6개에 만 원 정도였다). '웰컴' 음료수로 주스를 제공하는 호텔은 보았어도 귀한 과일 을 통째로 내놓는 곳은 처음이었다.

토끼와 망고스틴,
두리안이 그려져 있는
짠타부리의 표지판.

두리안 축제는 활기가 넘쳤다. 두리안뿐 아니라 망고스틴, 바나나, 파파야, 망고 등 열대 과일이 풍성했다. 국왕을 중심으로 여러 동물과 각종 과일로 채워진 기념 조형물이 화려했고, 대형 두리안 상징물이 축제의 분위기를 고조시키고 있었다.

도로에는 두리안을 파는 가게들이 줄지어 있었는데, 두리안을 파는 사람도 쪼개는 사람도 다 여자들이었다. 짠타부리 역시 여성들이 돈줄을 꽉 쥐고 있는 지역임이 분명했다. 오토바이 앞자리를 차지하여 남자들을 리드하는 여자들도 많이 눈에 띄었다. 짠타부리에는 두리안과 함께 씩씩하고 멋진 여성들이 넘쳐 났다.

두리안 축제에서 만난 국왕 기념상.
주변으로 개, 토끼, 용과 함께
각종 과일이 화려하게 장식되어 있다.

짠타부리를 대표하는 가톨릭 성당도 여인 천하이기는 마찬가지였다. 이성 간의 접촉을 엄격히 금하는 불교와는 달리 짠타부리의 가톨릭 수녀님들은 팔을 걷어붙인 채 남녀 가리지 않고 노인들의 건강을 직접 챙겼다. 성당 안은 하늘색 리본으로 예쁘게 장식되어 있었고, 웨딩 드레스와 양복을 각각 입은 귀여운 테디 베어 커플 인형도 있어 성당의 여성적 취향을 드러내고 있었다. 성당 안팎에서 볼 수 있는, 아기를 안은 자애로운 예수상 역시 인상적이었다.

짠타부리 성당은 이곳 사람들에게 특별한 장소인 듯했다. 결혼식도, 장례식도 다 성당에서 하니까. 예비 신랑 신부와 연인들이 찾아와서 성당을 배경으로 사진을 찍는 로맨틱한 풍경이 연출되고 있는가 하면, 한쪽에서는 장례식이 조용히 진행되고 있었다.

짠타부리 출신으로 영국 남자와 결혼하여 런던에서 살고 있는 조이. 그녀 역시 나처럼 두리안을 좋아해서 두리안 철이 되면 살이 확 쪘다가 두리안 철이 끝나면 조금씩 살이 빠지는 '두리안 요요 현상'을 매년 겪었다고 했다. 그녀는 돌아가신 아버지의 장례식을 치르기 위해 런던에서 10시간 넘게 비행기를 타고 왔는데, 두리안이 흔한 짠타부리에서도 장례식장에서는 두리안을 먹을 수 없어 아쉽다고 했다.

한편 짠타부리는 예부터 보석과 예쁜 여자로 유명한데, 보석 가게 주인들은 대부분 여자였다. 우아한 자태로 바느질을 하며 보석 가게를 지키는 예쁜 여사장의 미소가 보석 반지보다 더 아름다웠다. 짠타부리는 여자만 아름다운 것이 아니고 남자들도 외모에 신경을 많이 써 평범한 아저씨도 화려한 보석 반지를 끼고 있을 정도다. 보석 가게 여사장에게 사랑받는 남자 친구가 되려면 외모에도 신경을 써야 하지 않을까?

우아한 태국 성모상과 아기를 안은 예수상.

이번에는 말을 탄 피아 딱신Phya Taksin 왕의 동상이 우뚝 서 있는 공원
에 갔다. 우리나라에서 이순신, 강감찬 장군의 동상은 일반인들이 감히
접근할 수 없는 높이에 위압적인 포즈로 세워져 있을 뿐 아니라 '접근하
지 마시오'라는 무서운 경고문을 붙여 놓은 경우가 많다. 흡사 박물관의
유물처럼 역사 속 위인들이 사람들과 격리되어 있는 것이다. 하지만 짠타

짠타부리 남성들은 외모에 관심이 많아서
화려한 보석 반지를 많이들 착용한다.

짠타부리에 있는 한 보석 가게의
예쁜 여사장.

부리에서는 사람들이 딱신 왕의 동상에 다가가서 기도를 드리고 제단에 꽃과 음식을 바치고 있었다. 역사 속 위인들은 태국 사람들의 기억 속에 여전히 살아 있었고 친밀한 대상으로 사랑받고 있었다. 피곤하고 바쁜 일상생활 중에도 위인들의 동상에 다가가 고통스러운 마음을 내려놓고 잠시나마 기대어 쉴 수 있는 태국 사람들은 편안하고 행복해 보였다.

태국 사람들이 존경하는 딱신 왕의 동상.
태국 사람들은 이 동상에 다가가서 꽃도
걸고 만지기도 하고 음식을 바치기도 한다.

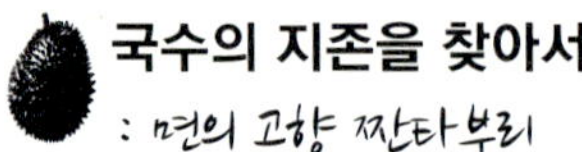

국수의 지존을 찾아서
: 면의 고향 짠타부리

태국에서 음식을 좀 안다는 사람들은 짠타부리 면을 최고로 쳤다. 심지어 치앙마이의 정통 태국 레스토랑에서도 "우리 국수는 짠타부리 면을 사용한다"라고 자랑할 정도이니, 태국에서 최고의 국수 요리는 왠지 짠타부리에서 맛볼 수 있을 것 같았다. 짠타부리의 랜드 마크로 유명한 딱신 왕 동상 밑의 제단에도 국수 한 그릇이 바쳐져 있을 정도로 짠타부리 면은 특별한 듯했다. 그렇다면 짠타부리가 '면의 고향'이 된 이유는 무엇일까? 국수로 유명한 짠타부리에서도 가장 맛있는 국숫집은 어디일까?

우선 짠타부리의 면이 유명한 데에는 지리적 배경이 중요하다. 짠타부리는 산과 바다와 평야가 만나는 곳인데, 산에는 신선한 버섯·약초·허브가 널려 있고, 들에는 다양한 과일·채소·곡식이 넘쳐 나며, 바다에는 생선·새우·오징어·조개·해초류 등 각종 해산물이 풍부하다. 특히 두리안이 많이 생산되는 곳은 그 어떤 작물도 자라기 좋은 환경이기에 신선한 음식 재료를 연중 어느 때고 바로바로 조달할 수 있다(말레이시아 페낭을 생각해 보라!). 또 마음이 넉넉하고 행복한 사람들이 재료를 아끼지 않고 정성을 다해 음식을 만드니 맛있을 수밖에. 여기에 특별한 비결이 하나 더 추가된다. 바로 베트남 사람들. 쌀국수가 맛있기로 유명한 베트남 사람들이 대거 이주하여, 베트남의 국수 비법을 짠타부리 사람들에게 전수한 것이다.

아침 일찍 일어나 성당에 가서 기도를 드렸다. 성모 마리아가 우아한 포즈로 맨 윗자리를 차지하고 있고, 부드러운 표정의 남자 사제와 예수가 성모 마리아 대신 아기를 안고 행복한 표정을 짓고 있는 성당에 오니 마음이 편안해졌다. 성당 주변의 풍경은 호찌민 시 어딘가와 비슷했다. 연약해 보이는 할머니 한 분이 떡을 팔러 다니고 있었는데, 꼭 베트남 사람처럼 생겼다. 떡도 태국 디저트처럼 달지 않고 콩고물에 묻힌 담백한 맛이 독특했다. 실제로 짠타부리 성당 주변에는 수백 년 전에 이주한 베트남 사람들의 자손이 지금까지 살고 있고, 베트남 건축 양식도 그대로 남아 있다. 성당 앞에서 파는, 국물 맛이 깔끔하고 담백한 국수도 베트남에서 맛본 국수와 비슷했고, 심지어는

짠타부리의 가톨릭 성당(왼쪽)과
베트남 거리를 연상시키는 풍경.

진한 커피도 베트남식이었다. 맛있는 음식이 더 맛있어지고 음식 문화가 계속 발전하려면, 한 가지 전통만 고집하기보다는 다양한 민족의 문화를 포용하는 너그러운 마음과 유연한 사고가 필수인 듯하다.

면의 고향 짠타부리에서도 가장 맛있다는 '옌 따포Yen Tafo' 국수를 먹으러 갔다. 페낭에서 이미 환상적인 '아삼 락사'를 먹어 본 나였지만 옌 따포 국수도 기대가 되었다. 옌 따포 국숫집은 페낭 국숫집보다는 좀 더 규모가 컸고, 온 가족들이 호흡을 맞춰 정신없이 국수를 만들어 내고 있었다. 국숫집 내부는 이미 다 찼고, 주변 공터에 설치한 대형 야외 식당도 손님들로 가득 찼지만, 아직도 줄 서서 기다리는 손님이 있을 정도였다. 주인아주머니는 얼굴 한 번 찡그리는 기색 없이 오랜 단골들의 안부를 물으며 기쁜 마음으로 계속 국수를 날랐다. 나 역시 한 시간 넘게 기다려 겨우 국수 한 그릇을 먹을 수 있었다.

일단 옌 따포 국수는 독특한 핑크빛이었고, 새우·오징어를 비롯한 해산물이 듬뿍 들어가 있었다. 해산물과 과일, 허브로 맛을 낸 듯한 국물 맛 또한 오묘했다. 국수의 고향 짠타부리 특유의 탱탱한 면발 역시 완벽했다. 맛은 페낭의 아삼 락사와 우열을 가리기 힘들었는데, 이곳에서는 특히 최고의 국수를 손님들에게 대접하겠다는 주인아주머니의 노력과 정성이 돋보였다. 아주머니는 아침 일찍 일어나 바다에서 바로 잡아 올린 해산물을 직접 사 왔고, 종업원들은 주인이 가져온 재료를 다듬어 국수 고명으로 올렸다.

핑크 국수 한 그릇의 가격은 우리 돈으로 2~3천 원. 런던의 태국 레스토랑의 팁 정도이니, 옌 따포 국수를 매일 먹을 수 있다면, 세상 부러울 것이 없어 보였다.

옌 따포 국수를 만드는 아주머니는
끊임없이 이어지는 손님들의 행렬에
쉬지 않고 일을 하고 있었다.

핑크빛이 감도는 면에 새우를 비롯한
해산물을 듬뿍 넣은 옌 따포 국수.

아침 일찍 해산물을 직접 공수해 오는 주인아주머니는
단골들의 안부를 챙기기도 했다.

짠톤 레스토랑의 특별한 메뉴
: 두리안 맛싸만 커리, 망고스틴 샐러드, 코코넛 아이스크림

짠타부리를 대표하는 레스토랑으로 모두들 '짠톤Chanthorn'을 자신 있게 추천했다. 짠타부리에서만 나는 재료를 사용하여 계절마다 메뉴를 바꾸고 평생 음식만 만들어 온 요리사가 정성스럽게 만든 다양한 태국 음식을 선보이는 곳. 때는 마침 보름이어서 예쁜 달과 잘 어울리는 환상적인 하얀 건물은 맛있게 저녁을 먹는 가족들로 만원이었다. 인테리어는 모던했지만 '두리안 수채화'를 전시하는 등 태국의 문화를 담고 있었다. 종업원들은 발랄하고 경쾌한 유니폼을 입고 있었는데, 손님에게 음식에 대해 자세히 설명해 주는 등 마음에서 우러나오는 친절을 보였다.

가장 맛있는 음식을 추천해 달라 하니 특선 계절 음식인 두리안 맛싸만 커리와 망고스틴 샐러드, 코코넛 아이스크림을 추천해 주었다. 맛싸만 커리에 두리안을 넣는 아이디어는 신선한 두리안이 넘치는 짠타부리에서만 가능한 것이다. 커리와 함께 먹는 따뜻한 밥은 직접 밥을 지었을 것 같은 마음 좋아 보이는 할머니가 갖다 주는데, 내가 지금까지 먹어 본 그 어떤 태국 커리보다 맛있었다. 솔직히 블루 엘리펀트의 맛싸만 커리보다도 맛있었다. 왕도 감탄할 만한 최고의 맛이었다.

새우 등 해산물과 아삭한 채소, 거기다 망고스틴이 풍부하게 들어간 샐러드 역시 새콤하고 깔끔한 맛이 일품이었다. 코코넛 아이스크림은 진하고 부드러운 코코넛이 씹히는 아이스크림에 볶은 땅콩, 아몬드와 같은 견과류가 수북이 뿌려져서 나왔다. 이 음식들을 다 먹어도 서울의 일품요리 하나 가격도 안 되는 '착한 가격'이었으니 이보다 더 행복

짠타부리를 대표하는 음식점
짠톤 레스토랑의 입구.

할 수 없는 저녁이었다.

나는 짠톤 레스토랑의 주인이 궁금해졌다. 맛있는 음식에는 그럴 만한 충분한 이유가 있기 마련이다. 페낭에서 확인했듯이, 그 지역에서 나는 신선한 재료를 풍부하게 사용해서 정말 착한 마음으로 음식을 만드는 게 비결이다. 짠톤의 경우에는 음식 맛도 탁월했지만 레스토랑의 인테리어나 분위기도 독특하고, 종업원의 서비스와 친절이 예사롭지 않았기 때문에 레스토랑 사장이 어떤 사람인지, 그의 삶과 철학을 알고 싶었다.

짠톤 레스토랑을 경영하는 사장은 40대 초반의 독신으로 여든이 넘은 어머니를 지극정성으로 모시는 '훈남'이었다. 그는 뱀 껍질처럼 생긴 과일과 다양한 식재료를 보여 주며 짠타부리에서만 나는 재료로 만든

짠타부리에서만 나는 재료를 사용하여 계절에 맞는
다양한 메뉴를 선보이는 짠톤 레스토랑의 음식들.

짠톤 레스토랑의 사장은 이곳에 와야만 맛볼 수 있는
최고의 음식을 계속 만들어서 고향의 음식 문화를
전 세계에 알리겠다는 포부를 가지고 있다.

음식을 열심히 설명했다.

"짠타부리에서만 먹을 수 있는 메뉴를 개발하고 싶어요. 프랜차이
즈를 낼 생각은 전혀 없습니다. 이곳에 직접 와서 신선한 재료로 만든
음식을 먹어야 진짜죠. 몇 해 전에 아버지가 돌아가신 후 혼자 남으신
어머니를 위해 대도시 생활을 접었습니다. 어머니는 마흔이 넘어 저를
낳으셨고, 저는 어려서부터 부모님의 사랑을 넘치게 받았지요. 10대부
터 고향을 떠나 방콕 국제학교에 다녔고, 대학도 방콕에서 다녔어요. 석
사는 뉴욕에서 마케팅을 공부했고요. 어릴 때는 고향인 짠타부리에 대
해 특별한 감정이 없었어요. 방학이나 휴가 때 짠타부리에 잠깐씩 오기
는 했지만, 화려한 도시적인 생활 방식에 익숙했죠."

하지만 아버지가 돌아가시고 다시 고향에 돌아오니 짠타부리가 새

롭게 보였다고 한다.

태국 사람들은 서로 만날 때마다 두 손을 공손히 모으고 남성은 '컵 쿤 크랍', 여성은 '컵쿤 카'를 반복하는데, 국제화된 도시에서 오랫동안 살았던 그도 예외가 아니었다. 짠톤 레스토랑에는 '노인용 화장실'이 따로 설치되어 있었는데, 거동이 불편한 노모를 배려하는 아들의 애틋한 마음을 느낄 수 있었다. 그는 또한 고향 짠타부리에 대해 애정이 많은 것 같았다. 짠타부리에서만 나는 특별한 음식 재료를 열심히 설명해 주며 짠톤에서 개발한 여러 가지 소스를 소개하는 그에게 앞으로의 꿈을 물었다.

"학교를 졸업한 후 다국적 광고 회사에서 10년 넘게 일했어요. 사람들의 취향을 파악하고 새로운 트렌드를 읽는 데 광고 회사에서 겪은 경험이 많은 도움이 되는 것 같아요. 하지만 단순히 레스토랑으로 돈만 많이 버는 데는 관심이 없어요. 방콕 사람도, 그 누구도 여기 짠타부리에 있는 짠톤 레스토랑에 와야만 맛볼 수 있는 최고의 음식을 계속 만들어 낼 거예요. 짠톤을 통해 고향의 음식 문화를 전 세계에 알리고 싶어요."

두리안, 망고스틴 등 현지에서 조달할 수 있는 특별한 재료를 풍성히 넣고 어머니의 마음으로 정성스럽게 만든 음식에, 젊은 아들의 효심과 글로벌한 감각이 더해져 짠톤의 전통은 새롭게 재해석되고 있었다.

행복 바이러스에 감염되다
: 짠타부리 속 행복 밀집 지역

짠타부리 사람들은 잘 웃고 너그럽다. 다른 곳에서는 부자만 겨우 맛볼 수 있는 두리안, 망고스틴마저 풍부해서 아무나 실컷 먹을 수 있으니 더 행복한 듯하다. 그래서일까? 어디를 가든 인정이 넘쳐 난다. 나는 짠타부리에서 돈을 내고 오토바이나 차를 타 본 적이 없다. 태국어를 잘 못하는 나를 위해 목적지까지 자발적으로 태워다 주는 친절한 사람들이 많았다. 방콕에서는 경험하기 힘든 일이다.

짠타부리에서도 행복이 밀집된 장소는 어디일까? 행복한 짠타부리 사람들을 따라가 보기로 했다. 산으로 들어가는 입구에서는 미나리같이 긴 채소를 묶어서 팔고 있었다. 매운탕을 끓일 때 넣으면 딱 좋을 것 같은 채소의 용도는 분명치 않아 보였다. 냄비를 가지고 온 사람들은 하나도 없었고, 공원 입구에서부터 짐과 음식은 모두 맡기고 산으로 들어가야 했다. 채소만 달랑 가지고 들어갈 수 있는 계곡에서 사람들은 도대체 무엇을 할까?

왕과 왕비가 행차하면서 세운 종교적 기념물과 탑이 보였고, 울창한 나무가 우거져 있었다. 멀리서 폭포수 떨어지는 소리가 청량했다. 열대우림 특유의 냄새가 났고, 높은 습도로 땀이 비 오듯 흘렀다. 고개 하나만 넘어가면 된단다. 삐질삐질 땀을 흘리며 고개를 넘으니 별천지가 펼쳐져 있었다.

산 중턱이라 기후도 서늘하고 울창한 삼림이 햇볕을 가려 주는 곳. 절벽에서 떨어지는 시원한 물줄기가 장관인 폭포 아래였다. 폭포수가

산 입구에서는 미나리 같은 채소를 팔고 있었는데, 사람들은 그것을 한 다발씩 사서
계곡으로 향했다. 그 용도가 궁금했던 나는 나중에야 알고 짠타부리 사람들에게 감동했다.

떨어지는 계곡은 정말로 물 반, 고기 반이었다. 한국 사람들이라면 계곡
에 발을 담그고 낚싯대나 그물로 물고기를 잡아 준비해 온 양념을 넣고
즉석에서 매운탕을 끓여 먹을 생각에 군침이 돌겠지만……. 태국 사람
들은 달랐다. 옷을 입은 채로 풍덩 물속에 들어가 물고기와 함께 헤엄치
는 사람들, 둘이 부둥켜안고 물고기와의 접촉을 즐기는 커플들, 폭포수
가 떨어지는 소리를 들으며 물방울을 느끼면서 바위 위에서 낮잠을 자
는 청년들, 가족과 함께 물장난을 치며 즐기는 사람들……

계곡을 가득 메운 사람들.

짠타부리 사람들은 계곡에서 물고기를
잡아먹는 대신에 물고기와 교감하면서
행복감을 느낀다.

그곳은 사랑하기 좋은 곳, 싸눅이 넘치는 곳, 세로토닌·옥시토신·
도파민을 가리지 않고 각종 행복 호르몬이 철철 흘러넘치는 곳이었다.
따로 태국 마사지를 받을 필요가 없어 보였다.

모든 생명을 소중히 생각하는 태국 사람들에게 물고기는 매운탕
재료가 아니었다. 오히려 계곡 입구에서 팔던 채소가 물고기 먹이였다.
물고기의 건강을 염려하는 듯이, 아무거나 던지지 않고 오직 청정한 유
기농 채소만 물고기에게 먹이로 주었다. 사람을 전혀 무서워하지 않
는 물고기들은 긴 채소 줄기를 덥석 입에 물었고, 줄기를 따라 물 밖으
로 튀어나오기까지 했다. 남녀노소 모두 돌고래처럼 점프하는 물고기
를 보고 신이 났고 미끈미끈한 물고기와 살을 맞대면서 즐거워했다. 물
고기를 잡아먹어 몸보신하기보다는 물고기와 함께 노는 순간을 즐기는
짠타부리 사람들에게 물고기는 당장 만질 수 있는 행복이 되어 주었다.
물고기도 사람만큼 고귀한 생명체로 사랑받는 곳, 첨벙첨벙 물소리와
사람들의 행복한 웃음소리가 울려 퍼지는 계곡은 분명 행복 밀집 공간
이었다.

어쩌면 행복은 미끈거리는 물고기처럼 꼭 잡으려고 하면 잘 잡히지
않는 것일지 모른다. 하지만 이렇게 물 반, 고기 반인 짠타부리 계곡에
서 행복을 느끼는 것은 아주 쉬운 일 같았다. 아무리 심각한 우울증 환
자라도 이곳에 오면 짠타부리 사람들의 행복 바이러스에 바로 감염될
수밖에 없을 테니까.

Philippines
Philippines
Philippines
Philippines
Philippines

필리핀

나비의 꿈이 이루어지는 희망의 세계

필리핀 문화와 사회가 응축된 지프니

필리핀, 특히 마닐라의 거리 풍경은 지프니Jeepney를 빼고는 설명할 수 없다. 우선 다양한 그림이 화려한 색채로 그려진 외관이 눈길을 끈다. 아기 예수상인 산토 니뇨Santo Niño부터 미국 성조기까지, 지프니 주인의 개성이 뚜렷하게 드러난다. 지프니는 미군이 남기고 간 고물 트럭이나 중고 지프를 여러 사람이 탈 수 있는 미니버스로 개조한 필리핀의 대표적인 교통수단이다. 필리핀 돈으로 8페소, 우리 돈으로 200원이면 지프니 앞 유리에 표시된 목적지라면 어디든 갈 수 있다.

하지만 필리핀의 지리를 잘 모르는 관광객에게 지프니는 그림의 떡이다. 지프니의 화려한 외관을 소개하는 관광 안내 책자조차 지프니 안에서 도대체 어떤 일이 일어나고 있는지 설명해 주지 않는다. 지프니 운전기사는 목적지 푯말을 갈아 끼워 『해리 포터』에 나오는 버스처럼 노선을 수시로 변경하고, 미로 같은 골목을 돌고 돌아 아무 곳에서나 승객을

화려한 외관을 가진 지프니들.

지프니 운전사가 들고 있는 팻말이 곧 목적지다.

밤이 되면 지프니는 하루 일과를 마친 사람들을 태우고 골목을 누빈다.
사람들은 자신의 어깨를 상대의 어깨에 기대며 서로를 위로한다.

태우거나 내려 준다. 유리 창문도, 에어컨도 없고 더군다나 안전띠는 아예 존재하지도 않는 허름한 지프니는 안전을 중시하는 서구인에게는 불안한 교통수단이다. 특히 관광객들에게는 마닐라 시내의 웬만한 목적지는 몇천 원 내에서 해결되는 택시가 대중 교통수단보다 우선이고, 현지 문화에 익숙한 외국인조차 지프니를 타려면 특별한 용기가 필요하다.

하지만 지프니는 필리핀 사회와 문화를 엿볼 수 있는 좋은 장소다. 지프니를 마음대로 탈 수 있다는 것은 필리핀의 지리를 정복했으며 현지 문화에 익숙해졌다는 징표와도 같다. 지프니는 필리핀 서민들의 발이기도 하다. 특히 전철이 끊기고 대형 버스도 다니지 않는 한밤중에 택시 탈

돈이 없는 사람들에게는 반가운 교통수단이다. 오늘도 지프니는 하루 종일 일하고 집으로 돌아가는 고단한 승객들을 부지런히 실어 나른다.

지프니는 화려한 외관 못지않게 내부 풍경도 다양하다. 어떤 지프니는 무지갯빛 숄로 내부가 화려하게 장식되어 있기도 하고, 승객들이 앉는 자리 위로 (아마도 운전사의 사랑하는 가족들의 것인 듯한) 이름이 적혀 있기도 하다. 운전석 바로 옆의 백 미러에는 운전사의 안전을 기원하는 다양한 종교 상징물이 대롱대롱 매달려 있다. 돈을 많이 벌게 해 준다는 중국식 해피 부다부터 운전사를 안전하게 지켜 주는 성모 마리아상까지……. 운전사의 소망과 종교관이 그대로 드러난다. 운전사를 악한 영으로부터 안전하게 지켜 줄 수만 있다면 천주교이든 불교이든 도교이든 상관없어 보인다. 종교적 상징물에는 대체로 기도문들이 적혀 있는데, 그중 하나인 운전사의 기도Driver's Prayer를 옮겨 본다. 여기서도 역시 어린 예수와 어머니 마리아가 아버지 요셉보다 먼저다.

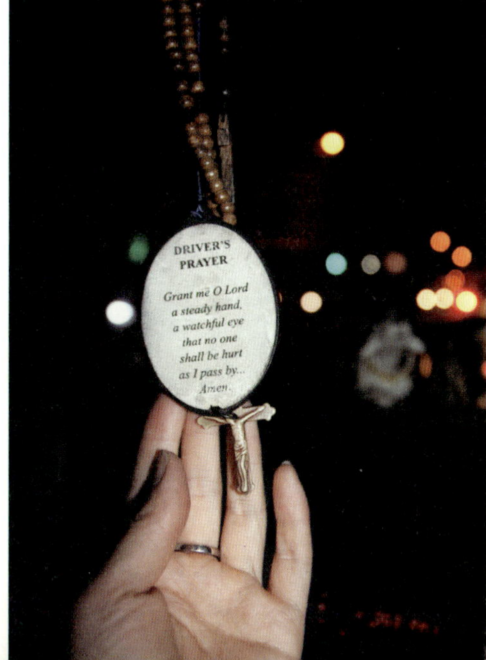

지프니 내부를 장식하고
있는 종교적 상징물.

신이여, 우리의 길을 축복하소서.

God bless our way.

예수님, 성모 마리아, 요셉이시여, 우리 가는 길 함께하소서.
성 라파엘이시여, 제가 조심스럽지만 자신감 있고
유능하고 안전한 기사가 되게 하소서.

Jesus, Mary and Joseph, be with us on the way.
Dear St. Raphael, make me a careful confident,
competent and safe driver.

저를 기계의 고장에서 보호해 주시고 날씨뿐 아니라
저의 마음과 건강 상태를 포함한 여러 가지 환경에서 오는
어려움과 문제에서 벗어나도록 도와주소서.

Protect me against mechanical failures and help me
in difficulties and problems caused by weather or other circumstances
including my state of mind or health.

성 라파엘이시여, 부디 우리를 위해, 저와 함께 운전해 주시겠습니까?

Do you, St. Raphael, please drive for us and with me?

예수님, 성모 마리아여, 저는 당신을 사랑합니다.
우리의 영혼을 구원하소서.

Jesus, Mary, I love you.
Save souls.

OUR LADY OF PERPETUAL HELP
PRAY FOR US
Our Lady of Perpetual Help
Oh my God, protect
me from all dangers
as I travel to the work
you have given me. Amen
God Bless Us

지프니를 타는 방법을 소개해 보면, 우선 자신이 가고자 하는 목적지를 표시한 지프니가 지나가면 손을 들어 표시를 한다. 지프니 안으로 들어갈 때는 천장이 낮기 때문에 고개를 푹 숙여야 한다. 뒤쪽에 앉은 승객이 차비를 낼 때는 앞에 앉은 승객에게 부탁해서 대신 운전사에게 내 달라고 해야 한다. 잔돈도 같은 방식으로 돌려받는다. 승객이 많아지면 알아서 밀착해서 앉아야 하고 자기 앞에 앉아 있는 사람과 계속 눈을 마주치며 목적지까지 가야 한다. 에어컨도 없어 푹푹 찌는 지프니 안에서 서로의 숨결을 느끼며 목적지까지 가면서 필리핀 사람들은 자연스럽게 친구를 사귀고 운명 공동체를 형성한다.

재미있는 '반려동물협회' 티셔츠를 입은 20대 총각에게 말을 걸어 보았다.

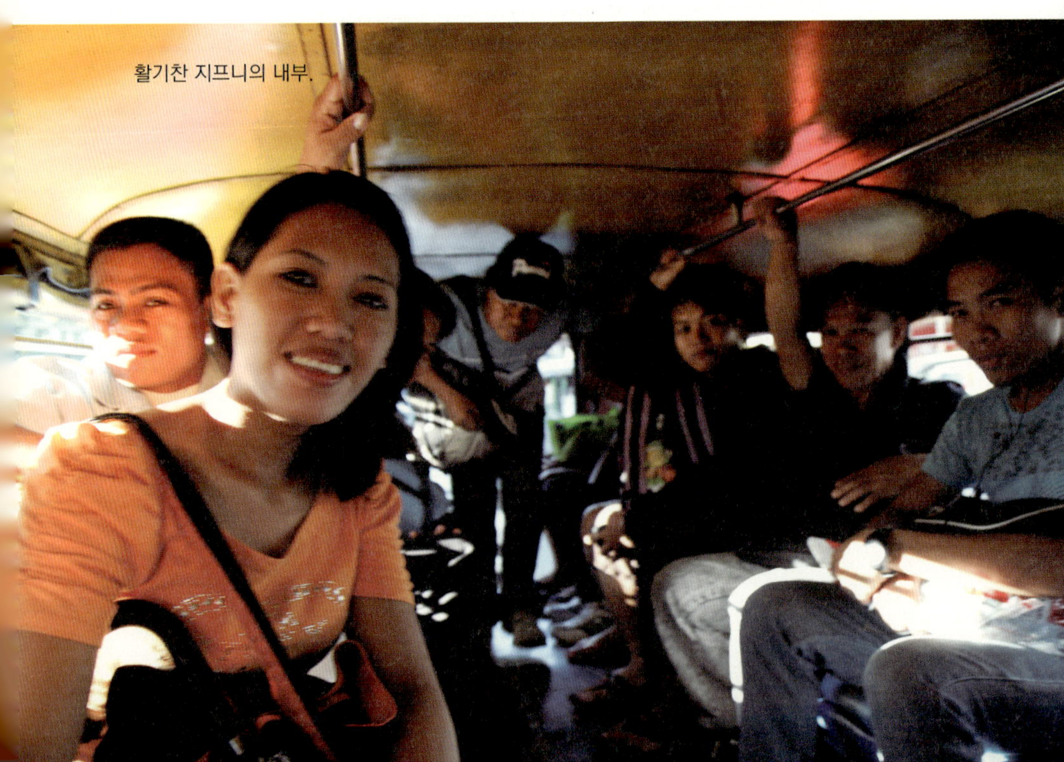

"어디 가나요?"

"마카티에 가요."

"뭘 하러 가나요?"

"여자 친구와 영화를 볼 거예요."

"한국에 〈너는 펫〉이라는 영화가 있는데, 봤어요?"

"아니요. 하지만 여자 친구가 한국 드라마를 좋아해요."

처음에는 수줍어 말도 제대로 못 하더니, 나중에는 빙긋 웃으며 '나는 당신의 펫'이라는 표정으로 멋진 모델이 되어 준다. 그렇게 또 한 명의 지프니 친구가 늘어났다.

좁은 장소에서 서로 부대끼고 함께하는 지프니의 모습은 필리핀의 '바랑가이Barangay' 문화를 잘 드러낸다. 바랑가이란 친족 관계를 기반으로 한 끈끈한 운명 공동체로, 필리핀 문화를 이해하는 데 핵심적인 요소다.

잘 알려진 '노아의 방주' 이야기처럼, 필리핀에서는 실제로 '다토'라고 불리는 선장이 '바랑가이'라고 불리는 배에 대가족을 태워 해안가에 정착했다. 이 필리핀판 '노아의 방주 이야기'를 응용한 장난감도 인기가 있는데, 노아의 작은 방주에 여러 동물을 한 쌍씩 실어 주는 놀이를 하면서 어렸을 때부터 운명 공동체를 형성하는 법을 배우는 것이다.

바랑가이는 대개 30~100가구로 이루어지는 확대된 대가족 형태를 띤다. 필리핀 인구의 80퍼센트 가량이 사는 바랑가이 관할 구역에서는 경찰이 없어도 치안이 유지된다. 바랑가이 문화는 마닐라 같은 대도시에서도 여전히 살아 있다. 동사무소를 '바랑가이 오피스'라 부르며 바랑가이 안에서 육아, 교육, 행정, 위생, 치안 등 모든 일이 논의되고 해결된다. 아이들은 바랑가이 영역에서 친구들과 농구를 하거나 신발 치기 놀이를 하면서 우정을 기르고, 결혼식이나 장례식도 바랑가이를 중심으로

벽에 "이 그림 속의 햄버거는 몇 개나 될까?"라고 쓰여 있다.
답은 여기에 그려진 사람 수만큼.
뭐든 나눠 먹고 함께하는 바랑가이 문화를 잘 나타내 준다.

필리핀 아이들은
이 '노아의 방주' 장난감을
통해 연대 의식을 기른다.

치러진다. 지역 정치인으로 성공하려면 자신이 속한 바랑가이에서 인심을 얻어야 한다. 심지어 바랑가이의 전용 구급차와 소방차도 있을 정도다.

지금도 필리핀에서 모든 문제는 생활 무대인 바랑가이 안에서 자연스럽게 논의되는데, 공동체의 판단 기준은 '히야hiya'다. 히야는 타갈로그어로 '수치심'이나 '체면' 정도로 해석될 수 있는데, 말레이어로는 '히나hina'라고 한다. 바랑가이 공동체에서 '히야가 없다'고 손가락질을 받게 되는 사람은 필리핀 사회에서 철저히 소외되고 '왕따' 취급을 당한다. 만일 바랑가이의 최고 부자가 혼자만 잘 먹고 잘살겠다고 공동체를 소홀히 대하면 그는 당장 히야를 잃게 된다. 바랑가이의 지도자는 지역 문제를 해결하거나 피에스타 등의 행사를 준비할 때 공동체를 위해, 무엇보다 자신의 히야를 생각해서 공동체를 지원하곤 한다. 당장 여윳돈이 없을 때는 빚이라도 낸다. 가족이나 친족과의 관계가 끊어진 필리핀 사람은 사회적으로는 사형 선고를 받은 것이나 다름없기 때문이다.

끈끈한 연대 의식에 기초한 바랑가이 문화는 필리핀 사회의 어두운 그림자이기도 하다. 필리핀에서는 바랑가이를 중심으로 똘똘 뭉쳐서 내가 속한 조직에는 무조건적인 충성을 다하지만, 그보다 규모가 더 큰 지역이나 국가에 대한 소속감은 상대적으로 약하다. 편협한 바랑가이 연

벽도 제대로 없는 곳에 빨래를 널어놓은 그들을 위해,
신이 하늘에 널어놓으신 무지개.

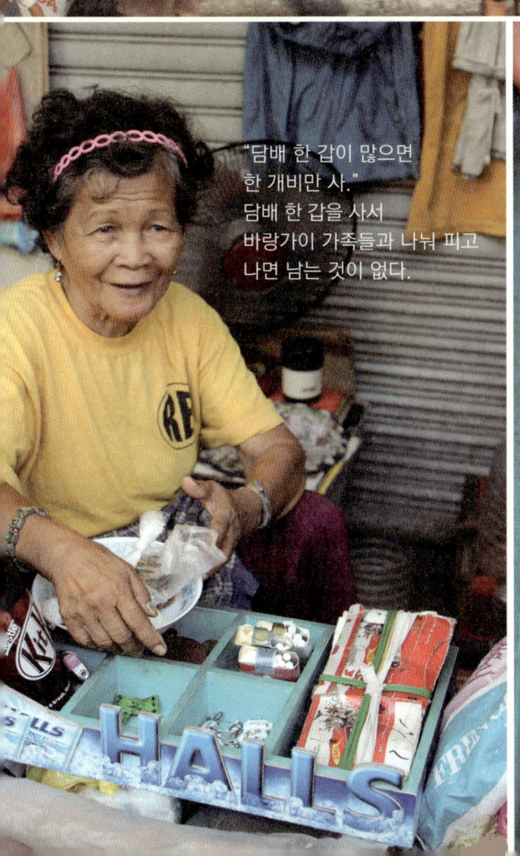

"담배 한 갑이 많으면
한 개비만 사."
담배 한 갑을 사서
바랑가이 가족들과 나눠 피고
나면 남는 것이 없다.

고주의는 외부 세력에 대항할 수 있는 통일된 힘을 형성하는 데 걸림돌이 되었고, 스페인과 미국이 쉽게 필리핀을 정복하고 통치하는 결과를 낳았다. 지금도 가문 간의 갈등과 비합리적인 경쟁이 계속 진행되고 있는데, "우리가 남인가"식의 집단 이기주의는 필리핀에서 민주주의 실현

을 어렵게 하고 공정한 법치 질서의 확립을 방해한다.

또한 필리핀은 개천에서 용이 나기 어려운 사회 구조다. 개인의 능력을 공정하게 평가하려 하기보다는 개인이 속한 가문이나 바랑가이 내부의 기준에 의해 쉽게 판단해 버린다. 시장이나 대통령처럼 선거로 뽑

히는 정치인도 바랑가이 내에서 이미 결정되며 특히 정치인의 권력은 세습되는 경우가 많다. 아키노 현 대통령도 유명 정치인 가문 출신으로, 코라손 아키노(애칭은 '코리')가 그의 어머니였다. 마닐라 케손 시티의 젊은 시장과 부시장도 모두 아버지로부터 정치적 유산을 물려받았다.

바랑가이 문화 속에서 행복한 사람들.

시험 공부를 열심히 해서 좋은 대학에 가거나 고시에 붙어 출세하는 식의 신분 상승의 기회 자체가 봉쇄되어 있기에, 아무런 정치적 연고가 없는 평범한 가정 출신의 젊은이가 국회의원 후보가 되거나 지방자치 단체장으로 출마하는 일은 필리핀에서 상상하기 힘들다.

모두가 행복한 피에스타의 음식, 레촌

우기가 시작되는 5월은 피에스타(스페인의 영향을 받은 필리핀에서는 축제를 이렇게 부른다)의 계절이기도 하다. 더위에 지친 사람들은 피에스타를 준비하며 활력을 유지하고 풍성한 수확에 감사한다. 각 지역을 대표하는 피에스타는 바랑가이의 끈끈한 연대감을 강화하는 기회다. 축제의 하이라이트인 거리 행진도 바랑가이별로 준비한다. 화려한 꽃과 음식으로 장식한 상징물을 끌고 지나가는 행진은 아이부터 노인에 이르기까지 모든 바랑가이 구성원의 참여와 정성으로 이루어져서 장관을 이룬다.

대도시 마닐라에서도 피에스타의 전통은 살아 있다. 바랑가이에 해

피에스타 기간에는 각 바랑가이를 대표하는
빨강, 파랑, 노랑의 깃발들이 거리를 수놓는다.

당하는 각 동네의 골목을 중심으로 피에스타가 치러지
고, 골목마다 바랑가이를 상징하는 빨강, 파랑, 노랑의
깃발들이 내걸린다. 동네에서 가장 부유한 사람은 기쁜
마음으로 피에스타의 음식을 마련하고 축
제용품을 지원하는 책임을 맡는다. 빈부
격차가 큰 필리핀 사회이지만 피에스타
만큼은 모두가 맛있는 과일과 음식을 실컷
먹고 춤과 노래를 즐길 수 있는 시간이
다. 작은 바랑가이 출신의 가난한 사람
들은 피에스타가 열리는 마을로 몰려와
부자 친척이나 지주들이 베푸는 호의에 감사

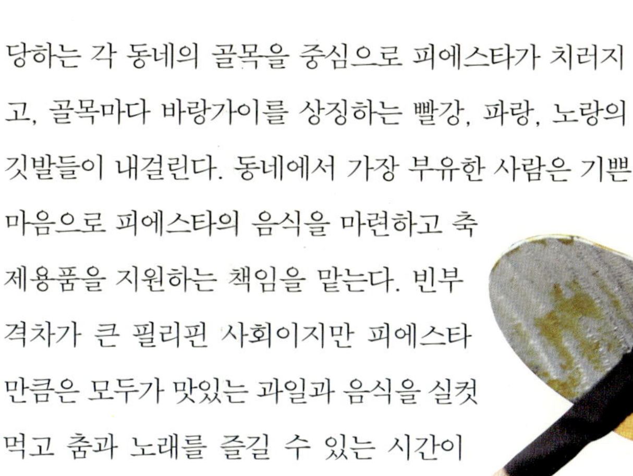

다양한 장이 펼쳐지는 피에스타.
때로는 기업들의 상품 홍보를 위한 기회가 되기도 한다.

하며 앞으로 잘 봐주기를 바라는 마음에서 심부름을 자청하기도 한다.

실제로 피에스타의 운영 방식을 관찰하면 필리핀 사회가 돌아가는 원리를 자연스럽게 파악할 수 있다. 피에스타는 즉흥적으로 펼쳐지는 것이 아니고 인력 구성, 예행연습, 자금 조달 등 치밀한 사전 준비가 필수다. 미인대회 티켓 판매부터 거리 행진 준비까지, 모든 과정이 그렇다. 피에스타를 지원하고 자금을 댄 후원자들은 주민들의 마음을 얻게 된다. 기업인들에게는 상품을 홍보하고 판매율을 획기적으로 높일 수 있는 기회이고, 정치인에게는 자연스럽게 자신의 세력을 과시하고 표밭을 다지는 예비 선거전이다. 피에스타는 친척과 친구 간의 우애를 다지고 충성도를 확인하고 인간관계를 새롭게 넓히는 기회가 되는 것이다.

피에스타는 고향을 떠나 낯선 곳에서 생활하던 아들과 딸이 고향의 부모와 친척들을 만나기 위해 귀향하는 시기이기도 하다. 각 가정에서는 집을 깨끗이 청소하고 페인트를 새로 칠하고 커튼을 바꿔 달고 예쁜 장식물을 집 밖에 달며 정성껏 축제를 준비한다. 거리에는 대형 구조물이 설치되고 색색의 화려한 종이 깃발이 장식된다. 말끔하게 청소한 마을 광장은 매일 밤 노래와 춤이 계속되는 흥겨운 축제와 만남의 장소가 된다. 아이들이 좋아하는 아이스크림과 장난감을 팔며 각 마을을 돌아다니는 피에스타 전문 보따리장수가 축제의 분위기를 고조시킨다. 대부분의 피에스타에서 하이라이트는 십자가를 지신 검은 얼굴의 예수, 성모 마리아, 또는 지역을 수호하는 성인상을 '파고다'라고 불리는 대나무 구조물에 싣고 벌이는 종교 행렬인데, 구조물 옆의 나무 막대기에 맛있는 과자를 달아 놓는다. 아이들은 수호성인이 지나갈 때 과자를 따 먹으려고 정신없이 뒤를 쫓게 된다. 모두가 행복한 축제의 추억은 그렇게 만들어진다.

　　피에스타를 대표하는 음식은 새끼 돼지 통구이 바비큐 요리인 레
촌Lechón이다. 새끼 돼지의 배에 타마린드 잎을 넣고 특유의 소스를 발
라 구워 먹음직스러운 붉은색이 도는 요리다. 제대로 먹지도 못하고 타
향에서 고생했을 아들과 딸을 생각하며 통통한 돼지를 한 마리 잡아 바
비큐를 하게 되면 맛있는 냄새가 온 마을에 퍼진다. 레촌의 냄새를 맡고
하나둘씩 몰려온 바랑가이 사람들은 반가운 이들을 만나 따뜻한 포옹을
하고 맛있는 음식을 나눠 먹으며 행복한 시간을 갖는다. 지금은 레촌이
호텔 뷔페나 대중 음식점에서 연중 먹을 수 있는 필리핀의 대표 음식이
되었지만, 원래는 피에스타 때만 먹을 수 있던 특별한 음식이었다. 레촌
은 CNN이 선정한 세계 50대 음식 중 49위를 차지해, 필리핀 음식으로
서는 유일하게 순위에 오른 음식이기도 하다.

필리핀의 대표적인
피에스타 음식인 레촌.

발룻과 필리핀의
국민 영웅 호세 리잘

발룻Balut은 수정된 오리 알을 부화 직전에 삶은 것으로, 수정 기간에 따라 12, 14, 17과 같은 숫자를 껍질에 써서 구분한다. 필리핀 사람들은 17일 정도 된 발룻을 즐겨 먹는데, 껍질을 벗기면 흰자와 노른자 대신 핏줄에 둘러싸인 부화 직전의 오리 새끼가 들어 있다. 필리핀은 (아포 산이 태풍을 막아 주는 민다나오 섬의 남부를 제외하면) 두리안이 자라기 어려운 기후다. 아쉬운 마음에 필리핀 사람들은 두리안 대용으로 발룻을 만들었을까? 발룻은 '짝퉁 두리안'이라고 할 정도로 그 의미와 효용이 두리안과 비슷하다. 발룻을 파는 장소는 펑키하고 필리핀적 요소가 많이 남아 있으며, 발룻을 먹으면 모두가 행복해지고 사랑하고 싶어지니까. 게다가 정력에 좋은 건강식으로 사랑받는 발룻을 맛있게 먹으면 필리핀 사람들과 쉽게 친구가 될 수 있다.

나는 두리안 못지않게 발룻을 좋아한다. 내가 마닐라 길거리에서 발룻을 고르면 길거리에 있는 사람들의 시선이 모두 나에게 집중된다. 내가 아무렇지도 않다는 듯이 발룻을 맛있게 먹으면 모두 박장대소를 하며 한마디씩 말을 걸어온다.

발룻에 대한 재미있는 속담은 두리안만큼 많다. "필리핀 남자들은 그냥, 여자들은 숨어서 발룻을 먹는다", "발룻은 어둠 속에서 먹어야 더 맛있다" 등등. 실제로 젊은 필리핀 여성에게 물어보았는데, 요즘은 여자들이 모든 면에서 남자를 압도하는 시대라 오히려 남자가 숨어서 먹을지도 모른다고 대답했다.

"발롯 한번 잡솨 봐"라고
권하는 상인(왼쪽)과
껍질을 벗긴 발롯(아래).

　우리나라에서는 아무리 노력해도 안 되는 일을 시도하는 무모한 도
전을 가리킬 때 '계란으로 바위 치기'라고 말한다. 하지만 발롯을 좋아
하는 필리핀 사람들에게는 '발롯으로 바위 치기'란 '알이 바위에 부딪쳐
서 깨지면 새끼 새가 더 쉽게 나와 날개를 펴고 바위에 사뿐히 앉을 것'
이라는 희망적인 의미로 해석될지도 모르겠다. 실제로 필리핀 사람들은
싸움닭에 열광하며, 특히 필리핀
남부 민다나오 섬에서는 용맹스
러운 독수리를 다바오의 상징으로 내세워
축제를 즐긴다.

　바랑가이별로 똘똘 뭉치고 유력 가문끼
리 라이벌 의식이 강해서 한 목소리를 내기
힘든 필리핀이지만, '안티'가 전혀 없는 필

다바오를 상징하는
독수리.

리핀 영웅이 있는데 그가 바로 호세 리잘José Rizal, 1861~1896이다. 태국의 국왕이나 베트남의 호찌민처럼, 필리핀에서 호세 리잘은 모든 세대를 초월하여 가장 존경받는 인물이자 이견이 없는 국민적 영웅이다. 그의 생일인 6월 19일과 순국일인 12월 30일은 공휴일로 지정되어 있고, 마닐라에 있는 리잘 공원뿐 아니라 전국 방방곡곡의 다양한 공간에 그의 기념비가 서 있다. 그의 초상화가 걸려 있지 않은 교실을 찾기 힘들 정도이고, 국가의 주요 기념일이나 문화 행사에서는 리잘이 남긴 명언이나 작품 속 구절이 꼭 인용된다. 2페소 지폐와 1페소 동전, 우표에도 그의 모습이 새겨져 있고, 시멘트, 맥주, 시계, 담배 같은 생활용품까지 리잘의 이름은 빠지지 않고 등장한다.

필리핀을 대표하는 영웅으로 남성인 호세 리잘(아래)과 여성인 탄당 소라Tandang Sora(위)가 그려진 벽.

리잘은 1861년 마닐라 남부의 아름다운 고산 도시 라구나의 칼람바에서 음식 관련 사업을 하는 부유한 중국계 엘리트 부모 사이에서 태어났다. 성직자들만 종교 서적을 소유할 수 있었던 시대에 넓은 마당이 딸린 리잘의 집에는 도서관처럼 책이 많았다니, 리잘은 물질적으로도 정서적으로도 풍요로운 환경에서 곱게 자란 귀공자였던 것 같다. 조숙했던 리잘은 마닐라 아테네오 대학교와 산토 토마스 대학교에서 의학과 철학, 문학을 동시에 전공하며 여러 차례 문학상을 타는 등 이미 20대부터 촉망받는 학자이자 작가였다. 그는 스페인 마드리드 대학교에 유학하여 안과학을 전공했으며, 학위를 따자마자 파리와 하이델베르크의 저명한 안과 의사 밑에서 수련의로 활약했다.

스페인 유학 시절에는 필리핀 출신의 학생들로 이루어진 개혁 세력에 동참했으며, 26세 때 베를린에서는 필리핀 사회에 끼친 스페인의 영향을 사실적으로 묘사한 최초의 정치 소설 『나에게 손대지 말라Noli Me Tangere』를 발표해서 유명해졌다. 두 번째 소설 『체제 전복El Filibusterismo』에서는 필리핀 사람들의 고통을 해결할 방안으로 무장 혁명을 제시하기도 했다. 리잘의 소설들은 권력을 쥔 스페인 성직자들의 분노를 사 두 권 모두 금서가 되었고, 리잘은 '리가 필리피나La Liga Filipina'라는 비폭력 단체를 결성한 후 체포되었다. 리잘은 삼보앙가의 다피탄이라는 곳에서 4년 동안 유배 생활을 하면서도 아리스토텔레스식 학교와 병원을 세웠다. 또 복권 당첨금으로 가로등을 설치하고 하수 시설을 정비하고 어획 기술을 도입했으며 그 와중에도 시간을 쪼개 시와 조각 작품을 남겼다. 스페인-쿠바 전쟁의 파견 의사직을 지원했지만 쿠바로 가는 배에서 혁명 가담 혐의를 뒤집어쓰고 체포되어 마닐라로 송환되었고, 재판에서 사형 선고를 받았다.

바굼바얀에서 공개 처형을 당하기 전날 밤, 리잘은 가족들이 보내 준 음식을 감옥의 쥐에게 남겨 준 채 음식을 덥히는 알코올 램프 안에 고별 시를 숨겨 여동생에게 전했다. "잘 있거라, 내 사랑하는 조국이여 Adiós, Patria adorada"로 시작하는 시 〈마지막 인사Mi Último Adiós〉는 필리핀 사람들이 가장 사랑하는 시다. 안과 의사이자 학자이며, 화가, 조각가, 연주자, 작곡가, 소설가였던, 또 민족의 거대한 희망이었던 리잘은 35세의 젊은 나이에 식민주의의 잔혹성에 무력하게 희생당했다.

호세 리잘은 비록 '계란으로 바위 치기'식의 독립운동을 하다 세상을 떠났지만, 그의 죽음은 필리핀 독립운동의 불쏘시개가 되었다. 독립운동 세력은 소극적인 개혁 요구에서 선회하여 스페인 식민 정부에 무력 저항하는 급진적인 방향으로 나아갔다. 리잘은 죽었지만 그의 정신은 오히려 더 강하게 부활한 것이다. 리잘이 죽고 나서 몇 년 뒤에 스페

호세 리잘이 처음 묻힌 곳인
파코 공원의 기념비.
ⓒ Matikas 0805

인 통치가 막을 내렸다. 비록 새로운 통치자 미국이 스페인의 자리를 그대로 물려받기는 했지만.

호기심 많은 나는 필리핀 사람들이 이견 없이 존경하고 신처럼 생각하는 호세 리잘의 인간적인 면모가 궁금해졌다. 리잘은 발룻을 먹어 보았을까? 여자들에게 인기가 많았을 것 같은데, 평생 독신이었던 그가 사랑한 여인은 누구였을까? 나는 리잘에 대한 책과 자료를 샅샅이 뒤지고, 현지의 학자들에게 물어보았다(정치학자 리디아와 역사학자인 그의 남편이 많이 도와주었다).

우선 발룻부터. 어려서부터 부잣집에서 곱게 자란 리잘은 입이 짧았던 것 같다. 식구나 하인들의 증언에 의하면 리잘은 음식에는 관심이 별로 없었다고 한다. 과일이나 야채 샐러드, 야채를 넣고 끓인 국인 시니강Sinigang을 좋아했던 '초식남'이었다고 하니, 발룻은 좋아하지 않았을 것 같다. 더군다나 공부하고 책 읽는 것을 좋아했던 리잘에게는 발룻을 파는 시끄러운 길거리보다는 왠지 도서관이나 성당같이 조용하고 깨끗한 공간이 더 어울린다.

여자관계는? 그는 평생 결혼을 하지 않았지만 주변에 그에게 관심을 보이는 여자는 항상 있었던 듯하다. 부잣집 아들에 인물도 준수한 유학파 의사인 데다 '매너남'이었던 리잘을 마다할 여자가 있었을까? 그렇다면 장동건처럼 완벽해 보이는 리잘이 사랑한 여자는 누구였을까?

그의 애인에 대해서는 특별히 알려진 바는 없지만 상상력을 최대한 발휘해 보면, 『나에게 손대지 말라』의 여주인공인 마리아 클라라가 그의 이상형이 아니었을까 싶다. 마리아 클라라는 수줍고 얌전하지만 끝까지 신의를 지키는 여성으로 나오는데, 필리핀의 기성세대는 아직도 마리아 클라라 스타일의 조신한 여성을 이상형으로 꼽고 딸에게 "마리아 클라라를 닮아라"라고 가르치는 부모도 있다. 필리핀 여성의 고귀함과 미덕을 상징하는 '마리아 클라라'의 이름을 딴 상이 있고, '마리아 클라라 스타일의 드레스'라는 표현이 지금도 쓰일 정도다. 필리핀 여성은 성性적으로 개방되어 있을 것이라는 우리의 편견과는 달리, 미국 할리우드 배우 같은 여성, 남자들과 스스럼없이 잘 어울리는 여성은 필리핀에서 별로 인기가 없다.

하지만 마리아 클라라는 연애도 제대로 해 보지 않은 부잣집 노총각 호세 리잘의 소설에 등장하는, 환상 속 여인일 뿐이다. 역사적으로 필리핀 여성들은 다른 동남아 여성들처럼 시장에서, 길거리에서, 가정에서 적극적으로 일하며 리더십을 발휘해 왔다. 하지만 스페인 식민 통치를 거치면서 집에만 있는 소극적인 여성이 이상화되었고, 스페인 식민 통치의 중심지였던 세부나 마닐라 같은 대도시에서는 여성들이 남성들과의 개인적, 사회적, 사업적 관계에서 조신하고 겸손하게 처신하는 것이 유리한 시절이 있었다. 하지만 필리핀에서 코라손 아키노, 글로리아 마카파갈 아로요 등 여성 대통령이 계속 나오고, 정계·재계·학계 등 다양한 분야에서 여성들이 눈부시게 활약하면서 '마리아 클라라'라는 이상적 여성의 이미지는 사라지고 있다. 특히 필리핀의 전통이 아직도 많이 남아 있는 민다나오 섬의 다바오에서는 마리아 클라라 같은 '공주과' 여성은 찾아보기 힘들다. 최근 전문직과 비즈니스 분야에서 남성과 대등하게 겨루는 여성들이 급증하면서 필리핀 사회는 알파 걸의 천국이 되어 가고 있는 상황이다.

'소변 금지Bawal Umihi Dito!'라고 경고문을 붙여 놓은
마닐라 주택가의 한 담벼락. 마닐라는 공중화장실이
부족해서 남성들은 뒷골목에서 대충 해결한다지만
여성들은 아예 낯선 곳에 가기를 꺼릴 수밖에 없다.
결국 마리아 클라라처럼 조신한 필리핀 여성들은 화장실이
잘 갖춰져 있는 쇼핑 센터나 익숙한 곳만 다니게 된다.

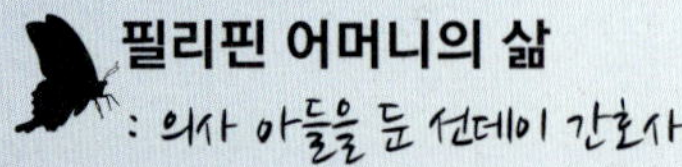

리잘 공원은 마닐라를 대표하는 관광 명소이기도 하지만, 필리핀 사람들에게는 돗자리를 펴고 가족과 편안한 휴식을 즐기며 음식을 나눠 먹는 나들이 장소이기도 하다. 특히 일요일이면 가족과 함께 놀러 나온 사람들이 많은데, 새나 나비 모양의 연을 날리며 아이들과 재미있게 놀아 주는 필리핀 아버지들을 쉽게 만날 수 있다.

아이스크림은 필리핀 어디를 가든 인기다. 어른 아이 할 것 없이 아이스크림을 사 먹는데, 아이스크림 장수마다 독특한 개성이 있다. 아이스크림 카트에 알록달록한 그림을 그려 넣기도 하고 독특한 소리를 내서 손님을 끌기도 한다.

리잘 광장 주변의 나무 그늘에서 발톱 다듬는 서비스를 받는 남편을 사랑스러운 눈으로 바라보는 아내를 만났다. 아내는 남편을 위해 기분 좋게 돈을 내면서 이렇게 말했다. "손톱도 정리하지 그래요?" 남편이나 남자 친구에게 의지하여 자신의 높은 소비 욕구를 충족시키려는 '된장녀'를 찾아보기 힘든 곳이 바로 동남아다.

리잘 공원에서 연을 날리는 아이.

최근 한국에서 성매매를 엄격하게 단속하자 일부 몰지각한 한국 남자 대학생들이 필리핀에 단체로 성매매 원정을 가는 경우가 있다고 한다. 이들이 하도 팁을 많이 뿌려서 역시 일부 철없는 필리핀 현지 여성들이 한국의 된장녀 흉내를 내는 경우도 있다는데……. 룸 살롱 문화에 젖어 '돈만 주면 어떤 여자도 살 수 있다'고 생각하는 한국 남성들로 인해 동남아 여성들이 흔들리고 있는 듯하다. 적극적으로 자신의 인생을 개척해 온 동남아 여성들의 전통과 진취적인 기상이 점점 사라지는 것 같아 안타깝다.

"남편! 손톱도 예쁘게 색칠해 보지, 그래?"
행복한 부부의 웃음소리가 들려온다.

리잘 공원에서 하얀 가운을 입고 돌아다니며 사람들을 진료하는 간호사를 만났다. 그녀는 자신을 '선데이 간호사'라고 소개하며 일요일마다 공원에 와서 사람들의 건강을 챙기는 일을 자원해서 한다고 했다. 그녀는 18년 동안 사우디아라비아에서 간호사로 일하며 자식 넷을 번듯하게 교육시켰다. 둘은 의사, 한 명은 간호사, 또 다른 한 명은 치과 의사라고 했다.

그녀는 밝고 씩씩하게 공원을 돌아다니며 사람들의 혈압을 재고 건강 상담을 해 주었다. 몸이 좋지 않은 사람들에게는 약을 권하기도 했는데, 주로 건강 약품을 팔아 이윤을 남기는 듯했다. 아들이 의사인데 60세가 넘은 나이에도 계속 간호사 일을 하는 한국 어머니들이 있을까? '아들을 어렵게 의대 공부 시켜 의사를 만들었으니 이제 나는 편히 쉬어야지', '이왕이면 부잣집 출신 며느리를 얻어 아들 병원을 개업하는 데 도움이 되면 좋을 텐데' 하고 머릿속으로 계산기를 열심히 두드리는 한국의 일부 어머니들과는 달리, 의사 아들을

일요일이면 리잘 공원에 나타나
사람들을 진료하는
선데이 간호사 아줌마.

둔 필리핀 어머니는 자식들에게 부담이 되고 싶지 않고 또 당당하게 자신의 삶을 살기 위해 계속 일을 한다. 그녀의 말이 아직도 귀에 생생하다. "음악에 맞춰 춤을 추듯이 인생이 흘러가는 대로 상황에 맞춰 긍정적으로 살아요. 음악은 계속 흘러나오는데 춤을 안 추고 가만히 있으면 나만 손해잖아요?"

하지만 그녀의 과거 이야기는 절절했다. "아이들을 공부시키려면 내가 외국에 나갈 수밖에 없었어요. 내가 사우디아라비아에서 일할 때 남편이 죽었는데, 소식도 늦게 받았고 도저히 필리핀에 올 형편이 못 되었어요." 여성들이 아직도 운전을 할 수 없을 정도로 보수적인 이슬람 국가인 사우디아라비아에서는 자국 출신의 여자 간호사를 구하기 어렵다. 의료계는 성 역할에 대한 고정관념이 강한 편이라 우리나라에서도 간호사는 아직 여성의 영역으로 남아 있는데, 성별 분업이 더 뚜렷한 사우디아라비아에서는 의사는 이집트, 모로코, 터키, 인도 출신의 남자들이 많았고 간호사는 필리핀, 한국 출신의 여성들이 많았다고 한다. 사우디아라비아에서 일하는 동안 사정이 비슷한 한국인 간호사들과 친하게 지내며 자매처럼 깊은 우정을 나누었다고 했다. 한번은 한국인 여성 간호사가 수영장에서 변사체로 발견된 적이 있는데, 조사도 제대로 안 하고 사건을 그냥 덮었다며 슬퍼했다. "아이 넷을 놔두고 외국에서 일하셨으니 엄마로서 아이들이 얼마나 보고 싶으셨겠어요"라고 묻자 그녀는 정말 하고 싶은 말이 많은 것 같았다.

필리핀은 노동자를 외국에 송출하는 국가로 유명하다. 특히 필리핀 여성은 보모로서 다른 아시아 국가나 미국, 캐나다, 호주 등에서 인기가 높다. 영어가 통하고 부드러운 성격으로 아이를 잘 돌보기 때문이다. 자신의 아이는 기르지 못하고 외국에 나가서 남의 아이를 기르는 필리핀 엄마들의 삶이 슬프다. 국민들이 영어만 잘하면 취직도 잘되고 모든 문제가 해결될 것처럼 생각하는 사람도 있지만, 사실 영어를 잘한다는 것은 국가의 존립에 있어 양날의 칼이다. 국민들이 조국을 사랑하면 영어를 잘하는 애국자가 되지만, 반대로 조국을 싫어하면 영어를 무기로 언제든 모국을 떠날 수도 있다. 세계화 시대에 국적은 평생 바꿀 수 없는 숙명이 아니다. 똑똑하고 영어 잘하는 국민은 자신이 살고 싶은 국가를 선택하여 얼마든지 국적을 바꿀 수도 있는 시대가 되었기 때문이다.

1970년대를 정점으로 필리핀 경제가 활기를 잃고 계속되는 정치적 혼란으로 경제가 좋아질 것이라는 희망마저 사라진 현재, 수백만 명의 필리핀 사람들은 경제적 안정을 찾아, 식구들을 먹여 살리기 위해 세계 각지로 일시적인 탈출을 감행했다. 가정부나 간호사로 떠나는 여성들도 있지만, 모두가 꺼리는 위험하고 힘든 건설 현장이나 공장에서 일하는 필리핀 남성들도 많다. 특히 40도가 넘는 중동 사막에서 일하는 필리핀 남성들은 제대로 먹지도 못하고 일하다 병에 걸리거나 죽기도 한다. 이들이 본국으로 송금하는 외화는 필리핀에 남아 있는 가족들을 먹여 살

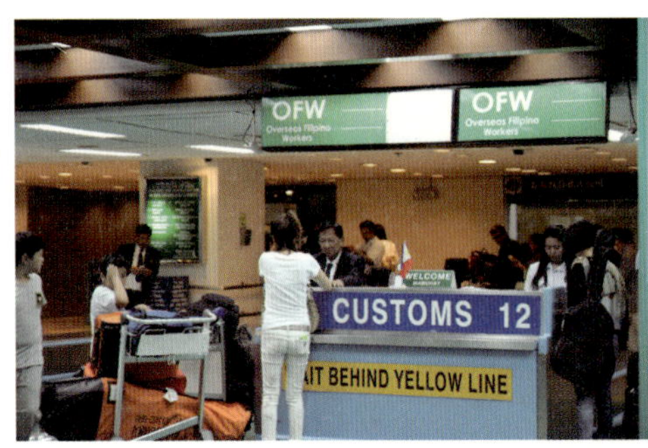

외국에서 일하는 필리핀 사람들을 위한 공항 전용 창구가 있을 정도로 이들은 필리핀 경제의 중요한 버팀목이다.

밝은 미소와 차분한 성격 덕분에
필리핀 여성들은 해외의 서비스 업종,
레저 산업에서 인기가 높다.

리고, 필리핀 무역수지를 개선하여 필리핀 경제를 기적처럼 유지시키는 데 큰 보탬이 되고 있다. 하지만 사랑하는 가족을 외국에 데려가 정착할 수 없기에 필리핀에서는 슬픈 '기러기 가족', 아니 가족이 보고 싶어도 비행기 표를 살 돈이 없어 만나지 못하는 '펭귄 가족'이 속출하고 있다.

영어를 잘하고 똑똑한 필리핀 젊은이들은 국내에서 새로운 일자리를 구하기 어려운 상황에서 어떻게든 외국에서 기회를 잡아 보려 애를 쓴다. 영어 잘하고 낙천적이고 부드러운 성격의 필리핀 사람들은 레저 및 서비스 업종에서 인기가 높다. 세계를 일주하는 대형 유람선에서 서빙하는 웨이터나 직원들, 세계 각지의 휴양지나 클럽에서 노래하고 음악을 들려주는 밴드 중에는 유독 필리핀 출신들이 많다. 필리핀의 패스트푸드점인 졸리비는 필리핀 사람들이 많이 일하러 간 국가에는 어김없이 해외 지점을 내고 있다. 우리나라에는 졸리비가 언제쯤 진출하게 될까?

개인이나 각 가정이 먹고사는 문제를 알아서 해결하며 바랑가이 안에서 모든 문제가 논의되고 권력이 세습되는 문화 속에서는 필리핀의 정치나 경제 상황이 획기적으로 개선될 가능성이 거의 없어 보인다. 나 자신은 매일 목욕하고 집 안을 깨끗하게 청소하지만 대문 밖의 골목과 거리는 내 영역이 아니라고 생각하고 아무렇게나 쓰레기를 버리는 필리핀 사람들이 많다. 내 가족, 내 바랑가이만 챙기는 식의 협소한 공동체 의식은 필리핀 사회의 모순을 심화시킨다. 미국식 자유 시장 경제 체제 아래서, 공약의 실천보다는 개인의 인기가 중요한 선거 제도가 필리핀 특유의 바랑가이 문화와 결합하면서 빈부 격차는 갈수록 심해지고 가난한 사람들은 계속 가난할 수밖에 없는 구조가 더욱 공고해졌다.

알파 걸 전성시대
: 필리핀 여성 정치인의 활약

영어는 유성 대명사를 사용해 '그'와 '그녀'로 남녀를 구별하지만, 필리핀 현지어인 타갈로그어Tagalog는 무성 대명사를 사용해서 남녀 구별이 없다. 또한 필리핀 가족은 다른 동남아 국가들처럼 쌍계제雙系制 전통이 강해 어머니 쪽의 친척도 아버지 쪽의 친척과 동등한 지위를 갖는다. 필리핀 여성 중에는 부와 권력을 쥔 사람들이 많은데, 요즘은 비즈니스뿐 아니라 정치권에서도 여성들의 활약이 두드러진다.

필리핀은 여성의 미와 기품을 높게 쳐주는 사회이고, 특히 피에스타 때 아름다운 여성은 최고의 대접을 받는다. '5월의 꽃'으로 뽑히기를 꿈꾸는 소녀들은 어려서부터 외모와 패션에 신경을 쓰기도 한다. 지금은 결혼을 안 하고 자신의 일에 몰두하는 골드 미스가 많지만, 스페인 문화의 영향을 받은 일부 부유층 여성은 18세를 결혼 적령기로 보았다. 그들은 사교춤 모임에서 멋진 드레스를 입고 아름다운 모습으로 데뷔하여 왕자처럼 멋진 남편을 만나기를 고대하며 미모와 춤 솜씨를 갈고닦았다. 미인대회의 입상자 출신으로 미모와 패션에 유난히 집착했던 마르코스 대통령의 부인 이멜다가 전형적인 사례다.

필리핀 사람들의 결혼은 남녀 간의 단순한 결합이 아니라 두 가문이 인연을 맺는 중대사다. 이멜다의 남편 마르코스는 유력 가문 출신의 전도유망한 변호사였다. 미인대회 입상자 출신의 눈부시게 아름다운 아가씨와 집안 좋고 잘생긴 젊은 변호사는 서로 첫눈에 반했고, 평생을 함께 걷는 동반자가 되었다. 비록 마르코스 대통령은 부패와 독재 정치로 필리핀 국민들을 실망시키다 축출되어 하와이에서 망명 생활을 하다 생

1982년에 미국 백악관을 찾은 마르코스 대통령과 이멜다 영부인. '나비 슬리브'가 특징인 드레스를 입고 있는 이멜다의 화려한 모습이 눈길을 끈다.

을 마감했지만, 부인인 이멜다에게는 둘도 없이 좋은 남편이었을 것이다. 이멜다는 마르코스의 사랑을 기억하고 그리워하면서, 마르코스 가문의 화려한 부활을 꿈꾸고 있다.

유력 가문을 중심으로 형성된 지역주의는 지금도 필리핀 사회를 움직이는 중요한 원리다. 가문끼리 경쟁도 심한데, 이런 문화는 필리핀 사람들이 공동의 목표 아래 단결하는 것을 방해하며, 심지어 해외 필리핀 사회마저 여러 분파로 분열시킨다. 분열하는 필리핀 집단의 속성을 가리켜서 '반다 우노-반다 도스banda uno-banda dos'(마을에서 음악적 재능이 뛰어난 사람들이 한 밴드를 결성하지 못하고 두 개의 라이벌 밴드로 활동한다는 뜻)라는 표현이 있을 정도다. 소속된 집단에 불만이 있는 사람은 바로 탈퇴해 따로 집단을 만들고 파티를 하다 보니 사교 클럽이 성행한다. 여성들이 외모와 파티에 집착하다 보니, 남성들은 아내의 허영을 충족시키기 위해 부정부패에 빠질 수밖에 없다. 이러한 분열성은 외부 세력이 필리핀을 정복하는 과정에 교묘히 이용되었고, 최근까지도 필리핀의 정치 체제는 이데올로기보다 라이벌 가문들 사이의 관계와 정치적 갈등에 의해 좌우되었다. 그 결과 엘리트 가문들의 경쟁 구도가 후손 대대로 이어져 새로운 정치 세력의 형성과 필리핀 정치의 역동적 민주화를 방해한다.

이런 현실적 문제에도 불구하고 요즘 필리핀 정계와 관계官界에서는 여성들의 활약이 눈부시다. 여성 대통령이 이미 2명이나 배출되었을 뿐 아니라 지방자치 단체장도 여성이 많다. 메트로 마닐라의 케손 시티의 부시장인 30대 여성도 전임 시장이었던 아버지에게서 자리를 물려받았고, 다바오 시의 여시장인 사라도 아버지에게서 정치적 유산을 물려받았다. 특히 필리핀 전통이 많이 남아 있는 민다나오 섬의 다바오 시에

탄당 소라의 탄생 200주년을 기념하는
여성의 달 포스터에 등장한 메트로
마닐라 케손 시티의 알파 걸들.

필리핀에서는 정계와 관계에
진출해 있는 여성을 쉽게 만날 수 있다.

가면 시 청사에서 남자 직원을 찾기 힘들 정도다. 필리핀은 아시아에서도 성 격차 지수Gender Gap Index가 상위권인 여성 인권 선진국으로 2009년에는 〈여성 권리 장전Magna Carta of Women〉이 만들어지기도 했다. 현존 법에 존재하는 차별적인 요소를 개선하기 위해 제안된 이 법안은 농촌 여성이나 이주 노동자, 비정규직 여성 노동자, 장애 여성과 같은 소외 계층 여성들의 권리도 적극적으로 옹호하고 있다.

아시아의 명문, 마닐라 아테네오 대학교

마닐라 아테네오 대학교Ateneo de Manila University는 필리핀의 국민 영웅 호세 리잘이 졸업한 대학이기도 하고, 세계적으로도 명성이 높아 서울대학교 등과 교류 협정을 맺고 있다. 우리나라 대학이 세계 대학 순위에 들지 못하던 1970~1980년대부터 이 대학은 일본의 도쿄 대학교와 함께 아시아를 대표하는 명문 대학으로 인정받았다. 필리핀 현 아키노 대통령도, 그의 여자 친구로 우리나라에 잘 알려진 필리핀 방송인 그레이스 리(이경희)도 마닐라 아테네오 대학교를 졸업했다. 귀화한 한국인으로서는 처음으로 국회의원에 당선된 이자스민이 다닌 대학은 아테네오 대학의 다바오 분교로, 이 대학 역시 다바오에서 유명한 학교다.

마닐라 아테네오 대학교는 필리핀 국립대학에 비해 학비가 높아 부유층 자제들이 많이 다닌다. 취업률이 높아 필리핀 내에서 정치·경제 엘리트로서 활약하는 화교들이 전통적으로 선호하는 대학이기도 하다.

필리핀 국립대학교 앞에 세워져 있는 동상. '사회를 위해 헌신하라'는 의미를 담고 있다.

현재 마닐라 아테네오 대학교에서는 중국 정부의 지원을 받아 공자의 사상을 알리고 중국 문화를 홍보하는 센터가 운영되고 있다.

이 대학교의 정치학과 교수인 리디아 유 호세Lydia Yu José 교수를 만나러 대학 캠퍼스를 찾아갔다. 그녀를 처음 만난 곳은 서울 코리아나 호텔에서 열린 아세안 포럼이었다. 아세안 각국과 중국의 외교 관계에 대해 집중적으로 논의하는 자리에서 그녀는 필리핀 대표로 필리핀 내의 화교와 중국 문화에 대해 흥미로운 발표를 했고, 나는 필리핀 발표의 토론자였다. 우리는 아줌마의 수다를 통해 금세 친구가 되었다.

그녀의 이름 자체가 미국, 중국, 스페인이 필리핀에 끼친 영향을 그대로 반영하고 있었다. 일단 '리디아'는 필리핀식 영어 이름이고 '유'는 그녀가 중국계 혈통임을 말해 주며, '호세'는 그녀의 남편 성인데 스페인 식민 통치 시기에 만들어진 성이다.

리디아의 남편은 현재 필리핀 대학교 역사학과 교수인데, 그들은 서로를 챙겨 주고 즐거운 대화를 끊임없이 나누는 '닭살 커플'이다. 40대 중반까지 독신이었던 리디아가 도쿄에서 박사학위를 따기 위해 정신없이 공부할 무렵에 남편 역시 일본 정부 장학생으로 박사 공부 중이었다.

"처음에는 그냥 막내 동생같이 귀엽다고 생각했어요. 당시 대학생들을 위해 싸게 나오는 공연 티켓이 많았거든요. 호세가 좋은 공연 티켓을 구해 같이 가자고 초청하는데 마다할 이유가 없더라고요. 밥도 같이 먹고 공연도 같이 보러 다니고……. 함께 즐거운 시간을 보내며 친하게 지냈어요. 그런데 그가 어느 날 프러포즈를 하더라고요."

처음에는 장난으로 넘기다가 그가 그녀를 너무나 지극정성으로 대해 주어서 결국 도쿄에서 결혼식을 올렸다는 동화 같은 러브 스토리였다. 그들은 친구처럼, 연인처럼 학문의 길을 함께 걸어간다.

여자의 나이는 국가 기밀이라지만 살짝 공개하면, 그녀보다 14살이나 연하인 남편이 50대 중반이다. 활짝 웃는 그녀를 보면 그녀의 실제 나이를 짐작하기 힘들다. 그녀의 수다는 발랄하고 발걸음은 경쾌하여 도대체 그녀가 70세에 가까운 할머니라는 생각이 안 든다. 동남아에서는 나이를 가늠하기 힘든 경우가 많다. 햇볕을 우산으로 잘 가리기만 하면, 공기 중의 수분이 많아서인지 피부 상태가 좋은 편이다. 또 비타민 C가 풍부한 과일이 넘쳐 나고 스트레스 받을 일이 적으니 나이를 천천히 먹는지도 모르겠다. 그녀는 작은 일에도 잘 웃고 하루하루 행복하게 살아간다.

여자 나이는 어릴수록 좋다는 생각이 팽배한 한국에서 마음고생하며 사는 여성 분들! 조급해하지

말고 리디아처럼 여유를 갖고 자신의 인생을 충분히 즐기기를. 그렇게 자기 꿈을 찾아가다 보면 당신의 천생연분을 꼭 만날 수 있을 것이다.

남성 호르몬이 팍팍 솟는 곳
: 파사이 닭싸움장의 열기

집에 불이 나면 필리핀 남자는 식구나 가재도구보다 싸움닭을 제일 먼저 들고 나올 것이라는 농담이 있다. 필리핀 남자는 자기 닭이 이기면 천하를 다 얻은 듯 의기양양하지만, 지면 세상 시름을 다 떠안은 우울한 철학자가 된다는 말도 있다. 닭싸움 내기는 중독성이 매우 강한 도박이라 닭싸움에 빠진 필리핀 남자는 판돈 마련을 위해서라면 아내의 적금 통장을 훔치거나 자기 속옷을 팔아서라도 닭싸움장에 온다고 할 정도다.

작은 시골 마을에서든, 대도시의 빈민가 골목에서든 그늘에 쪼그리고 앉아 담배 연기를 뿜어 대며 싸움닭을 조련시키는 필리핀 남자들의 모습을 쉽게 볼 수 있다. 닭싸움은 가난뱅이 투계사가 키운 닭이 그 마을 최고 권력가의 닭과 당당히 싸워 이길 수도 있다는 점에서 누구에게나 공평하다. 바랑가이 문화 속의 공고한 위계질서가 이미 짜여서 인생역전의 기회가 전혀 없는 필리핀 사회에서 닭싸움은 권투와 함께 가장 민주적인 스포츠일지도 모른다.

일요일에 찾은 파사이 닭싸움장은 필리핀 사회에서 발견하기 힘든 남성 호르몬이 팍팍 솟는 곳이었다. 닭싸움이 끝나면 진 사람은 죽은 닭의 털을 뽑고 집으로 가져가 특별 요리를 해 먹는데 이름 하여 '탈라완

싸움에서 이긴 닭. 세상을 다 가진 듯한 주인의 미소와 닭의 저 우아한 발의 자태를 보라.

세계 권투 챔피언 파퀴아오 역시
유명한 싸움닭 주인이다.

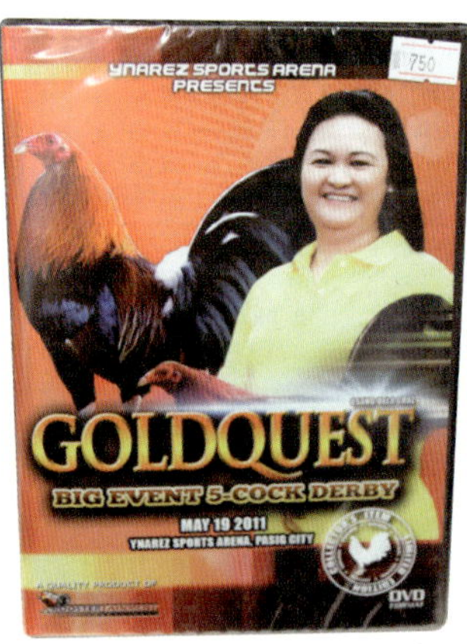

닭싸움계에 혜성처럼
등장한 알파 걸.

talawan(패자의 성찬)'이다.

닭싸움이 도박이라는 부정적 인식과 함께 동물 학대 행위로 보아 근절시키려는 노력도 있지만, 닭싸움장은 필리핀 남자들이 남성성을 확인하고 여가를 즐기기에는 최고의 장소다. 값비싼 품종이 수입되고 각종 영양제와 약품이 개발되면서 닭싸움판에 변화가 일어나고 있기는 하지만, 필리핀 남성들은 카사도르casador(베팅 관리자)의 공정성을 믿고 경기에 집중한다. 매 경기마다 판돈을 걸며 목소리를 높이는 필리핀 남편들을 보고 있자면, 빈부 격차가 큰 필리핀 사회에서 억센 부인들에게 눌려 살면서 받게 된 스트레스를 이곳에서 다 푸는 듯하다.

각종 닭싸움 용품부터 닭싸움 비디오, 싸움닭을 위한 영양제와 사료에 이르기까지, 닭싸움과 관련된 사업도 나날이 번창하고 있다. 마닐라뿐 아니라 세부, 다바오를 비롯한 각 지방 도시에도 닭싸움장이 있고, 리그전이 활발하다. 하루에 한 끼도 제대로 먹을 수 없는 가난한 가정에서 태어나 6개 체급에서 세계 타이틀을 획득하여 인생 역전에 성공한 파퀴아오Manny Pacquiao는 필리핀 사람들의 희망이자 국민 영웅이다. 팬들의 성

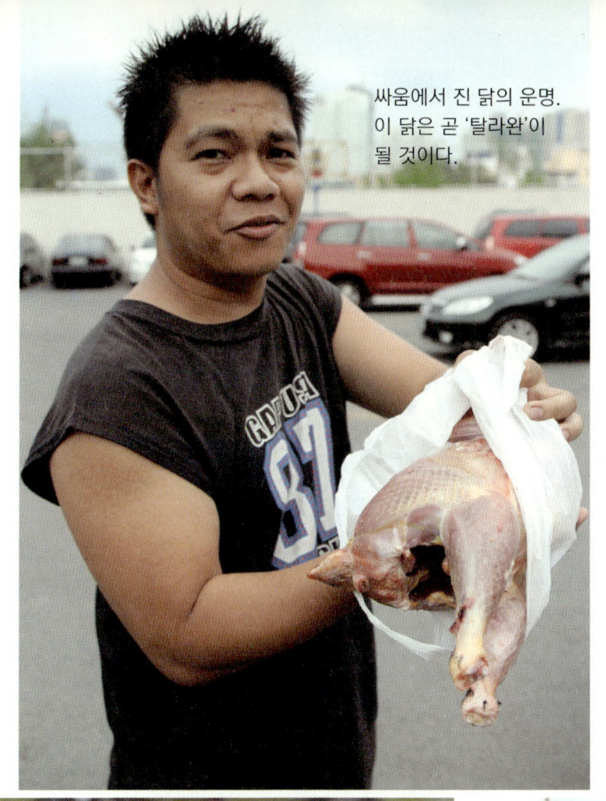
싸움에서 진 닭의 운명.
이 닭은 곧 '탈라완'이
될 것이다.

유럽인들이 유로파 리그에 열광한다면,
필리핀 사람들에게는 '필리피노 닭싸움
리그'가 있다. 닭싸움과 관련한 DVD와 셔츠,
컵 등이 제작될 정도로 필리핀 사람들의
닭싸움 사랑은 그 열기가 대단하다.

원에 힘입어 현직 하원의원으로 정계에서 활약하는 파퀴아오는 유명한 싸움닭의 주인이기도 하다.

싸움닭 주인들은 전통적으로 남성들이었는데, 2011년에는 금녀의 장소 파사이 닭싸움장에 혜성처럼 여자 싸움닭 주인이 나타나 화제다. 그녀는 아버지에게서 싸움닭 조련 기술을 물려받았다고 하는데, 이제는 닭싸움장에도 알파 걸 전성시대가 도래하려나?

판단 잎에 둘러싸인 성녀
: 필리핀의 가톨릭과 음식 문화

필리핀 모임에서는 노래와 음식이 빠지지 않는다. 음료이든 과자 한 조각이든 꼭 대접하는 것이 필리핀 사람들의 인정이라서 뭘 먹으면서 주위 사람에게 권하지 않는 것은 아주 무례한 행동이다. 오죽하면 필리핀 사람들의 일상적인 인사가 "식사하셨어요Kumain ka na ba?"일까? 식량 부족에 대한 두려움이 있는 필리핀 사람들에게 1940년대의 짧은 일본 식민 통치 시기는 특히 고통스럽게 기억된다. 일본이 필리핀의 식량을 수탈해 가서 굶주리는 자가 속출했고, 마닐라에서도 줄을 서서 식량 배급을 받아야 할 정도로 힘든 상황이었기 때문이다. 사탕수수, 바나나, 열대 과일을 수출하는 필리핀이지만, 1억 명에 가까운 국민들을 먹여 살리기에는 턱없이 부족하여 지금도 쌀을 외국에서 수입한다.

필리핀 가게에서는 가능한 한 최소 단위로 물건을 판다. 담배 한 갑이 아니라 한 개비, 껌 한 통이 아니라 껌 한 개, 양파 한 뿌리, 식초 한

컵, 고기 한 덩어리, 이런 식이다. 우리나라에서는 상품을 묶음으로 팔아 대량 구매를 권장하나, 필리핀 소비자들은 최소량의 구매 단위인 '띵이tingi'를 선호한다. 심지어 지프니 운전사들도 담배를 한 개비씩 사서 피운다. 필리핀의 띵이 문화는 하루 벌어 하루를 살아내야 하는 필리핀 사람들의 고단한 삶을 반영하기도 하고 지역성을 반영한 합리적인 소비 방식이기도 하다. 음식을 많이 사 봤자 더운 날씨에 쉽게 상하고, 좁은 집에 물건을 저장할 공간도 마땅치 않다. 게다가 바랑가이 사람들과 나누지 않으면 '히야'를 잃고 비난받을 수도 있고 무엇보다 도둑을 부를 위험도 크다.

한편, 필리핀의 문화에는 스페인의 영향이 많이 남아 있다. 1849년 스페인 총독이 필리핀 사람들의 신분을 쉽게 파악하고 세금 징수, 인력 징집 등 식민 통치를 편하게 하기 위해 모든 필리핀 사람들이 성을 가져야 한다는 법령을 선포했는데, 지금도 필리핀 사람은 호세, 라몬, 레노라, 곤잘레스 등 스페인어 계통의 이름과 성을 사용한다. 또, 스페인에 의해 유입된 가톨릭은 필리핀 사회에 많은 변화를 가져왔다. 스페인 식민 지배자들은 선교를 목적으로 필리핀 사람들을 인구 밀집 지역으로 끌어들였고, 이들을 '교회 종소리의 영향권' 안에 두는 계획을 적극 추진했다. 그 결과 도시와 마을은 스페인 가톨릭 사상을 반영한 공간 구조를 갖게 되었고, 스페인 문화는 성당을 통해 필리핀 사회에 깊숙이 또 빠르게 침투했다.

필리핀식 커스터드 디저트인 레체 플란Leche Flan은 계란 노른자, 바닐라, 설탕, 우유를 넣고 졸인 달고 부드러운 맛의 캐러멜 푸딩이다. 판단 잎에 싸여서 디저트로 나오거나 할로할로 같은 빙수에 다른 고명들

과 함께 얹혀서 나오기도 한다(판
단은 동남아 전역에서 자라는 열
대 덩굴식물인데, 음식에 넣
으면 독특한 향이 나고 선명
한 초록색을 띤다. 판단 잎으
로 음식을 싸거나 공예품을 만
들기도 하는 등 다양하게 쓰이는 식
물이다). 스페인 수도사가 필리핀에 와
서 성당을 새로 지을 때 석회가 부족하자 계란 흰자를 대신 넣어 성당을
건축하다 보니 계란 노른자만 남았고, 계란 노른자를 맛있게 요리할 수
있는 법을 찾다 보니 설탕과 바닐라를 듬뿍 넣은 레체 플란이 탄생했다
는 일화가 전해진다.

　　지금도 마닐라 에르미타 성당에 가면 '판단 잎에 둘러싸인 성녀상'
을 볼 수 있다. 스페인 군대가 마닐라를 점령하고 수색하는 중에 판단
뿌리 더미에서 여성의 모습을 한 목각상 하나를 우연히 발견했다. 성상

256

필리핀 성당에서 흔히
볼 수 있는 아름다운 성모상.

의 이름은 '누에스트라 세뇨라 데 기아Nuestra Señora de Guia'로 불리며 검고 긴 곱슬머리에 검은 피부가 영락없는 필리핀 여성의 얼굴이다. 혹자는 중국 문화권에서 자비의 부처인 관음보살을 닮았다고도 하고, 혹자는 마카오에서 볼 수 있는 포르투갈의 기독교 성상이라고 주장하기도 하지만, 필리핀에서는 토착적인 기독교가 스페인 침략 이전에 존재했다는 증거로 제시된다.

필리핀의 가톨릭은 기적적이고 초자연적인 기운이 충만한 토속 신앙과 결합했고 매우 인간적인 종교로 진화했다. 또한, 필리핀 성당에는 남성인 예수나 사제보다는 여성인 성모 마리아가 훨씬 더 많이 놓여 있다. 남성 사제나 예수의 성상은 군림하는 모습이 아니라 미소를 머금고 아이를 안은 자애로운 모습이다. 사람들이 많이 찾는 천진난만한 표정의 아기 예수상인 산토 니뇨는 가장 눈에 잘 띄는 입구에 위치해 있다. 바랑가이의 정원이든, 성당 주변의 쉼터이든 성모 마리아상이 있으며 그 밑에서 엎드려 기도하는 사람의 동상도 여성이다. 사람들은 성모 마리아에게 꽃을 바치고 그녀의 몸을 직접 만지면서 위로를 구하고 자신의 마음을 전한다.

동남아의 성당을 보다가 우리나라 성당에 가면 왠지 딱딱하다는 느낌을 지울 수 없다. 특히 우리나라의 남자 성상인 경우에 엄숙한 표정의 사제상이나 외국인처럼 낯설게 느껴지는 백

닭과 함께 있는 예수상.

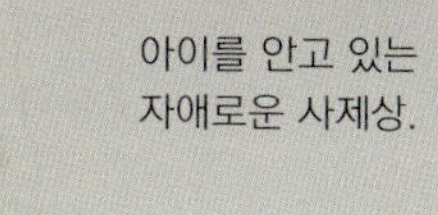

인 외모의 예수상이 많다. 또 미술관의 조각품처럼 보는 사람과 격리되어 모셔져 있다는 느낌을 갖게 된다. 예수는 그냥 근엄한 표정으로 서 있거나 아이보다는 양을 안고 있는 경우가 많다. 아기 예수를 안고 있는 사람은 성모 마리아이고, 다른 아기들도 여성이 안고 있는 경우가 대부분이다.

반면 필리핀 성당에서 예수는 엄숙하고 딱딱하다기보다는 부드럽고 인간적이다. 심지어는 양 대신 닭을 몰고 다니기도 한다(필리핀 남자들은 가족보다 닭을 더 사랑하는 경우도 있다고 앞에서 설명했다). 십자가를 지고 '어찌 하오리까. 왜 저에게 이런 고통을 주시나요, 아버지' 하는 표정으로 힘들어하는 모습도 많다. 성당을 찾는 신도들은 '예수님도 나처럼 힘드셨구나. 그래서 예수님은 내 마음을 이해하고 나를 불쌍히 여기시고, 나를 아버지처럼 꼭 안아 주시겠구나' 하고 위로받을 것 같다.

필리핀 사람들은
고난받는 예수상을
통해서 위로를 받는다.

그린벨트에 둘러싸인 가톨릭 성당

: 기도하는 필리핀 사람들

그린벨트는 도시의 무분별한 팽창을 막기 위해 도시 주변에 녹지를 남겨 두는 도시계획의 방법이다. 하지만 이는 지리 교과서에 나오는 정의일 뿐이고 필리핀에서 그린벨트는 쇼핑 천국이다. 필리핀의 대기업 아얄라가 마카티에 대규모로 개발한 그린벨트 쇼핑 센터 주변에는 고급 호텔과 레스토랑, 복합 쇼핑·레저 시설이 밀집되어 있어 필리핀 상류층의 사치스러운 생활 방식을 엿볼 수 있다. 최근 5구역까지 개발되었는데, 구찌, 프라다, 루이 비통, 에르메스 등 쟁쟁한 명품들이 포진해 있고, 각종 고급 음식점과 카페가 성황리에 영업 중이다. 마카티 인근에 있는 대규모 쇼핑 몰을 걷다 보면 여기가 미국의 뉴욕인지, 한국의 청담동인지 잘 구별되지 않을 정도다. 이곳은 필리핀 마닐라를 찾는 관광객들에게는 필수 코스로 소개되어 있는데, 필리핀이 미국식 자유 시장 경제를 채택한 국가라는 것이 자연스럽게 드러난다.

보통 그린벨트는 도시 핵심부를 빙 둘러 있지만, 아얄라 센터는 거꾸로 녹지가 쇼핑 몰에 둘러싸여 있다. 그런데 그 녹지 한가운데, 즉 그린벨트의 핵심부에 작은 성당이 숨어 있다는 사실을 아는 관광객은 그리 많지 않다. 필리핀 사람들이 화려한 명품 옷과 가방을 즐기고 파스타를 먹으며 자본주의를 신봉하고 세속적인 삶의 방식을 즐기는 듯해도, 그들의 속살과 영혼은 철저히 종교적이며 필리핀적인 요소가 뿌리 깊게 남아 있을지 모른다.

때는 밤 9시가 넘었는데도 쇼핑 센터 안의 성당은 사람들로 북적인

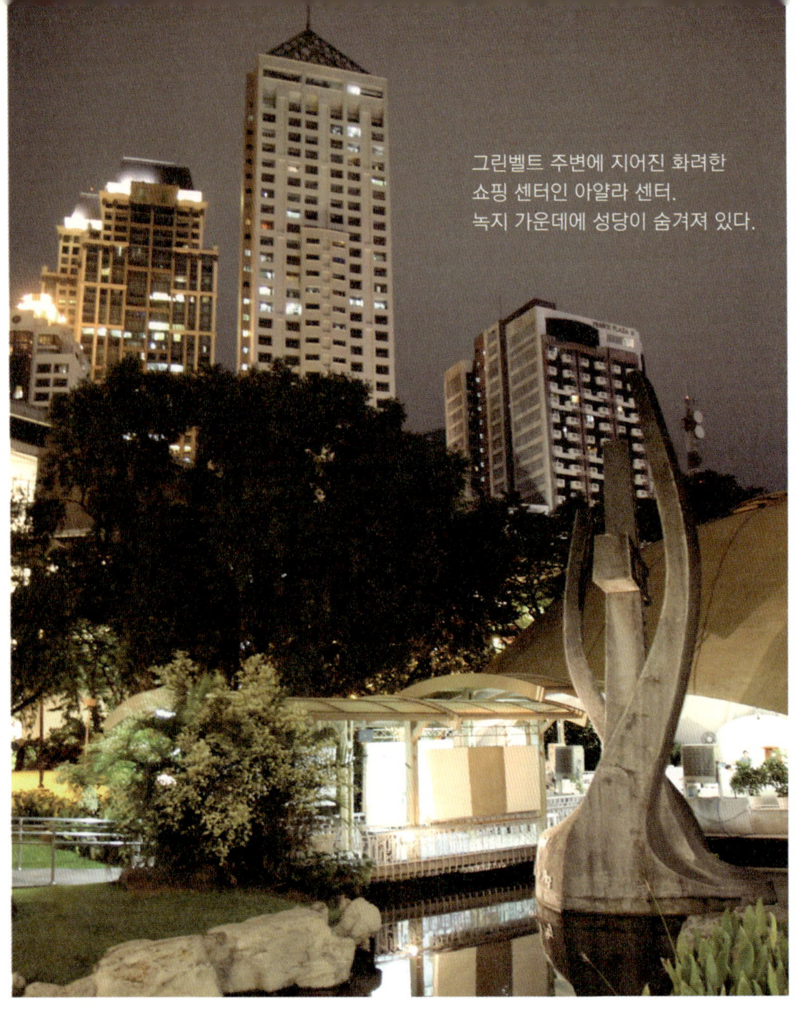

다. 쇼핑 백을 든 귀부인부터 힘든 일을 하다 중간에 들어와 기도를 올리는 육체 노동자까지 모두에게 평등하게 열린 공간이다. 퇴근 후 들른 듯이 혼자 조용히 눈을 감고 기도하는 40대 남성, 무릎을 꿇고 엎드려 울며 기도하는 어머니, 손을 잡고 와서 함께 기도를 올리는 20대 커플은 모두 자신의 고단한 인생의 짐과 아픔을 성당에 와서 기도하며 내려놓는다. 성당을 떠나기 전에는 예수와 성모 마리아상을 한 번 더 만져서

늦은 밤에도 아랑곳 않고 성당을 찾아 기도를 드리는 사람들.
그들은 떠나기 전에 성상을 만지면서 세상에서 살아갈 힘을 얻는다.

그 사랑을 직접 느끼고 세상 밖에서 살아갈 힘을 충전하고 간다.
　　성당에서는 공휴일에도 아침부터 밤까지 쇼핑 센터에서 일하는 여성을 배려하여, 일요일이면 신부와 수녀들이 로빈슨 쇼핑 센터로 직접 찾아가서 종업원들이 미사를 드릴 수 있도록 돕는다. 고단한 그들의 삶을 위로하고 그들의 눈물을 닦아 주고, 도움을 구하는 그들의 손을 잡아 주고 간절히 원하는 그들의 기도를 들어 준다. 필리핀에서 가톨릭 사제와 수녀들은 가난하고 힘없는 사람들에게 예수의 사랑을 느끼게 해 주는 자애로운 중재자다. 가난한 바랑가이를 돕고 심리 상담도 해 주는 등 성당을 중심으로 복지 서비스가 이루어져 가톨릭은 필리핀 사회에서 안전망의 기능을 보이지 않게 수행한다.

　　성당 앞은 시장이다. 망고, 발룻을 비롯하여 다양한 음식을 팔고 중국 인형, 불교용품, 무슬림의 물품까지, 안 파는 것이 없다. 심지어는 성감을 높이는 기구까지 판다. 하지만 특히 내 눈길을 끄는 것은 다양한 색깔의 초다. 초마다 의미가 각각 다르고, 다양한 향기가 배어 있다. 성상에 바치는 꽃과 초의 향기가 어우러져 독특한 느낌을 준다. 어둑어둑해 질 저녁 무렵에 초가 늘어서 있는 모습을 보면 경이롭고 신비한 느낌이 든다.

성당 앞에서 만난 '살아 있는 산토 니뇨.'
손에 들린 꽃다발이 아이의 앞날에 축복을
내려줄 것만 같다.

이곳에서는 전국의 필리핀 성당에서 대세인 '아기 예수상'인 산토 니뇨도 만날 수 있다. 마젤란이 세부에 머무를 때, 후마본의 아내가 조그만 아기 예수상을 보고 매료되자 그녀에게 그 성상을 선물로 주었다고 한다. 그로부터 44년이 흐른 1565년에 스페인은 필리핀을 식민지화하기 위해 레가스피가 이끄는 군대를 파견했는데, '산토 니뇨'라 불리는 세부의 아기 예수상을 활용하여 필리핀 사람들을 가톨릭 신자로 개종시켰다고 한다.

가톨릭 신자가 많은 필리핀에서는 낙태를 금지한다. 성당 정원에는 낙태당한 어린 영혼을 위한 기도문이 있다. 아무 죄 없이 죽은 태아야말로 죄 없이 인간을 위해 십자가에 달려 죽으신 예수와 가장 닮은 존재가 아닐까?

화려한 쇼핑 단지에 성당이 숨어 있듯이, 쇼핑 센터
1층을 차지하고 있는 것은 예수와 마리아상, 그리고 산토 니뇨들이다.

필리핀 국민 작가 시오닐 호세가 보는 미국

: "축복과 저주의 양면성"

필리핀 국민 작가 프란시스코 시오닐 호세Francisco Sionil José를 만났다. 그는 필리핀을 대표하는 작가로 평생 영어로 글을 쓰며 정열적으로 창작 활동을 해 왔고, 아시아에서 현재 노벨 문학상에 가장 근접한 작가로 평가받고 있다. 1924년 필리핀 서북부 팡가시난에서 태어나 홀어머니 밑에서 자란 그는 산토 토마스 의대를 다니다 호세 리잘의 문학 작품에 감동받아 작가의 길을 선택했다. 그는 마르코스 시절에 자신이 창간한 잡지 『솔리다리다드Solidaridad』가 폐간당하고 작품도 판금되고 연금 생활을 하는 등 온갖 탄압을 받으면서도 작가의 길을 포기하지 않았다. 동료 작가, 지식인, 언론인, 예술가 등 민주화 세력을 결집하고 필리핀의 민주화 운동을 국제사회에 알린 공로를 인정받아 1980년에 막사이사이 상을 받기도 했다.

시오닐 호세는 시종일관 "평범한 질문은 싫습니다. 어렵고 도전적인 질문을 해서 나를 지적으로 자극시켜 보세요"라고 인터뷰어인 내게 주문했다. 거동이 다소 불편한 듯했지만 형형한 눈빛이었다. 시오닐 호세의 책상 위에 있는 스페인기와 미국 성조기가 인상적이었다.

미국이 필리핀 사회에 끼친 영향에 대해 물으니 시오닐 호세는 "축복과 저주의 양면성mixed blessing"이라며 말을 아꼈다. 내가 계속 집요하게 파고들자, 남아프리카 공화국의 아파르트헤이트Apartheid(인종차별 정책)에 반대하는 투쟁을 벌여 온 공로로 노벨 평화상을 수상한 데스몬드 투투Desmond Mpilo Tutu 대주교의 말을 인용하면서 미국이 필리핀에 끼친

인터뷰에 응한 국민 작가 시오닐 호세가
자신의 책상 앞에서 자세를 취해 주고 있다.

영향을 우회적으로 표현했다. "선교사들이 와서 교회를 세웠지. 우리에게 눈을 감고 열심히 기도하라고 했어. 눈을 떠 보니…… 우리 손에는 성경이, 그들의 손에는 땅 문서가 있었어. 미국인들이 와서 학교를 세웠지. 우리에게 열심히 영어를 공부하고 미국식으로 사고하라고 가르쳤어. 경제적으로는 풍요로워졌지만…… 필리핀 사람들은 영혼을 잃어버린 거야."

실제로 미국은 스페인이 떠난 자리에 성당 대신 학교를 세웠다. 미국인 자원봉사 교사들이 들어와 읽기와 쓰기, 셈, 그리고 미국 중심의 사회과 교육을 가르쳤다. 미국은 세계에서 지리 교육이 가장 약한 국가였기에, 필리핀 사람들은 세계를 보는 눈을 밝게 해 주는 지리 대신 민주주의 이론만 어설프게 주입하는 미국식 사회과 교육을 배워야 했다. 미국은 필리핀 사회에 미국식 사고와 제도를 확산시켰고, 특히 영어 사용을 장려했다. 영어를 잘하는 사람들에게 장학금과 좋은 일자리를 주었기에 필리핀에서는 신구의 세대교체가 빠르게 이루어졌다. 필리핀에서 가장 똑똑한 엘리트는 장학금을 받고 미국으로 유학을 떠났다가 미국화를 열망하는 친미주의자가 되어 필리핀으로 돌아왔다.

영어만 할 줄 알았던 필리핀판 오렌지족은 수백 년 동안 스페인어로 축적되어 온 필리핀 사람들의 문화유산을 전혀 이해할 수 없었고 필리핀의 역사와 전통은 단절되었다. 미군 주둔 후 총기 문화, 천박한 할리우드식 대중문화, 승자 독식 자본주의가 필리핀 사회에 침투했고, 이러한 상황은 필리핀 사람들의 바랑가이 문화, 대책 없는 낙천적 사고방식과 결합하면서 더욱 왜곡되었다. 정치는 엉망이 되고 사회질서는 무너지고 경제는 몰락하기 시작했다. 1970년대 아시아를 대표하는 선진국이었던 필리핀은 40년이 지난 지금은 경제 후진국으로 전락했다.

시오닐 호세에게 앞으로 어떤 책을 더 쓰고 싶냐고 묻자 그는 이렇게 대답했다.

“아, 좋은 책을 쓰면 뭐해. 젊은 사람들이 드라마와 할리우드 영화에 빠져 더 이상 책을 읽지 않는걸. 필리핀 사람들은 ‘확 타올랐다가 금세 사그라지는 들불ningas kugon’ 같아. 처음에는 지도자를 따라 열정적으로 일을 시작하지만, 장애물을 만나면 금방 포기해 버리거든. 1980년대에 어렵게 얻은 자유, 민주주의의 가치를 이렇게 쉽게 잊어버리다니……. 과연 우리에게 미래가 있을까 싶어.”

분노를 잊어버린 청년들이 넘쳐 나는 시대에 아직도 정열적인 시오닐 호세를 보며, 나는 오히려 필리핀의 희망을 보았다. 나이는 노년이지만 기운과 정신은 아직도 팔팔한 청년인 시오닐 호세. 그에게는 필리핀 사회를 위해, 또 세상 사람들에게 외치고 싶은 이야기가 아직 많아 보였다. 또한 그는 미국 대학에서 역사를 가르친다는 한국인 며느리의 자랑에 시간 가는 줄 몰랐던 다정한 시아버지이기도 했다.

시오닐 호세를 그린 그림.

아키노 대통령은
왜 아직도 독신일까?

최근 미모의 한국계 방송인 그레이스 리와 데이트를 해서 한국에서도 관심이 높은 베니그노 아키노 3세Benigno Aquino III 대통령은 필리핀의 '골드 싱글', 아니 '다이아몬드 싱글'이다. 애칭으로 '노이노이' 또는 '피노이' 아키노 대통령으로 불리기도 하는 그는 마닐라 아테네오 대학교에서 경제학을 전공한 후 나이키 회사의 매니저로도 일한 경력이 있고, 골프, 재즈 음악, 당구 등 다양한 취미를 즐기며 포르쉐를 몰던 매력남이다. 아버지 베니그노 아키노 2세(이하 '아키노 전 상원의원')는 22세에 시장, 27세에 부지사, 29세에 도지사, 34세에 상원의원이 되었고(모두 최연소 기록이었다), 어머니 코라손 아키노는 필리핀 최초의 여성 대통령이었다. 이렇게 필리핀 최고의 정치 명문가에서 태어난 아키노 대통령은 중국계 혈통의 화교 4세이기도 하다. 1861년 필리핀으로 이주한 장저우 훙젠 촌 출신의 증조부가 사업에 성공하여 사탕수수 농장과 각종 기업체를 일궈 내서 아키노 집안은 필리핀 내에서 부자 가문으로 손꼽힌다.

지폐에 새겨져 있는 아키노 전 상원의원과 그를 추모하는 노란 꽃.

아키노 집안은 한국과 특별한 인연이 있다. 작고한 아키노 전 상원 의원은 17세의 어린 나이에 종군기자로 한국전에 참여했고, 1980년대 초반에 미국에서 망명 생활을 할 때 역시 비슷한 처지였던 김대중 전 대통령과 하버드 대학에서 자주 만나 서로를 위로하고 희망을 나누었다고 한다. 아키노 전 상원의원은 아끼던 수동 타자기를 김대중 전 대통령에게 선물할 정도로 둘 사이의 우정이 깊었으며, 코라손 아키노 대통령이 서거하고 10여 일 만에 김 전 대통령도 세상을 떠났으니 두 가문은 보통 인연이 아닌 듯하다.

아키노 전 상원의원과 그 가족의 삶은 김대중 전 대통령만큼 드라마틱했다. 1972년 계엄령을 선포한 마르코스 대통령은 최대 정적 아키노 전 상원의원을 제일 먼저 잡아 가두었다. 그는 감옥에서 목숨을 건 단식 투쟁, 사형 선고, 부정 선거에 대한 항의, 해외 추방을 거쳐 결국 필리핀행 비행기에서 내리자마자 공항에서 암살당했다. 23세에 아버지의 죽음을 목격한 셋째 아들 아키노 3세를 포함해 아키노의 가족은 큰 충격을 받았다. 결국 '수줍은 제비꽃'이라는 별명을 가진 평범한 주부였던 코라손 아키노는 필리핀 정치의 한복판에 설 수밖에 없었다.

필리핀 사람들에게 위로와 희망을 안겨 준 '코리(코라손의 애칭)'가 2009년 8월 세상을 떠난 후 국민들의 추모 행렬이 이어졌고, 부모님의 정치적 유산을 물려받은 베니그노 아키노 3세 대통령 후보는 대통령 선거에서 압승을 거두어 필리핀 역사상 최초의 모자 대통령이 탄생했다. 정치인의 부패와 거짓말에 신물이 난 필리핀 국민들은 2010년에 52세의 정치 신인 베니그노 아키노 3세를 대통령으로 선택했던 것이다.

　그런데 이처럼 정치 명문가 자제 출신인 아키노 대통령은 왜 아직까지 독신일까?

　국교가 가톨릭인 데다 개신교까지 합치면 전 인구의 90퍼센트 가량이 기독교 신자인 필리핀에서는 피임과 낙태가 엄격히 금지되어 있다. 이혼이 아예 불가능하기에 서구식 가치관을 가진 필리핀의 신세대들은 결혼 제도를 매우 부담스러워한다. 연애는 다양한 사람과 하더라도 결혼 상대자는 신중하게 고를 수밖에 없다. 상대에게 아무리 호감이 있어도 평생을 함께할 수 있는 '영혼의 동반자'라는 확신이 생기지 않을 경우 결혼을 계속 미루게 된다. 이런 필리핀의 독특한 상황 속에서 필리핀 상류층과 지식인 사회에서는 자유로운 연애를 즐기는 다이아몬드 싱글이 많다. 그러다 보니 그레이스와 아키노 대통령이 데이트 몇 번 했다고 성급하게 결혼까지 점치는 한국 사람들의 반응과 시선이 필리핀 사람들에게는 매우 낯설게 느껴지는 듯했다.

말라카낭 궁에서 홍보 담당으로 일하는 내시Nash는 나와 말이 잘 통하는 필리핀 친구다. 그녀의 큰 언니는 변호사, 둘째 언니는 박사인 알파 걸 집안인데, 모두 미혼이다. 큰 언니는 애인이 있었지만 결혼은 하지 않고 아이를 낳아 기르는 미혼모의 길을 선택했는데, 친정 가족들이 모두 힘을 합쳐 아이를 사랑으로 기른다고 했다. 이혼과 피임, 낙태가 엄격하게 금지된 나라이지만, 아이를 낳아 혼자 기르는 미혼모에 대한 편견은 거의 없다('돌싱'과 '재혼'이 불가능한 사회이니, 이혼자에 대한 편견은 아예 존재하지도 않는다). 오히려 미혼모의 아이는 대가족 안에서, 바랑가이 문화 속에서 특별한 사랑과 보호를 받으며 밝게 자라는 경우가 많다.

다정하게 포옹한 채 저녁 노을을
바라보는 필리핀 연인들.

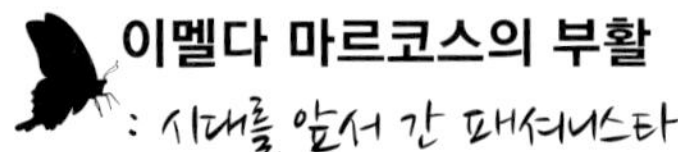

이멜다 마르코스의 부활
: 시대를 앞서 간 패셔니스타?

마르코스가 대통령으로 취임한 1965년, 필리핀 경제는 호황이었다. 바나나, 파인애플, 코코넛 등의 농산물 수출로 달러가 넘쳐 나고 베트남 전쟁에 파병되는 군인들의 베이스 캠프로 필리핀 미군 기지가 사용되면서 필리핀 경제는 더욱 활기를 띠었다. 다리를 놓고 건물을 신축하는 등 대형 프로젝트를 국가가 주도했고 필리핀 경제의 앞날은 장밋빛이었다. 당시 필리핀은 아시아에서는 일본 다음으로 잘사는 국가로 꼽혔고 상류층은 호화로운 삶을 누렸다.

하지만 21년간 마르코스 대통령이 통치하는 동안 계엄령이 여러 차례 선포되고 출판과 언론의 자유가 사라지는 등 민주주의가 무너졌다. 경제는 파탄에 빠지고 정치인의 부패와 인권 탄압이 나날이 심해지자 민주화를 열망하는 평범한 시민들이 꽃과 묵주를 들고 거리를 행진했다. 1986년, 더 버틸 수 없는 상황이 되자 마르코스 대통령은 미국의 비호를 받아 하와이로 쫓기듯 망명했다. 영부인이었던 이멜다 마르코스가 미처 챙겨 가지 못한 수천 켤레의 구두는 말라카낭 궁에 그대로 남아서 마르코스 정권의 부패와 사치의 상징으로 세계적인 화제가 되기도 했다.

2012년 현재, 마르코스 지지자들에게는 마르코스 시대의 풍요가 그리운 시절의 향수다. 1989년 하와이에서 마르코스가 사망한 후 이멜다는 필리핀으로 돌아왔고, 정치인으로 부활했다. 현재는 필리핀의 수도 마닐라의 한복판, 서울의 '강남'에 해당하는 신흥 부촌 마카티에 살면서 국회의원으로 활약하고 있으며 그녀의 아들 역시 상원의원으로 당선되었다.

마닐라 한복판에서 이멜다 지지자 2명을 만났다. 그녀들은 이멜다 티셔츠를 입고 이멜다 협회 회원증을 자랑스럽게 보여 주며 말했다. "그녀는 필리핀을 위해 많은 일을 했어요. 전철을 만들고 문화를 진흥했죠. 그녀는 사람을 사로잡는 매력이 있어요. 그녀를 지지해요."

말라카냥 궁에서 홍보 담당으로 일해서 그런지, 현 정권의 실세인 내시의 평도 예상 외로 후했다. "이멜다는 독창적이에요. 그리고 필리핀 문화에 관심이 많았죠."

필리핀 전통 의상 숍에 가면, 조신한 마리아 클라라 스타일의 드레스와 어깨가 봉긋 솟은 이멜다 스타일의 드레스가 대세다. 수십 년 전에 필리핀 영부인이었던 이멜다가 뉴욕에서 영화배우나 디자이너로 활약했다면 지금쯤 아시아를 대표하는 유명인사로 각광받을 수 있지 않았을까? 20~30년 전의 필리핀에서는 이멜다의 구두 수집이 부패와 사치의 상징으로 비판받았지만, 지금은 뉴욕에서 쇼핑

이멜다를
지지하는 사람들.

과 파티를 즐기며 '신상' 구두면 사족을 못 쓰는 〈섹스 앤 더 시티〉의 여주인공 캐리는 부러움의 대상이다. 이멜다는 어쩌면 시대를 앞서 간 패셔니스타일지도 모른다. 실제로 미국 사교계에서 인기 높은 그녀의 손자가 '이멜다'를 내세운 패션 브랜드를 만들어 홍보하기도 했다.

　필리핀에서는 여자가 예쁘면 모든 게 용서되고 미인대회 수상자는 평생 대우받고 산다고 하더니만……. 이멜다는 젊었을 때 미스 필리핀에 당선된 적이 있는 덕에, 아무리 부정부패를 저질렀어도 처벌받지 않고 필리핀으로 슬쩍 돌아와 부귀영화를 누리고 아들까지 정치인으로 활약할 수 있나 싶기도 하다. "필리핀 국민들은 너무 쉽게 잊어버린다. 기억력이 짧다"고 가슴을 치던 지식인 시오닐 호세의 한탄이 이해가 되기도 한다.

　'강철 나비'라는 역설적인 별명을 가진 이멜다. 나비에게 매료되어 세계를 여행해 온 나이지만, 강철로 만든 나비는 왠지 정이 가지 않는다.

'강철 나비'는 이멜다의
외유내강 성격을
잘 드러내는 별명이다.

조신한 마리아 클라라 스타일의
드레스를 입은 참한 필리핀 여성들.

솔리다리다드 서점에서 피노이랩까지
: 예술과 패션으로 진화한 민주주의

노란 리본은 아키노 가문의 상징이다. 베니그노 아키노 대통령도 돌아
가신 부모님을 기리며 항상 노란 리본을 가슴에 달고 있다. 아키노 전
상원의원이 공항에서 총탄에 맞아 숨지자, 필리핀 사람들의 민주화에
대한 열망은 더욱 거세게 타올랐다. 가톨릭 신부와 평범한 마닐라 시민
들이 함께 손을 잡고 정부군 차량과 탱크를 막았다. 꽃과 묵주를 든 여
성과 노인, 젊은 학생들이 총과 전투복으로 중무장한 군인들에게 용감
하게 저항했다. 결국 마르코스는 미국의 비호를 받으며 하와이로 망명
할 수밖에 없었고, 이 무혈혁명의 성공은 필리핀 역사에서 가장 빛나는
순간이었다.

대통령직에 추대된 코라손 아키노는 즉시 필리핀 정치와 사회를 계
엄령 이전의 상태로 돌려놓았고, 필리핀이 더욱 정의롭고 자유로운 사
회가 될 수 있는 기틀을 닦았다. 그녀가 비록 경제 회복이나 필리핀 사
회의 도덕적 부패를 근절시키는 데는 실패했지만, 민주적 선거제도를
부활시켰으며 무엇보다 독실한 가톨릭 신자로서 필리핀 국민들의 아픈
마음의 상처를 부드럽게 어루만져 주었다. 2009년 그녀가 암에 걸려 사
경을 헤매자, 필리핀 국민들은 그녀가 평소 좋아했던 노란색의 리본을
달고 그녀의 쾌유를 기원했다.

어려서부터 바랑가이 골목에서 친구들과 신나게 놀며 우정을 쌓고
창의성을 기르는 필리핀 사람들은 민주화 운동도 그렇게 했던 것 같다.
시오닐 호세가 주인인 솔리다리다드Solidaridad 서점은 필리핀 민주화 운

시오닐 호세가 주인인
솔리다리다드 서점의 간판.

동의 요람이자 필리핀 문화 예술인, 지식인의 아지트였다. 시와 문학 작품을 함께 읽고 현대 예술과 음악을 통해 동지들끼리 똘똘 뭉쳐 창의적이고 다양한 방식으로 민주화 운동을 전개하는 가운데 필리핀이 좀 더 정의롭고 자유로운 나라가 되기를 꿈꾸었다.

아키노의 민주주의와 정치 철학은 패션 브랜드로 진화했다. '필리핀 사람들의 창의성 실험실'이라는 재미있는 이름을 내건 '피노이랩Pinoy Lab'이라는 패션 기업은 흥미롭고 독특한 방식으로 필리핀의 민주주의를 형상화했다. 이 기업은 아키노의 초상화가 그려진 노란색 티셔츠에서 아키노의 상징인 안경을 활용한 패션 소품까지 내놓았다. 한 발 더 나아가 빈민가 어린이들이 노는 장면을 그린 티셔츠부터 폐품을 활용한 지프니 모형, 필리핀 수공예품의 디자인과 질감을 응용한 쇼핑 백까지 만들어 냈다. 필리핀 사람들의 애환과 자유에 대한 열망이, 감각 있는 디자이너에 의해 세련된 문화 상품으로 구현되고 있었다.

그중에서도 인상 깊은 것은 노란색 통에 든 향수였다. 비교적 싼 가격에 구입할 수 있는 향수의 이름이 의미심장하다. 바로 '자유'다.

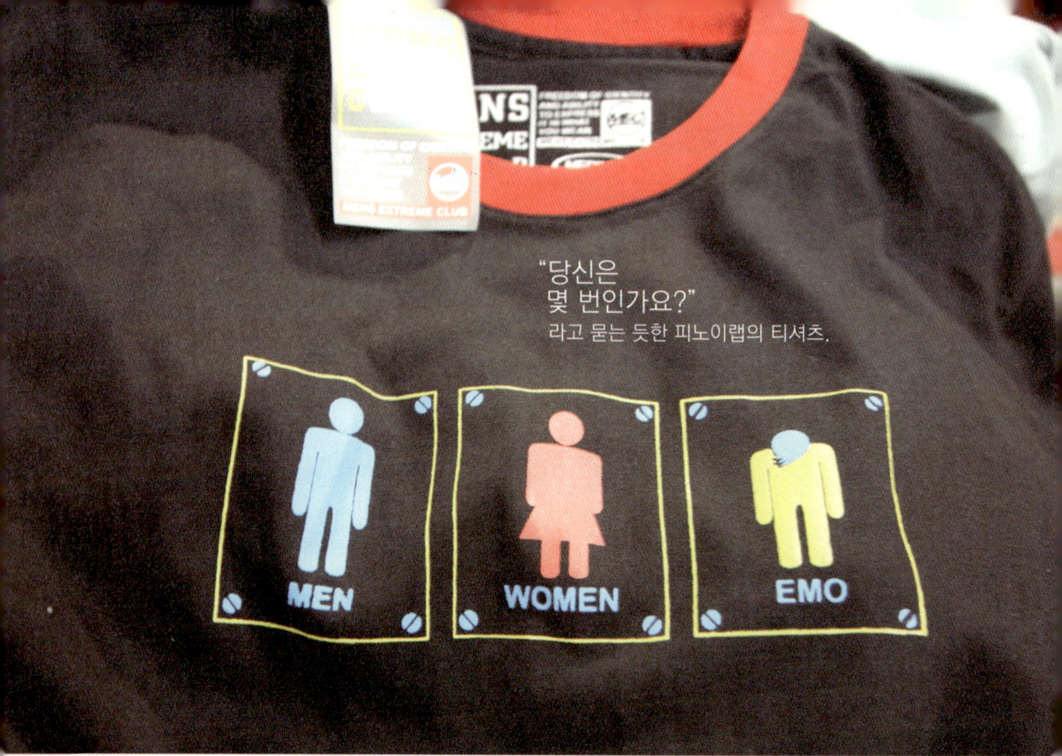

“당신은
몇 번인가요?”
라고 묻는 듯한 피노이랩의 티셔츠.

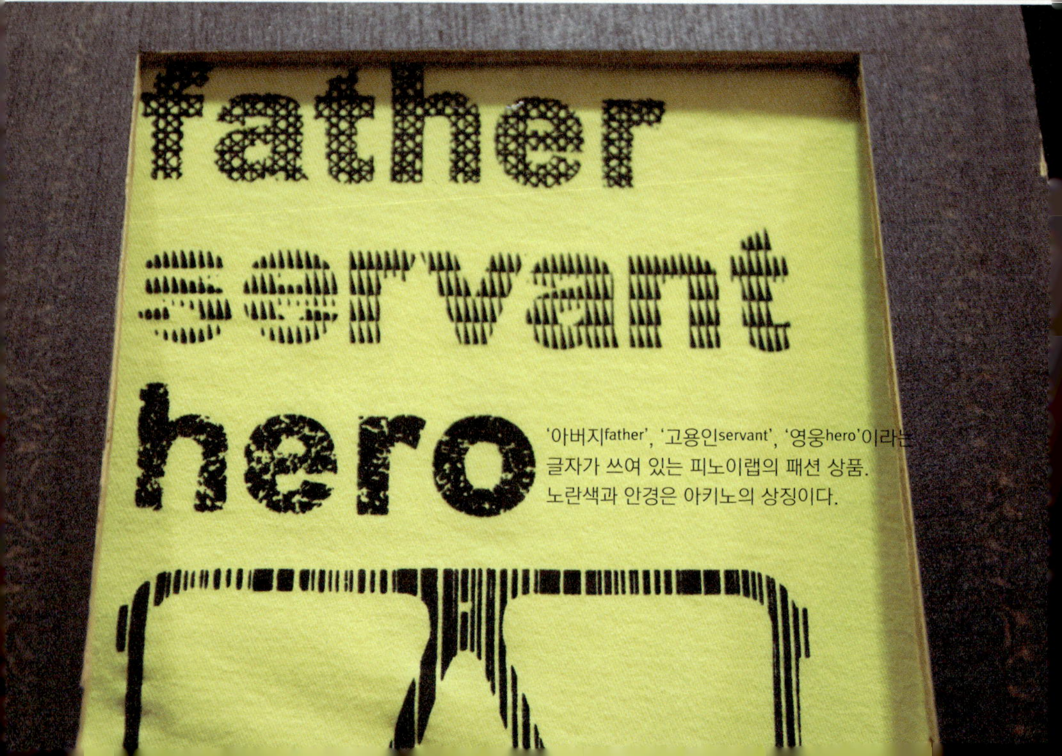

‘아버지father’, ‘고용인servant’, ‘영웅hero’이라는
글자가 쓰여 있는 피노이랩의 패션 상품.
노란색과 안경은 아키노의 상징이다.

피노이랩의 여러 상품들(왼쪽, 위, 아래).

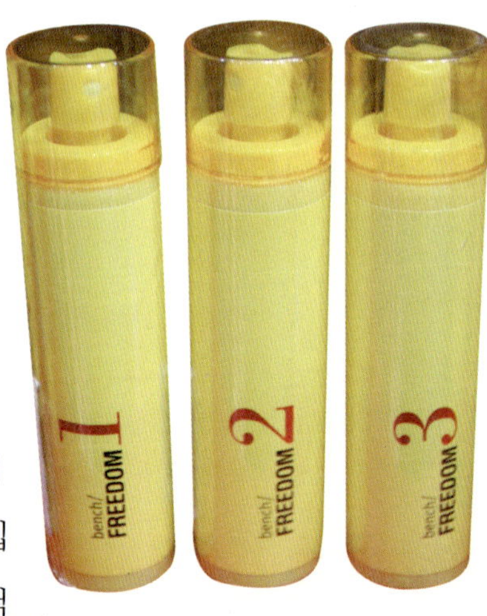

'자유'라는 이름의 향수. 번호에 따라
여성용과 남성용, 동성애자용을 나누고 있다.

넘버 1은 남성용, 넘버 2는 여성용, 넘버 3는 동성애자용이다. 성적 소수자에 대한 배려가 인상적이다.

2009년에 론칭한 패션 브랜드 '멘탈 mental'은 정상과 비정상의 경계를 넘나들며 창의적인 디자인을 주도한다. 정신병원 콘셉트의 독특한 매장에서 일하는 직원들은 흰색 가운을 입고 손님을 맞이한다. 일본을 대표하는 건축가 안도 다다오도 자신이 설계한 미술관을 온통 흰색인 병원 콘셉트로 꾸미고 직원들도 무표정한 얼굴로 병원복을 입고 근무하도록 하여 독특한 분위기를 의도적으로 연출하기는 했지만, 백화점의 패션 매장에서 이런 색다른 경험을 하게 될 줄은 몰랐다.

여성, 성적 소수자, 정신질환자, 장애인을 배려하고 따뜻하게 품어주는 필리핀은 우리보다 훨씬 더 성숙한 민주 사회라는 인상을 받았다. 무엇보다 각 개인이 자신의 꿈을 창의적으로 실현하고 다양한 개성을 표현하도록 장려하는 필리핀 사회가 부러웠다. 요즘 한국에서도 화두인 창의성은 교육 프로그램을 통해 억지로 주입될 수 있는 것이 아니고, 인권과 민주주의가 잘 지켜지는 사회에서 자연스럽게 길러지는 것 아닐까? 창의성이 꽃피는 사회가 되려면, 정상과 비정상의 경계를 넘나들며 다양한 시도를 할 수 있도록 '자유'를 허용해야 할 것 같다.

패션 브랜드 멘탈은 정신병원을 콘셉트로 삼고 정상과
비정상의 경계를 넘나드는 창의적인 디자인을 선보인다.
마네킹을 천장에 거꾸로 매달아 놓은 것이 눈에 띈다.

고흐가 되고 싶었던 예술가의 레스토랑
: '반 고흐는 조울증 환자다'

필리핀 대학 주변에는 젊은이들이 선호하는 개성 있는 레스토랑과 카페가 몰려 있다. 그중에서도 돋보이는 특별한 레스토랑의 이름은 '반 고흐는 조울증 환자다Van Gogh is Bipolar'이다. 조용한 주택가에 표지판도 없이 숨어 있는, 삭막한 대도시 마닐라에서 오아시스 같은 곳이다.

주인인 30대 청년은 3년 전에 조울증, 즉 양극성 장애 진단을 받았다. 조증과 울증이 반복적으로 나타나는 이 병은 그에게 치명적인 판정이었다. 하지만 그는 좌절하지 않았다. 고흐도 자신과 같은 진단을 받았지만 위대한 예술 작품을 남긴 사실을 떠올렸다. 그리고 자신에게 편안하고 행복한 공간을 만들기 위해 레스토랑을 창업할 결심을 했다. 약물치료에 의존하기보다는 세로토닌 분비를 촉진하는 음식으로 자신의 병

레스토랑 '반 고흐는 조울증 환자다'의 입구.

레스토랑의 독특한
실내 장식(위, 아래).

을 관리하고자 한 것이다.

레스토랑에 들어가기 전에 손님들은 모두 신발을 벗어야 한다. 거추장스러운 껍데기와 위선을 벗어던지고 편안한 맨발이 된다. 그리고 입구에 마련된 다양한 모자 중에 마음에 드는 하나를 고른다. 세상의 눈치를 보지 않고 내가 원하는 새로운 나를 연출할 수 있는 기회가 주어지는 것이다. 마음에 드는 찻잔을 골라 행복해지는 차를 원하는 대로 실컷 마실 수 있다.

야광 메뉴판의 리스트는 아주 간단하다. 몇 가지 코스를 원하는지, 일반적인 음식을 원하는지, 매운 음식을 원하는지만 선택하면 된다. 실험실 집기에 보드카가 담겨 나오기도 하고 원샷용 초콜릿이 담긴 술잔이 제공되기도 한다. 주문을 받는 종업원이 따로 있지 않아서 음식을 시키는 사람도, 음식을 갖다 먹는 사람도, 다 먹은 식기를 반납하는 사람도 모두 손님이다.

실내는 어두컴컴하고, 벽은 재미있는 그림으로 가득하다. 손님들은

종업원들도 모두 편안한 모습으로 앉아 있다.
저 불빛 아래서 소중한 사람들과 모여 앉아
밤새도록 이야기를 나누고 싶어진다.

마음에 드는 찻잔을 아무거나 골라서
원하는 차를 실컷 마실 수 있다.

긴장을 풀고 자신의 감정이 이끄는 대로 자유롭게 행동한다. 이곳은 연인들이 사랑을 고백하기에도 좋은 장소다. 화장실 안은 고흐의 그림책과 더불어 기이한 소품들이 가득하다. 사진을 현상하는 암실 같기도 하고, 해골이 있는 실험실 같기도 하다. 변기 옆의 화초에는 바나나 여신이 매달려 있고 특이한 거울과 그림들이 화장실 벽에 걸려 있다.

돈 계산도 손님이 알아서 하고, 돈도 양심껏 낸다. 하지만 앙증맞은 금고에는 돈이 넘쳐 난다. 음식값이 필리핀 현지 물가를 감안할 때 꽤 높은 편이지만 레스토랑은 늘 만원이다. 음식 메뉴도 특별하지만, 전 세계 어디에서도 발견할 수 없는 편안하고 매혹적인 분위기가 레스토랑을 더욱 유명하게 만들었다. 정신병자라는 자신의 약점을 부끄러워하지 않고 당당하게 드러낸, 스스로에게 솔직한 주인공의 철학과 창의적 아이디어가 대박 레스토랑의 비결인 듯하다. 필리핀 언론뿐 아니라 해외 여행 잡지와 『월 스트리트 저널』 같은 국제적인 언론 매체, 영국의 BBC 방송에서도 이 레스토랑을 소개하는 등 그의 성공 신화는 계속되고 있다.

레스토랑 이름만큼 독특한 야광 메뉴판.

놀라지 마시기를. 보드카를 시키면 술이 실험실 집기에 담겨 나온다.

세로토닌 분비를 촉진하는 음식들.

마구 휘갈겨 쓴 듯한 벽 낙서와 포스터, 기상천외한 소품들, 기묘한 분위기를 풍기는 화장실까지, 이곳은 펑키 지리학자와 잘 어울리는 공간이다.

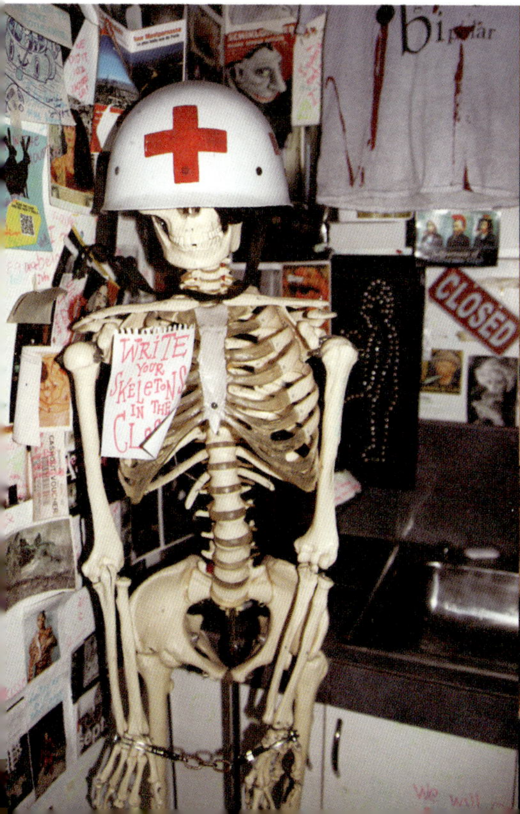

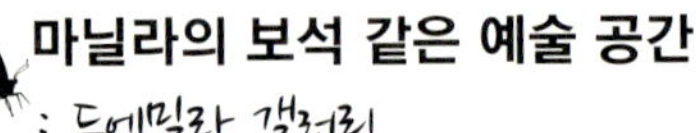

마닐라의 보석 같은 예술 공간

: 두에밀라 갤러리

마닐라에는 세련된 문화 예술 공간이 보석처럼 숨어 있다. 비록 독재와 사회 혼란, 계속 벌어지는 빈부 격차로 추락한 필리핀이지만, 이곳은 한때 아시아에서 가장 잘나가던 국가였다. '부자는 망해도 3대가 간다'는 표현은 문화 예술 분야에서 특히 유효한 것 같다.

1975년 이탈리아 출신의 실바나 안첼로티디아즈Silvana Ancellotti-Diaz 가 자신의 집에서 시작한 두에밀라 갤러리Galleria Duemila는 필리핀에서 가장 오래된 상업 화랑이다. 국제적으로도 유명한 이 갤러리는 필리핀 예술가를 동남아 지역과 세계에 소개하는 일을 계속해 왔다. 현대 회화, 조각, 판화, 다양한 설치 작품을 역사적 기록과 함께 보유하고 있을 뿐

아니라 각종 고미술품도 수집·판매한다. 페르난도 아모르솔로Fernando Amorsolo, 페르난도 소벨Fernando Zóbel, H. R. 오캄포H. R. Ocampo, 비센테 마난살라Vicente Manansala, 호세 호야José Joya, 세사르 레가스피Cesar Legaspi와 같은 필리핀을 대표하는 화가의 작품을 전시하고 이들을 세계적인 아티스트로 성장시킨 전설적인 갤러리다.

나처럼 나비를 좋아한다는 갤러리 여주인 실바나는 나를 꼭 집에 초대하고 싶다고 했다. 갤러리 옆에 있는 그녀의 집 안은 흥미진진한 스토리를 담은 예술 작품으로 가득한 보물창고였다. 그녀의 삶 역시나 그녀가 소장한 예술 작품처럼 특별하고 로맨틱했다. 여성에 대해 보수적인 이탈리아에서 자란 그녀는 나비처럼 자유롭게 세상을 여행하고 싶어 스튜어디스가 되었다. 비행기 안에서 지금의 필리핀 남편을 손님으로 만나 첫눈에 사랑에 빠졌고(필리핀에서 손꼽히는 명문가 출신의 사업가

필리핀의 예술가들을
세계에 알리는 역할을 해 온
두에밀라 갤러리의 입구(왼쪽)와
정원(오른쪽).

돈키호테 같은
필리핀 남편과
나비를 좋아하는
이탈리아 부인.

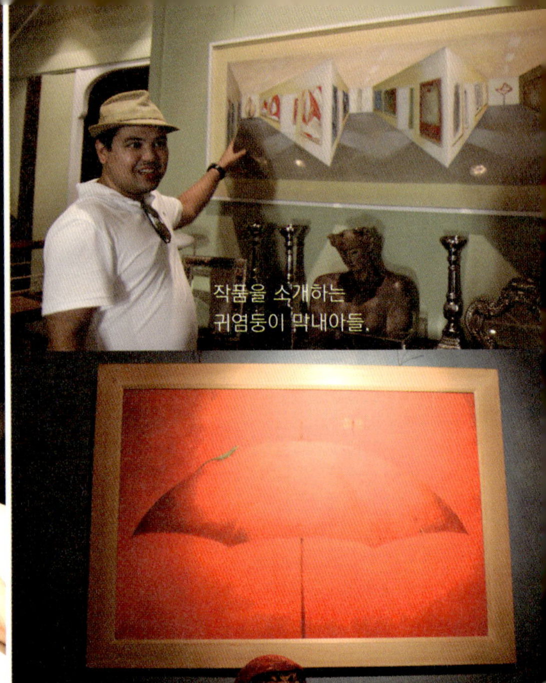

작품을 소개하는
귀염둥이 막내아들.

남편은 배우 신성일을 닮았다) 1972년 둘은 결혼했다. 큰아들은 하버드 대학교와 MIT에서 건축을 전공하여 빈민들을 위한 혁신적인 집을 디자인하고 있으며, 둘째 아들은 휴양객들을 위한 고급 리조트 섬 개발 사업을 하고, 딸은 이탈리아에서 호텔을 경영한다고 했다.

'돈키호테가 되고 싶다'는 실바나의 남편은 비즈니스계를 은퇴한

그동안의 추억이
담겨 있는 가족 사진들.

후 전업 작가의 꿈을 실현했다. 그의 화실은 예술가의 열정으로 가득했다. 부부의 침실은 로맨틱했고, 자녀들의 방은 창의성이 넘치는 공간이었다. 한 번도 공부하라는 잔소리를 하지 않고 방목했다지만, 자녀들은 알아서 자신의 개성을 살린 글로벌 인재로 성장했고, 각자 어린 시절부터 꿈꿔 온 행복한 세계를 멋지게 실현해 가고 있었다.

집 안 곳곳에는 예술 작품이 놓여 있어 자유로운 상상력이 저절로 발현되도록 한다(위, 아래).

한 예술가의 집에서 발견한 희망

대대로 나비를 좋아하는 집안에서 태어나 어릴 때부터 나비에 푹 빠져
살았던 예술가를 만나러 갔다. '타이니Tiny'라는 애칭으로 불리는 그의
이름은 저스틴 누에다Justin Nueda. 70세를 바라보지만 아직도 소년의 표
정을 간직한 그는 유명한 필리핀 현대 예술가이자 세계적인 과학자다.
그는 평생 동안 필리핀 전국 방방곡곡을 돌아다니며 나비를 채집했고
새로운 나비 종들을 국제 학계에 보고했다.

자신의 나비 컬렉션을
설명하고 있는 타이니.

한국인이 많이 사는 마닐라 인근 신도시에 있는 그의 집에는 온통 나비 흔적이었다. 그가 직접 그린 나비 그림부터 나비 책, 나비 장식품, 나비를 채집한 액자, 화장실 문에 붙어 있는 '나비 오줌'을 누는 아이까지……. 작업실에는 나비 사진과 그의 인터뷰가 크게 실린 신문 기사가 붙어 있었다.

그는 나비를 찾아 필리핀까지 날아온 한국의 지리학자를 무척 신기해했다. 그리고 자신이 한국 음식 마니아라며 김치가 있는 냉장고와 한국의 라면, 카레, 양념이 가득한 부엌을 보여 주었다. 나비를 통해 또 한 명의 좋은 필리핀 친구가 연결되었다.

타이니의 집에 걸려 있는
'나비를 쫓는 소년' 판화.

　　　　　　　　마침 그의 작품을 사러 방
문한 변호사 부부를 만날 수 있었
다. 말라카낭 궁에서 일한 적도 있는
변호사는 마닐라에서 손꼽히는 유능한 법조인이었지만, 필리핀에서 타
이니의 작품 가격이 계속 올라가고 있기에 마음에 드는 작품을 사기 위
해 몇 달 동안 돈을 모았다고 했다.

　필리핀 최상류층인 이들 부부는 매우 겸손하고 소박했다. 마닐라
케손 시티에 있는 집은 책과 예술 작품으로 가득하다고 했다. 서로가 첫
사랑이고 결혼을 한 번도 후회해 본 적이 없다는 비둘기같이 다정한 부
부는 슬하에 딸 둘, 아들 둘을 두었다. 큰딸과 큰아들은 변호사, 둘째 아
들은 의사, 막내딸은 특수교육을 전공한 장애인이라고 했다. 아내는 지
적장애가 있는 막내딸을 돌보기 위해 직장을 그만두었는데, 천사 같은
막내딸은 하나님의 특별한 선물이라고 했다.

변호사 부부와 내가
타이니의 설명을 듣고 있다.

변호사 부부가 구입한 작품 중 하나.
동료 예술가의 미망인을 위한
공동 작품으로 수익금 전부가
미망인에게 전달된다고 한다.

변호사 부부는 타이니와 작품에 대한 이야기를 오랫동안 나누었다.
부부가 마지막으로 고른 두 작품은 화려한 색채가 돋보이는 반추상 풍
경화와 황금색 새가 붙어 있는 작품이었다. 반추상 풍경화는 타이니가
그린 누드화 위에다 필리핀을 대표하는 현대 미술가 7명이 함께 작업을
했는데, 아이를 안고 있는 어머니의 모습이 정겨웠다. 세상을 떠난 동료
예술가의 미망인을 돕기 위해 특별히 제작한 작품이기에, 그 수익금은
모두 미망인에게 전달될 것이라고 했다. 타이니와 사촌인 변호사 아내
역시 어릴 적부터 나비를 좋아했다고 한다.

그 흔한 명품 백 하나 없지만 나비를 좋아하는 변호사 아내와 예술에 대한 풍부한 소양을 지닌 변호사는 사치스러운 명품보다는 집에서 온 가족이 함께 감상할 수 있는 예술품을 사는 데 돈을 투자했다. 문화·예술은 폼으로나 걸치고 돈과 명성에만 집착하는 변호사가 넘치는 사회에서 살다가(문화·예술을 좋아하는 정의로운 '나비 변호사'라고 자신을 포장하여 사건을 수임한 후 돌변하여 오히려 자신의 의뢰인을 괴롭힌 '나방 변호사'를 실제로 본 적이 있다) 예술 작품을 진지하게 감상하고 휴머니즘을 실천하는 변호사 부부를 필리핀에서 만나게 되어 반가웠다. '나비 효과'를 믿는 마음이 따뜻한 변호사와 이야기를 나누다 보니, 우리의 작은 선행이 모여 언젠가는 세상을 더욱 정의롭고 아름답게 변화시킬 수 있을 것이라는 희망을 갖게 되었다. 작은 나비의 날갯짓이 거대한 회오리바람도 일으킬 수 있다는 '나비 효과'를 믿고 싶다.

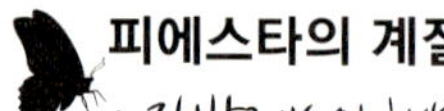

피에스타의 계절
: 잠발레스의 행복한 망고 이야기

5월은 피에스타의 계절이다. 특히 루손
섬에서 우기에 접어들기 전이자 건기
의 마지막 달인 5월은 본격적인 농사철
을 앞두고 농부들의 일손이 비교적 한
가한, 그래서 피에스타를 열기 가장 좋
은 때다. 이때 비를 기다리고 풍요로운
수확을 기원하는 피에스타가 각 지방에
서 성대하게 치러진다. 특히 산타크루산

Santacruzan과 플로레스 데 마요Flores de Mayo 행사에서
여왕으로 뽑힌 아가씨들은 눈부신 드레스를 입고 화관을 쓴 아름다운
자태로 거리 행진의 주인공이 된다.

외지에서 공부하거나 일하던 자녀가 건강한 모습으로 돌아오기를
기다리며, 고향에 남아 있는 가족들은 집 안 대청소를 하고 과일과 꽃으
로 집을 아름답게 꾸민다. 거리와 공공장소는 화려하게 장식되며 성상
들은 깨끗한 새 옷으로 갈아입는다. 주민들이 그동안 갈고닦은 춤과 음
악 실력을 선보이는 피에스타는 필리핀 사람들의 창의성과 예술적 감성
이 폭발하는 시기다.

피에스타에 참여하는 사람들은 저마다 가장 좋은 옷을 차려입고 고
장의 향취가 가득 담긴 음식을 먹으며, 오랜만에 만난 친척, 친구들과
즐거운 대화를 나눈다. 잔치가 끝난 뒤에는 음식을 용기에 잘 담아 손님

잠발레스의 축제 기간에 파는
먹음직스러운 망고들.

들에게 들려 보내는 '파바온Pabaon'이라는 전통이 있는데, 이는 피에스타의 넉넉한 인심을 잘 보여 준다.

필리핀의 피에스타 문화는 스페인 식민 통치 때 발달했다. 비가 내리지 않는 건기가 계속되면 더위에 사람들은 입맛을 잃고 지쳐 간다. 하지만 과일과 곡식은 쨍쨍한 햇볕을 받아 무럭무럭 자라고 풍성한 수확을 앞두게 된다. 바기오의 딸기, 따가이따이Tagaytay의 파인애플이 지역 특산 과일이라면, 루손 섬의 서부 해안에 있는 잠발레스Zambales는 필리핀 내에서도 망고가 맛있기로 유명하다.

망고 디저트,
망고 케이크,
망고 아이스크림까지,
망고로 못 만드는 것이 없다.

잠발레스의 망고 가족.

피에스타의 계절 5월이 되어 노란색 망고가 주렁주렁 열리면 마닐라 사람들은 팀을 짜서 친구, 가족과 함께 망고 농장으로 여행을 떠난다. 망고와 관련된 이야기를 나누고 다양한 망고 음식을 맛보며 어린 시절 추억을 따라가는 행복한 시간이다. '파살루봉 트래블러Pasalubong Traveller(선물 여행자)'라는 용어가 있을 정도로 여행에서 돌아올 때 친지들에게 줄 선물을 마련하는 데 신경을 많이 쓰는 필리핀 사람들에게 잠발레스산產 망고는 '훌륭한 파살루봉'으로 손색이 없다.

필리핀의 망고는 그냥 먹어도 맛있지만 셰이크로 갈아 마시면 정말 시원하다. 필리핀에서 망고는 다양한 요리의 재료로 쓰인다. 망고 샐러드부터 망고 케이크까지. 특히 콘티스Conti's 제과점의 망고 케이크는 예술이다. 내 평생 이렇게 맛있는 디저트를 먹어 본 적이 없다는 생각이 들 정도다.

잠발레스의 망고 농장은 행복과 기쁨이 넘쳐 난다. 스페인 혈통이 섞인 듯이 얼굴이 하얗고 이목구비가 뚜렷한 호남형 아버지가 싱글벙글 손님을 맞는다. 다이어트는 한 번도 해 본 적이 없다는 어머니는 망고를 비롯하여 다양한 과일을 이용한 맛있는 음식을 계속 내온다. 음식 솜씨가 장난이 아닌데, 음식 먹는 내내 웃음이 끊이지 않을 정도로 유머도 거의 개그우먼 수준이다. 나에게도 공짜 망고를 마구마구 선물하며 "한국까지 망고를 가져가기 힘들면 아예 잠발레스로 이사를 오면 어때요?"라며 즐거운 농담을 건넨다.

장난기가 가득한 20대 아들은 자신이 망고 농장의 홈페이지 관리와 마케팅을 담당하고 있으며, 평생 가족들과 함께 이곳에서 일하고 살아갈 것이라고 자신 있게 이야기한다. 잠발레스 망고 가족은 대도시의 팍팍한 생활에 지쳐 고향에 돌아온 사람들을 위로하고 유쾌하게 해 준다. 잠발레스 망고가 더 맛있는 것은 행복한 가족과 함께하기 때문일 것이다.

하지만 뭐니 뭐니 해도 과일의 왕은 두리안이다. 마닐라에서 두리안은 흔치 않은 과일이고, 구색을 맞추기 위해 슈퍼마켓에 몇 개 정도 진열해 놓는 정도다. 그나마 두리안을 전문으로 파는 상점을 본 곳은 마닐라 중심에 있는 무슬림 사원 근처의 시장이었다. 두리안이 주로 생산되는 남부 민다나오 섬은 무슬림이 많이 사는 곳이다. 이 섬의 중심 도시인 다바오 출신 무슬림들은 마닐라에 와서도 고향의 맛을 못 잊어 두리안이 아무리 비싸도 사 먹는다. 그래서 무슬림 사원 근처에서 두리안을 파는 것이다.

필리핀에서 두리안 산지로 가장 유명한 곳이 바로 다바오다. 이곳은 남쪽의 큰 섬 민다나오의 주도이자 필리핀에서도 가장 큰 도시다. 그럼 행복 밀집 지역, 다바오로 출발!

세계 어느 곳의 축제보다 더 화려한
다바오의 카다야완Kadayawan 축제.

다바오 시에 오면 축제를
꼭 구경해 봐야 한다.

다바오는 한국에서 바로 가는 직항 비행기가 없다. 마닐라나 세부에서 비행기를 갈아타야 해서 한국 사람들에게는 낯선 곳이다. 하지만 다른 필리핀 관광지에 비해 물가가 쌀 뿐 아니라, 식민 지배의 영향으로 전통 문화가 많이 사라진 마닐라나 세부에 비해 상대적으로 필리핀 고유의 문화와 전통이 많이 남아 있는 곳이기도 하다.

이른 아침에 비행기에서 내려 도착한 다바오의 거리 풍경은 조용하고 스산하기까지 했다. 하지만 축제가 시작되면 다바오의 거리는 예쁘게 화장을 하고 화려한 새 옷으로 갈아입을 터였다.

두리안은 다바오의 상징이자 축제의 핵심 테마였다. 미스 두리안부터 두리안 소년, 두리안 여신, 공원의 두리안 조각, 시청 앞 두리안 분수, 다바오를 대표하는 신문인 『두리안 포스트』까지, 온 도시가 두리안 천국이었다.

READ MORE
DURIAN POST
HEADLINERS
ONLINE
The DURIAN POST
WITHOUT FEAR OR FAVOR
VOL. II NO. 74
AUGUST 15 - 21, 2011
Davao City, Philippines
No 'special treatment for foreign tourists

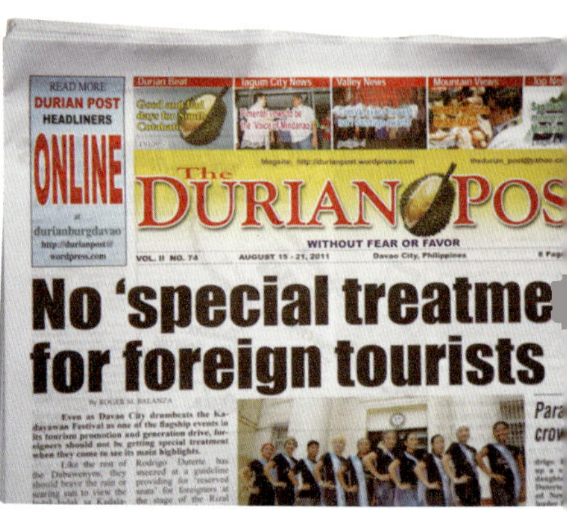

다바오를 대표하는 신문인 『두리안 포스트』지.

거리에 걸린 코카콜라 광고에서도 베일을 쓴 무슬림 여성과 현대적인 필리핀 여성이 함께 두리안을 먹으며 콜라를 마신다. 두리안은 종교와 인종, 취향을 뛰어넘어 다바오 시민을 하나 되게 하는 매개체인 것이다.

재래시장뿐 아니라 에어컨이 가동되는 현대식 대형 마트에서도 두리안은 풍성하게 진열되어 있었다. 두리안을 겨우 구색만 맞춰 진열한

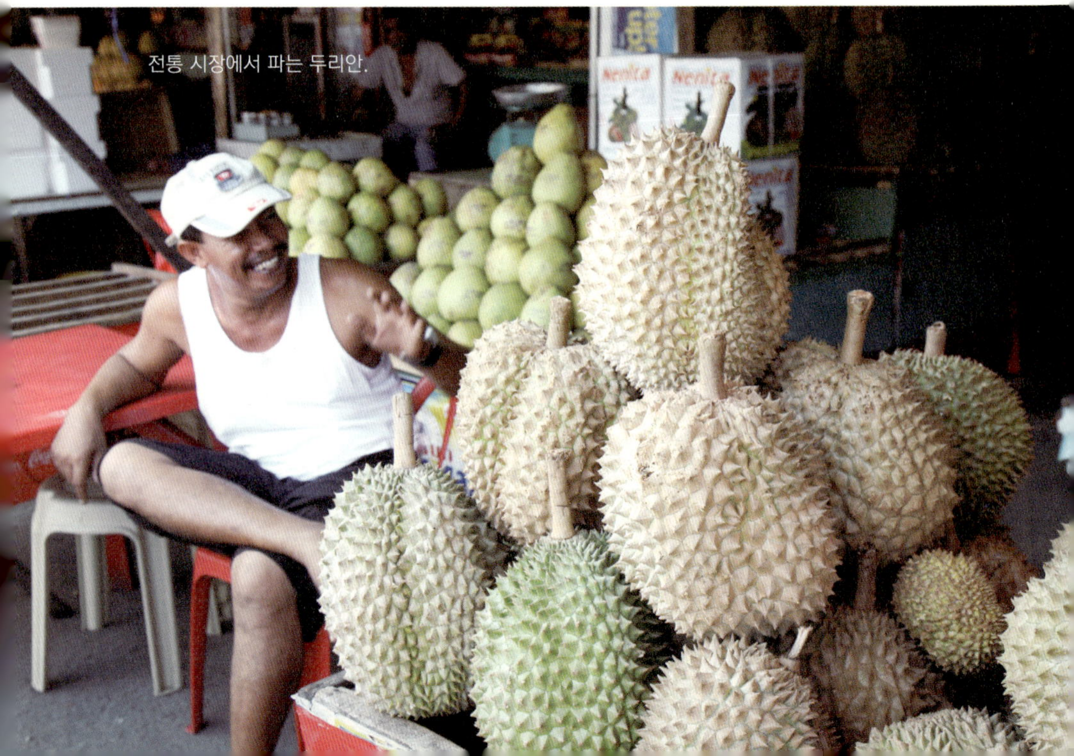

전통 시장에서 파는 두리안.

마닐라와는 딴판이다. 두리안 사탕, 두리안 캐러멜, 두리안 칩, 두리안 페이스트, 두리안 과자, 두리안 콘돔까지. 두리안을 원료로 한 다양한 상품이 개발되어 있다.

다바오의 두리안 거리는 전형적인 다바오 마을의 모습을 그대로 유지하고 있다. 동네 아이들이 함께 모여 놀고, 정원에는 두리안뿐 아니라 바나나, 파인애플 등 과일이 넘쳐 난다.

다바오에서 어렵게 찾은 착한 바나나

필리핀을 비롯한 동남아에서 바나나는 매우 흔하며, 바나나를 요리해서 먹는 방식도 정말 다양하다. 바나나를 그냥 튀겨 달콤한 설탕을 발라 먹기도 하고 숯불에 구워 먹기도 하고 죽으로 만들어 먹기도 한다. 바나나 잎은 음식을 담는 용기도 되고 음식을 보기 좋게 진열할 때 쓰이기도 한다.

나는 어릴 적에 바나나 병을 앓곤 했다. 어머니에게 혼이 나 기분이 좋지 않거나 몸이 아파 약을 먹고 누워 있으면 아버지는 전화로 걱정스럽게 묻곤 했다. "뭐가 먹고 싶니?" 그럼 나는 작은 목소리로 이렇게 속삭였다. "바나나가 먹고 싶어요." 나는 아버지가 일을 마치고 바나나를 사 가지고 돌아오기만을 목 빠지게 기다렸고, 아버지가 집에 돌아오는 발자국 소리만 들어도 내 병은 금방 나을 것 같았다. 어린 딸에게 줄 바나나를 찾아 밤늦게까지 이 가게, 저 가게를 들러 검게 변한 바나나 몇 개를 어렵게 구했을 아버지……

필리핀의 훌륭한 거리 음식인 바나나 구이.

하루 종일 일하며 피곤했을 아버지가 어린 딸을 번쩍 안아 주고 뽀뽀와 함께 건네주는 바나나는 너무나 달콤하고 황홀했다. 필리핀에서 수입해서 미군 PX에서 흘러나왔을 귀한 바나나는 내게는 마법의 만병통치약이었고, 엄한 어머니에게서는 느낄 수 없었던 아버지의 따뜻한 사랑을 확인하는 자랑스러운 증거물이었다. 이미 나는 6살 때부터 바나나를 통해 동남아를 만났고, 어쩌면 내게 동남아는 평생 그리워하고 사랑하는 대상이 될 운명이었는지도 모르겠다.

우리나라에서 판매되는 필리핀 바나나는 거의 대부분이 민다나오 섬에서 생산되어 수입된 것이다. 민다나오 섬은 바나나뿐 아니라 망고스틴, 파인애플, 두리안이 풍부하게 생산되는 과일 산지다. 앞서 말했듯이 두리안의 주산지는 필리핀 남부의 가장 큰 섬 민다나오 중에서도, 아포 산이 폭풍우를 막아 주고 적도에서 가까워서 기후가 연중 온화한 다바오다. 폭풍우가 몰아치면 나무에 매달린 무거운 두리안은 다 익기도 전에 떨어져 버린다. 태풍이 처음 만들어지는 민다나오에서는 괜찮지만, 태풍이 제법 커져서 피해를 입기도 하는 필리핀 북부의 섬들에서는 두리안이 귀하다. 그래서 마닐라나 바기오에서는 부자들조차 두리안을 제대로 먹기 힘들었을 것 같다.

두리안이 잘 자라는 곳은 다른 과일과 곡식도 풍요로울 뿐 아니라 자연환경과 전통문화도 잘 보존된 곳이다. 하지만 다바오에서도 최근 두리안 재배 면적이 급속히 감소하고 있는데, 다국적 기업들이 바나나와 파인애플을 대량 재배하면서 두리안 나무가 설 땅이 자꾸 줄어들고 있기 때문이다.

다바오 축제까지는 시간이 좀 남아서 바나나 농장을 먼저 방문해 보기로 했다. 다바오에 위치한 바나나 협회의 주선으로 그 인근의 대표적인 다국적 과일 기업 돌Dole을 찾아갔다. 우리나라에서도 돌의 상표가 붙은 바나나와 파인애플, 망고를 슈퍼마켓에서 쉽게 볼 수 있다. 민다나오에 있는 다국적 기업 돌은 현지 직원들의 복지에 많은 신경을 쓰고 있는 듯했고, 특히 인근 지역의 초등학교에 아낌없는 지원을 하고 있었다. 하지만 바나나를 재배하는 농장이나 바나나를 포장하는 공장의 방문은 무슨 이유에서인지 허가하지 않았다.

나는 할 수 없이 인근 시골 지역에서 소규모로 바나나를 재배하는 농가를 찾아갈 수밖에 없었다. 필리핀 시골

에서 흔히 만날 수 있는 허름한 집이었다. 젊은 부부가 아기를 안고 있었고 방 한 칸에 냄비 몇 개가 달랑 있는 작은 살림이었다. 마당에는 닭 몇 마리, 바나나와 파인애플 몇 개가 있었다. 이들 부부와 아이의 선한 눈빛을 보니, 이들이 직접 키운 바나나를 사 먹어 아기가 좀 더 영양가 있는 음식을 먹고 좋은 교육을 받도록 돕고 싶다는 생각이 저절로 들었다. 공정 무역으로 생

착한 커피와 초콜릿만 먹는 착한 소비자들이라면, 마음이 따뜻하고 정직한 사람들이 닭똥을 비료로 하여 한 송이 한 송이를 친환경적으로 생산하는 착한 바나나를 먹고 싶어 하지 않을까? 유명 회사의 상표가 붙어 있고 깔끔하게 포장된 바나나보다는 말이다.

길가의 어느 집에서도
바나나를 흔히 볼 수 있다.
이렇게 풍부한 바나나 덕분에
동남아에서는 기아가 거의 없다.

다바오에서 만난 두리안 여신들

: 펀치를 날린 다바오 여시장

다바오 시의 시장은 30대 여성이다. 그녀의 이름은 사라이고, 그녀의 아버지는 부시장으로 근무한다. 그녀는 정의감에 불타는 다혈질 아버지를 꼭 빼닮았다. 그녀는 자신도 남편도 변호사로, 법조인 가족이다. 최근 사라는 전국적으로 유명해졌다. 평소 불같이 화끈한 성격의 여시장이 일을 제대로 처리하지 않는 관련자에게 불호령을 내리며 펀치를 날리는 사진이 언론에 의해 대서특필되었다. 조신한 마리아 클라라 스타일의 여성이 칭찬받고 어깨가 봉긋 솟아 입기 매우 불편한 이멜다 드레스가 유행하는 마닐라에서는 상상도 할 수 없는 장면이었다.

사건의 내막은 이렇다. 2011년 7월 1일, 사라는 도시 빈민 주거지의 철거 명령을 집행하는 직원에게 펀치를 날렸다. 도시 빈민이 가재도구를 정리할 수 있도록 단 두 시간만 철거를 늦춰 달라는 자신의 간곡한 부탁을 무시하고 바로 철거에 들어갔다는 이유에서였다. 이 장면은 고스란히 전국 뉴스에 방영되었다. 어떤 경우에든 폭력은 안 된다는 주장부터, 빈민에게 폭력을 행사하려는 집행관에게 날린 펀치는 더 큰 폭력을 막았기에 정당하다는 응원까지 반응은 다양했지만, 후자의 의견이 더 많았다. 정치인들이 느끼할 정도로 근사한 정치적 용어를 구사하며 이미지 관리에만 신경 쓸 때, 그녀는 용감하게 다바오 빈민의 편에 섰기 때문이다. 뙤약볕 아래에서 티셔츠 차림으로 빈민가에 서 있는 그녀의 모습은 '일하는 시장' 그 자체다.

생각해 보라. 용산 철거 현장에서 철거민이 다칠까 봐 철거반원과

다바오 공항에 붙어 있는
재치 있는 포스터.
"우리는 펀치로 당신을
환영합니다"라고 쓰여 있다.

'맞짱' 뜨는 서울 시장을 상상할 수 있겠는가? 30대 엘리트 여성이 뭐가 아쉬워서 빈민의 편에 서겠는가? 그녀의 인기는 하늘을 찌르고 그녀의 시청 집무실에는 남녀노소를 막론하고 자신의 어려운 사정을 직접 호소하려는 사람들이 장사진을 이루고 있었다. 그녀는 세계에서 가장 인기 있는 시장 후보로도 올라가 있고 차기 국회의원 후보로 출마할 것이라는 예상도 많다.

그녀는 비겁하게 숨거나 변명하지 않고 자신의 에피소드를 오히려 관광 홍보물로 전환시켰다. 다바오 공항에 "우리는 (과일) 펀치로 당신을 환영합니다"라는 재치 있는 포스터를 붙이고 실제로 과일 펀치를 무료로 제공했으며, 음식점마다 펀치 요리 방법을 보급했다. 자신의 약점이나 실수도 지역을 홍보하는 독특한 개성으로 승화시킨 유머가 돋보인다.

다바오는 금연 캠페인을 성공적으로 펼친 시로도 유명하다. 또한 사라는 닭싸움을 매일 열게 해 달라는 업계의 치열한 로비도 단호하게 물리친 멋진 여성이다. "중독성이 강한 닭싸움을 매일 열면 다바오 남자들은 인생을 망칠 수밖에 없다. 휴일 닭싸움으로도 족하다"라는 것이 그녀의 단호한 입장.

드디어 필리핀에서 다섯 손가락 안에 드는 잘사는 도시이기도 한 다바오의 축제 날짜가 다가왔다. 사진 촬영을 위해 다바오 시청으로 허가를 받으러 갔는데, 축제를 준비하고 담당하는 직원들이 모두 여자였다. 다른 사무실도 여직원이 대부분이었다. 시장까지 여자이니 다바오 시는 완전히 여인 천하로구나. 다바오는 우리나라 최초의 귀화 여성 국회의원인 이자스민의 고향이기도 하다.

시장 방에 들어가기 위해 기다리는 장소에는 많은 남성들이 있었는데, 시장의 쩌렁쩌렁한 목소리가 문밖으로 흘러나왔다. 그녀는 분홍색 리본이 달린 정장을 입고 있었는데, '포스'가 장난이 아니었다. 내 차례가 되어 시장 방으로 들어가 인터뷰를 나누었다.

"다바오 시는 씩씩한 여성들의 모습이 인상적입니다. 그 비결이 무엇이라 생각하시나요?"

"다바오의 가정에서는 아들과 딸을 구별하여 기르지 않습니다. 저역시도 어릴 때부터 나는 무엇이든 할 수 있다고 생각하며 자랐어요. 딸들에게 용기를 주고 적극적으로 꿈을 꾸게 하는 가정교육이 중요하다고 생각합니다."

다바오 시청의 여직원들이 준비하고 치러 낸 축제는 매우 인상적이었다. 특히 축제의 하이라이트인 행진은 시민 모두가 함께했다. 시에서 주도하고 주민들은 수동적으로 감상만 하는 축제에 비해 다바오 축제는 시민들의 자발적 참여가 돋보였다. 시민들이 정말로 하나가 되고 수

다바오 축제의 하이라이트에
등장하는 두리안 여신은
아들을 꼭 안고 있다.
노란 두리안 과육 위에는
예쁜 나비가 앉아 있다.

시민 모두가 참여하는 다바오 축제의 행진은
그 어떤 축제와 비교할 수 없는 장관을 이룬다.

다바오 여시장은 불의를 못 참는
여걸이지만 평상시에는
여성스러운 면모도 보여 준다.

확의 기쁨을 나누는 축제라는 느낌이 들었다. 브라질의 리우 카니발이나 영국의 노팅힐 카니발보다 훨씬 더 화려한 축제. 규모나 열기는 내가 지금까지 가 본 축제 중에서 최고 수준이었다.

오토바이 행렬도 장관을 이루었다. 다양한 소속의 오토바이 주인들이 신나게 질주하는 장면이 흥미로웠다. 오토바이를 타는 사람 중에는 특히 여성이 많았다. 씩씩한 다바오 여성들의 모습을 다시 한 번 확인할 수 있었다.

세련되고 날씬한 미스 두리안부터 소박하고 넉넉한 몸매의 두리안 여신까지. 다바오 시의 축제는 두리안에서 시작해서 두리안으로 끝난다고 해도 과언이 아니었다. 어머니와 여성들이 자신감을 갖고 당당하게 일하는 다바오는 다른 어떤 동남아 지역보다 희망과 행복이 넘치는 곳이었다.

오토바이를 타는
씩씩한 다바오 여성들.

Indonesia
Indonesia
Indonesia
Indonesia

인도네시아

무슬림 문화 속의 로맨틱한 모계사회

향기로운 커피가 태어나는 곳
: 자바 커피, 코피 루왁, 더치 커피

'자바Java' 하면 무엇이 생각나시는지? 학교 다닐 때 열심히 세계사를 외운 모범생은 최초의 현생 인류인 '자바 원인'이 생각날 것이고, 커피를 좋아하고 트렌드에 민감한 사람들은 자바 커피를 떠올릴 것이다. 자바 섬은 화산 분출로 새로운 토양이 계속 형성되어 비옥할 뿐 아니라 고산 기후와 가파른 지형을 가지고 있어 커피 재배에 적격이다.

자바는 원시인도 선호할 정도로 살기 좋고 먹거리가 풍부한 섬이다. 2억3천만 명이 훌쩍 넘는 인도네시아 인구의 60퍼센트 이상이 좁은 자바 섬에 몰려 살고, 이 나라의 수도인 자카르타 역시 자바 섬에 있다. 이 섬은 연중 온화한 날씨에 강수량도 적당한 데다 화산재로 인해 땅이 비옥하기까지 해서 쌀이든 바나나든 뭐든 심으면 빨리 자라고 수확량도 많은 덕분에, '인도네시아의 음식 상자, 과일 바구니'로 불려도 손색이 없다. 또한 정향, 계피 등 향신료가 많이 생산되어 무역이 활발했고 특히 19세기 네덜란드가 식민 통치를 본격화하면서 커피, 설탕 등 다양한 수출 작물 재배 면적이 급속도로 늘어났다. 자바 섬은 학자들조차 창의적인 개념과 새로운 아이디어를 발표하게 하는 특별한 지역인데, 클리퍼드 기어츠Clifford Geertz라는 미국의 스타 인류학자는 자바 현지 조사를 통해 '농업의 내향적 정교화'라는 새로운 개념을 고안해 냈다.

인도네시아 전역에서 다양한 커피가 재배되지만 고급 커피는 수마트라 섬에서 주로 생산된다. 숲에 사는 사향고양이의 소화기관을 거쳐 나와 독특한 맛과 향을 지닌다는 최고급 커피인 코피 루왁Kopi Luwak도 수마트라가 원산지다. 베트남의 다람쥐 커피, 발리의 족제비 커피는 코피 루왁을 모방한 유사품에 불과하다는 평가다. 〈버킷 리스트〉라는 영화를 보면 주인공이 죽기 전에 꼭 해 보고 싶은 일을 적은 목록에 '코피 루왁 마셔 보기'가 있을 정도로 이것은 귀한 고급 커피다. 부낏띵기 등 수마트라 섬의 고산 지역이나 발리에 가면 소량으로 생산되는 코피 루왁을 맛볼 수 있다.

최근 한국의 커피점에서도 맛볼 수 있는 더치 커피Dutch Coffee는 네덜란드 사람들이 개발한 인도네시아 커피다. 네덜란드 사람들이 무더운 인도네시아 기후에 맞춰서, 커피를 뜨거운 물에 내리지 않고 찬물에 우

사향고양이의 배설물에 섞여 나오는 값비싼 커피인 코피 루왁.

인도네시아에서 생산되는
다양한 커피의 상표와 광고판들.

외국인이 많이 찾는
자카르타의 바타비아 카페.

려내는 방식을 개발하면서 붙은 이름이다. 카페인이 적은 순한 커피로, 하루 종일 똑똑 떨어지는 커피 방울이 모여 천천히 만들어지는 더치 커피는 더운 여름에 얼음과 시럽을 넣어 마시면 최고의 맛과 향을 즐길 수 있다.

　인도네시아는 시골까지 커피 마시는 문화가 퍼져 있는데, 인도네시아 현지인들이 마시는 커피의 특징은 진한 단맛과 함께, 추가되는 강한 향신료에 있다. 특히 커피에 계피를 많이 넣어 먹는데, 지금도 동남아의 농촌에 가면 육계나무의 껍질인 계피를 벗겨 길가에 널어놓거나 정향, 후추 등의 향신료를 말리는 모습을 쉽게 관찰할 수 있다. 계피는, 에스프레소와 함께 이탈리아를 대표하는 커피인 카푸치노의 하얀 거품에 살살 뿌려져 커피의 향미를 더하는 데 사용되는데, 원래 동남아에서 기원했으나 이런 사실은 잘 알려져 있지 않다. 동남아의 향신료는 유럽에서 보면 세계사를 바꾼 사치품이었지만 현지인들에게는 흔하디 흔한 음식 재료일 뿐이었다. 우리나라의 전통 음료인 수정과에 쓰이는 계피도 베트남 등 동남아에서 전량 수입한다.

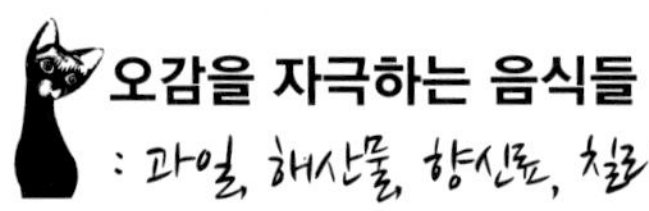

오감을 자극하는 음식들
: 과일, 해산물, 향신료, 칠리

인도네시아의 열대 과일은 맛이 진하고 달콤하다. 인도네시아는 어디를 가도 과일이 흔해서 생과일을 그냥 팔거나 과일로 주스나 스무디를 만들어 싸게 파는 가게가 많아 과일을 좋아하는 사람에게는 천국이다. 돌,

발리 섬에 있는
스타벅스 입구.

계피를 말리고 있는 농부의
모습. 계피를 커피에 뿌려
먹는 전통은 원래 동남아에서
시작되었다.

열대 과일을 파는 거리의 상인.

손이 큰 미낭카바우 여성들이 칠리와 각종 양념을 아끼지 않고
팍팍 넣어 입맛을 돋우는 빠당 음식.

델몬트 같은 다국적 기업의 홍보로 필리핀산産 망고가 유명한 듯하지만, 실제로 망고의 원산지는 인도네시아다. 특히 매년 9월부터 12월까지 생산되는 자바 섬의 망고는 세계 최고라는 게 전문가의 평가다. 또 비타민 C의 보고라는 아보카도는 한국에서는 매우 비싸 캘리포니아 롤에 겨우 한 줄 들어가지만, 인도네시아에서는 싸고 흔한 과일이라 통째로 갈아 진한 주스로 만들어 먹기도 한다.

주머니가 가벼운 지역 연구자로 싱가포르에서 살 때 대학 식당에서 가장 맛있게, 또 배불리 먹은 음식이 바로 인도네시아 음식이었다. 바다로 둘러싸인 섬으로 이루어진 인도네시아에는 해산물이 들어간 음식이 많다. 해산물을 좋아하고, 특히 매운 주꾸미나 오징어 볶음을 좋아하는 한국인이라면, 매콤한 인도네시아 해산물 요리가 딱이다. 인도네시아 음식은 해산물을 풍부하게 사용하며 고추장보다 더 맵고 칼칼한 칠리를 아끼지 않고 듬뿍 넣는다. 인도네시아에 처음 칠리가 도입된 것은 15~16세기라고 보는데, 특히 무역이 활발했던 수마트라 섬 일대가 가장 먼저 칠리를 받아들인 곳으로 추정된다. 지금도 서수마트라 지역은 미낭카바우 족Minangkabau이 칠리를 듬뿍 넣어 맵게 만든 빠당 요리의 원조 지역으로 유명하다.

인도네시아에서는 기름에 볶거나 튀기는 요리가 발달했다. 밥도 다양한 재료를 섞어 볶아 먹으며, 바나나도, 카사바도, 감자도, 닭다리도, 콩으로 만든 템페도 다 튀겨 먹는다. 고온에서 튀기는 조리법은 더운 날씨에 음식이 상하지 않도록 하는 효과가 있고, 식물성 기름을 섭취해 부족한 동물성 단백질과 열량을 보충할 수 있도록 해 준다고는 하지만, 풍요의 시대에 고열량 음식은 건강에 해로울 수 있다. 특히 오래된 기름에

서 낮은 온도로 오랫동안 튀겨서 기름에 찌들어 보이는 인도네시아 음
식을 먹게 되면, 미국식 패스트푸드가 건강식으로 느껴질 정도다.

　인도네시아의 음식 문화에서 빼놓을 수 없는 특징은 함께 나눠 먹는
다는 것이다. 특히 농촌의 인심은 넉넉해서 어디를 가도 음식을 나눈다.
다양한 음식점과 축제 현장을 돌아다니다 보면 어떤 날은 하루에 7끼를
먹는 경우도 있다. 인심을 베푸는 현지인들의 초대를 거절하는 것은 예
의가 아닌 것 같고 또 음식이 너무 맛있어 보이기도 해서 주는 대로 다
먹다 보면, 여행을 마친 뒤에는 맞는 옷이 없을 정도로 살이 찌지만 어
쩔 수 없는 일이다. 인도네시아 음식이 너무 맛있고 사람들의 인심도 좋
은데 날씬한 몸매를 유지한다면, 그것은 충실한 현지 조사 없이 책을 썼
다고 볼 수밖에 없지 않을까?

결혼식장에서 빠당 음식을 먹는 미낭카바우 사람들.
모계사회 전통이 강한 이 지역 남성들은 편안하고 행복해 보였다.

인도네시아 길거리에서 파는 튀긴 음식들.

미낭카바우 족의 할례 의식 잔치에서 음식을 나눠 먹는
넉넉한 시골 인심을 만나 행복했다.

 **'소지섭 커피'처럼
달콤하고 로맨틱한 발리**

요즘 커피점에서 '소지섭 커피'가 인기리에 팔린다.
소지섭 하면 〈발리에서 생긴 일〉이라는 드라마
가 떠오른다. 발리는 유럽인들에게도 천국과 같
이 매혹적이고 로맨틱한 섬이다. 심지어 인도
네시아 사람들에게도 신혼 여행지로 인기가 높
다. 〈먹고 기도하고 사랑하라〉라는 소설과 영화
에서 여주인공이 새로운 사랑을 시작하는 곳도 발
리의 우붓 지역이다. 발리 사람들은 매일 아침마다 바나나
잎으로 만든 상자 안에 예쁜 꽃과 쌀밥을 담아 집 앞에
놓아두거나 정성스럽게 향을 피우고, 신들의 제단에 아
름다운 꽃과 과일, 음식을 바친다. 발리 곳
곳에서는 예술가들이 창작하는 아름
다운 음악과 다양한 장르의 미술
품과 공연이 끊임없이 쏟아져 나
오고, 스파의 열기와 아로마 향기
가 스며 나온다. 꽃과 나비로 장
식한 기념품과 바틱 그림, 나비
연, 나비 달걀, 나비 바틱, 나
비 커피, 나비 그래피티, 심
지어 동화 속의 피노키오

발리에서 만난
다양한 장식품들.

발리에서 만난
나비 연과 나비 알.

까지……. 어디를 가도 발리를 로맨틱하게 하는 무대장치
와 소품들이 넘쳐 난다.

　　인도네시아 부자들, 특히 화교들은 시끌벅적한 대도시를
떠나 로맨틱한 발리에서 1박 2일 결혼식을 올리기도 한다. 친한 친구와
친지들을 발리의 리조트 호텔에 초대해서 하룻밤을 자고, 다음 날 오전에
호텔 정원에서 여유 있는 브런치를 겸해 결혼식을 진행한다. 요새 한국
신혼부부들은 높은 결혼식 비용으로 신혼 때부터 빚을 지고 부모님들은
허리가 휜다는 말을 많이 한다. 화려한 일류 호텔에서 우아하게 스테이
크를 썰며 식을 치르지만 어딘가 불편한 한국의 결혼식과는 달리, 동남
아의 신혼부부들은 자신들의 형편과 취향에 따라 색다른 결혼식을 마

340

련한다. 밴드가 신랑과 신부가 좋아하는 음악을
연주하는 가운데 그림같이 아름다운 해변을 배경으로
호텔 정원에서 올리는 결혼식은 여유 있고 멋져 보인다. 지
나치게 상업화되고 붕어빵처럼 양산되는 한국의 예식장과는 느낌
이 전혀 다른, 편안하고 우아한 결혼식 풍경이다.

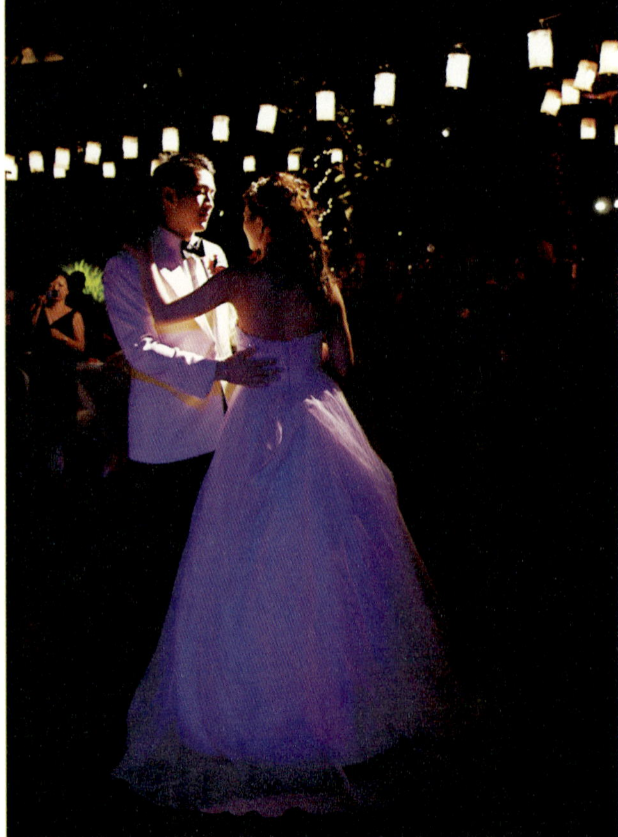

발리의 결혼식 풍경들.
이곳의 젊은이들은 자신들의 형편과
취향에 맞춰서 결혼식을 치른다.

발리에도 존재하는 종교 갈등

발리는 자바 섬이 이슬람화하자 힌두교도들이 도망치듯 이주하면서 세운 곳이어서 힌두 왕조의 전통이 강한 섬이다. 아름다운 자연환경과 함께 독특한 종교 문화와 다양한 예술품, 화려한 축제가 발달하여 유럽인들에게 '천국의 섬'으로 인식되었다. 유럽 관광객들이 몰려들면서 발리는 20세기 초부터 인도네시아를 대표하는 국제적인 관광지로 자리매김했다. 또한 발리는 20세기 초부터 유럽의 게이들이 가장 선호하는 아시아의 관광지로 인식되었다.

힌두교는 원래 소고기를 금하는 규율을 가지고 있지만 발리에서는 육식에 대한 음식 금기가 그리 강하지 않아 다양한 육류 요리가 발달했다. 특히 어린 통돼지를 양념하여 바비큐로 구워 낸 바비 굴링Babi Guling이 유명한데, 필리핀의 축제 음식인 레촌과 유사하다. 발리를 대표하는 음식인 바비 굴링은 돼지고기를 절대로 먹지 않는 무슬림들의 입장에서는 불경스럽고 매우 불쾌한 음식일 수 있다.

바비 굴링 레스토랑의 종업원(왼쪽)과 메뉴판(위).

바비 굴링 레스토랑에서
돼지고기 음식을 즐기고 있는
발리 사람들. 무슬림의 입장에서
보면 대단히 불경스러운
장면이지만, 이곳 사람들은
음식 금기를 별로 개의치 않는다.

바비 굴링과 쌀밥.

　　돼지고기는 무슬림에게는 혐오의 대상이지만 중국인들의 음식 문화에서는 빼놓을 수 없는 재료이기에 이 두 문화는 충돌하기 쉽다. 중국의 경제가 급성장하고 발리를 찾는 중국인 관광객이 늘면서 바비 굴링 레스토랑은 문전성시를 이루고 있다. 돼지고기를 먹지 않는 무슬림 전통이 강한 인도네시아에서 거의 유일하게 돼지고기를 자유롭게 즐길 수 있는 힌두교의 섬 발리. 다양한 음식 문화가 발달하고 로맨틱한 이 섬이 중국 본토의 관광객이 가장 선호하는 인도네시아 관광지로 꼽히는 것은 우연이 아니다.

　　인도네시아 무슬림들과, 도시 상권을 장악하여 부를 축적해 가는 중국인들 사이의 갈등은 인도네시아 대도시에서 주기적으로 불거지는

고급 아파트와 허름한 슬럼 지역이 길 하나를
사이에 두고 나란히 존재하는 자카르타 풍경.

경향이 있다. 특히 정치적인 혼란기에는 그동안 억압되어 있던 중국인
에 대한 분노가 폭발한다. 지금은 평화로워 보이지만 1998년 정치적 격
변기에 자카르타에서 폭동이 일어나면서 차이나타운의 중심지인 글로
독Glodok에서는 많은 중국 상점이 불태워졌다. 중국인들은 성난 폭도들
에 의해 공격받았고, 특히 중국계 여성들이 집단 강간을 당하기도 했다.
지금도 부유한 중국인들의 고급 주거지와 절대 빈곤층이 겨우 먹고사는
슬럼이 길 하나를 사이에 두고 나란히 존재하는 곳이 자카르타다. 이처
럼 나날이 심해지는 빈부 격차는 언제 폭발할지 모르는 화산처럼, 인도
네시아의 정치적 안정을 위협하는 치명적 요소로 잠재되어 있다.

발리가 상업화되고 관광산업이 발달하면서 이곳에 부와 권력이 집중되자 과격한 무슬림 단체들은 발리를 눈엣가시처럼 여기게 되었다. 독실한 인도네시아 무슬림들에게 발리는 이슬람의 계율을 지키지 않고 서구 문화에 오염된 지역으로 찍혔고 테러의 표적이 되었다. 2002년 10월 발리 쿠타Kuta의 한 나이트클럽에서 과격한 무슬림의 소행으로 추정되는 폭탄 테러가 발생하여 호주 관광객과 현지 주민을 포함해 202명이 목숨을 잃고 수백 명이 부상을 당했다.

이 테러로 발리는 '평화로운 낙원'이라는 이미지를 잃었다. 관광산업은 경기 변동과 외부 충격에 민감하고 유행을 많이 타는 분야다. 발리를 찾는 관광객이 급감하고 호텔은 텅텅 비었다. 그렇다고 이미 지어 놓고 운영하던 호텔을 폐쇄할 수도 없고 뽑아 놓은 직원을 해고할 수도 없으니, 호텔을 유지하기 위한 기본 비용은 계속 나가게 된다. 적자는 순식간에 눈덩이처럼 불어났다.

발리의 관광산업이 초토화되어 장기 불황에 빠져 있던 2003년 말, 인도네시아 관광청과 발리 관광업계는 폭탄 테러가 발생하는 위험한 곳이라는 부정적인 이미지를 개선하기 위해 우리나라 SBS 제작진의 드라마 촬영에 파격적인 할인 혜택과 다양한 상품과 서비스를 제공하며 적극적으로 협조했다. 그렇게 해서 2004년 초에 발리의 관광 명소를 집중적으로 소개한 드라마 〈발리에서 생긴 일〉이 탄생했다. 이 드라마가 시청률 대박을 터뜨리면서 주인공이 거쳐 간 곳을 따라가는 관광 코스가 개발되고 발리를 찾는 한국 관광객이 급증했다. 한국 드라마가 발리 관광산업의 정상화에 크게 기여한 것이다. 드라마 촬영 협조에 따른 홍보 효과로 다양한 이익을 챙긴 발리의 사례가 알려지면서 동남아 각국의 관광청이 한국 드라마를 유치하기 위해 경쟁하는 기현상이 벌어지기도 했다.

부드럽고 달콤한 발리 남자들?

한때 일본에서 이혼법이 개정되면서 평생을 무뚝뚝한 남편만 바라보고 답답하게 살아온 여성들이 이혼 소송을 통해 남편의 퇴직금을 청구할 수 있게 되었다. 그 결과 남편이 정년퇴직을 하자마자 이혼하는 사례가 급증한 적이 있었다. 이혼 후 쓸쓸한 마음을 위로받고자 하는 일본 중년 여성들에게 발리는 인기 최고였다(최근에는 태국의 치앙마이로 이주하는 일본 여성이 늘고 있다고 한다). 아름다운 자연환경과 다채로운 문화·예술도 매력적이지만, 데이트 상대로서 발리 남자들의 명성이 자자했다는 후문이다. 술 안 마셔도 노래 잘 부르고 춤 잘 추며 예술적인 감수성이 풍부하고 친절한 발리 남자들은 권위적이고 무심한 일본 남성에게 질린 일본 여성들에게는 최고의 남자 친구였던 것이다.

일본인 남편에게서는 한 번도 받아 보지 못한 따뜻한 배려와 부드러운 매너에 감동한 나머지 발리 남자 친구와의 이별을 못내 아쉬워하며 눈물을 흘리며 떠나는 일본 중년 여성들과, 이들을 마지막까지 배웅

데이트 중인 발리의 연인들.

하는 발리 남자들. 이들로 인해 발리 국제공항은 북새통을 이루었다고
한다. 하지만 '다다익선'이라는 여성관은 세계 남성들의 보편적인 '로
망'인지라 "일본 여성들이 발리에서의 추억을 아쉬워하며 비행기를 타
고 떠나면, 발리 남자들은 출국장 바로 아래층의 입국장으로 와서 새로
운 외국 여성을 만나기 위해 기다리더라" 하는 이야기가 전설처럼 떠돌
았다. 하지만 직접 목격한 적이 없으니 진위를 확인할 길은 없다.

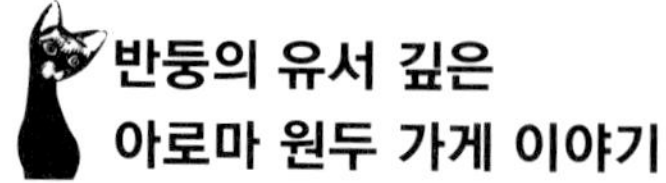

반둥의 유서 깊은
아로마 원두 가게 이야기

일부 발리 남자들을 보고 인도네시아 남자들이 전부 바람둥이라고 일반화하는 것은 성급한 판단이다. 동남아에는 자신의 아내에게 순정을 바치고 매우 성실한 가정생활을 하는 남자들도 많다. 특히 화교들과 독실한 무슬림들 중에 그런 남자가 상대적으로 많다. 그중에서도 반둥에서 만난 원두 가게 주인아저씨가 유난히 내 기억에 남아 있다.

원두 가게를 가기 전에 잠시 반둥이라는 곳부터 살펴보자. 이곳은 1960년대에 제3세계의 단결을 도모한 국제회의 장소로서 현대사에 등장한다. 반둥 회의에서 인도네시아 초대 대통령 수카르노는 반제국주의, 반식민주의를 외치며 제3세계 국가들이 단결하여 서구 선진국에 대항하자고 결의를 했지만, 군사 쿠데타로 수카르노가 대통령 자리에서 물러나면서 그 뜻은 잊혔다. 이후 수십 년간 장기 집권을 한 수하르토 대통령은 미·소 냉전 체제 속에서 서구의 기업과 다국적 자본을 우대했고, 양심적인 지식인과 언론인들을 가혹하게 탄압하고 많은 고통을 주었다.

반둥이 속한 자바 문화에 대한 평가는 엇갈린다. 자바 사람들은 겉으로는 웃고 있지만 도대체 속을 알 수 없고 줏대 없이 권위에 무조건 복종한다고 비판적으로 보는 사람들이 있다. 반면에 자바 사람들은 절대 화를 내는 법이 없고 모든 일을 부드럽게 처리하는 능력이 탁월하다고 극찬하는 사람도 있으니, 모든 일은 누가 어떤 관점에서 평가하느냐가 중요한 것 같다. 인구밀도가 높은 섬에서 복작복작 부대끼며 살아오면서 갈등을 조율하고 문제를 매끄럽게 풀어 나가는 데 선수가 된 자바 사람들은 훌륭한 외교관이 될 확률이 높다. 실제로 인도네시아는 예전이나 지금이나 선진국과 제3세계를 아우르는 외교의 중심지이며, 자카르타에는 한국 대사관뿐 아니라 북한 대사관도 개설되어 있다. 반둥 소재의 대학에서 공부한 전 대통령 메가와티는 자바인의 장점을 발휘하여 북한과 남한을 오가며 통일을 위한 중재자 역할을 하려 애쓰고 있다.

한편 반둥은 쾌적한 기후로 네덜란드 식민 통치자들이 가장 선호하는 도시 중 하나였다. 자바 섬 중심의 고산 지역에 위치한 반둥은 저지대에 비해 기후가 서늘하여 네덜란드 사람들이 많이 살았고, 예나 지금이나 바타비아(현재 자카르타)와 커피 산지를 연결하는 철도 교통의 중심지다. 네덜란드 식민 통치기에 커피, 향료, 담배 등 각종 상품 작물을 재배하는 시스템이 자바 섬을 중심으로 집중적으로 발달하고 자바 섬 인구가 급증하면서 현지인들을 관리하고 감독할 사람들이 함께 필요했다. 식민 경제 체제가 발달하면서 이재理財에 밝은 중국계 커피 원두 중개 상인들이 몰려들었다.

지금도 반둥의 커피 원두 상권은 중국계 상인들이 장악하고 있다. 특히 반둥 시내의 길목 좋은 장소에 자리 잡은 아로마 원두 가게는 전설적인 곳이다. 이 가게의 주인이자 딸 셋을 둔 중국인 아저씨는 3대에 걸쳐 같은 자리에서 하루도 한눈팔지 않고 오로지 최상의 커피 원두를 구해 판매하는 일에 매진했다고 한다.

"원두 중개만 하지 마시고 카페를 여는 것은 어떠세요? 맛있고 좋은 커피를 직접 내려 맛을 보여 주면서 원두를 팔면 대박 날 것 같아요. 위치도 좋고, 홍보도 이미 잘 되어 있고요."

부동산과 공간 활용에 관심이 많은 지리학자의 본능적 직감으로 사업 확장을 권해 보지만 아저씨의 대답은 명쾌했다.

"됐어요. 난 죽을 때까지 원두 파는 것, 이것 하나만 할 거예요. 인도네시아 전역에서 가장 좋은 원두를 사들이고 잘 가공해서 파는 일에 만족하고 행복해요."

원두 중개를 천직으로 생각하고 살아가는 그의 성실하고 겸손한 태도에 고개가 절로 숙여졌다. 그래도 언젠가 세 딸 중 한 사람이 아버지에게서 원두 중개 사업을 물려받으면, 이곳이 맛있는 케이크와 커피를 파는 예쁜 카페로 바뀔 수도 있을 것이라는 평키 지리학자의 불온한 상상은 계속된다.

인도네시아를 독립시킨
1등 공신, 인도네시아어

인도네시아라는 하나의 국가가 형성된 과정은 화산 폭발처럼 매우 극적이어서, 현대 정치학 교과서에도 등장할 정도다. 그렇다면 무엇이 인도네시아를 하나의 국가로 만들었을까? 그 힘은 인도네시아어에서 비롯되었다는 학설이 지배적이다.

20세기 초, 인도네시아 각 섬에서 선발되어 명문 학교에 진학한 수재들은 수업을 같이 듣고 함께 생활하다 보니 정이 들었다. 처음에는 자바어, 순다어, 마두라어 등 각 종족과 지방의 언어가 달라 의사소통이 힘들었지만, 인도네시아어를 매개로 서로의 마음을 전하면서 우정을 쌓게 되었다. '바하사 인도네시아Bahasa Indonesia'라고 하는 인도네시아어는 영어 알파벳으로 표기해 그대로 발음을 따라 하면 되고 문법마저 간단해 배우기 쉬운 언어다. 이 언어로 된 신문과 라디오가 확산되면서 독립의 메시지가 인도네시아 전역에 퍼졌고, 각 지역의 사람들은 한 목소리로 정치적 독립을 요구했다. 결국, 언어의 힘과 식민 통치에 저항하는 열망이 급속한 화학 작용을 일으켜 순식간에 하나의 국가가 탄생해 버렸다.

인도네시아어로 발행되는 신문들.

지금도 인도네시아에는 자바어, 수마트라어, 발리어 등등 여러 지방 언어가 존재하지만, 다양한 지역 문화와 사람들을 연결하는 언어는 '바하사 인도네시아'다. 이 인도네시아어로 글을 써서 전 세계에 인도네시아 문학을 소개한 프라무댜 아난타 투르Pramoedya Ananta Toer는 몇 해 전에 작고했지만, 지금도 인도네시아를 대표하는 국민 작가로 존경받고 있다. 작가로서 그의 삶은 저항과 탄압, 오랜 유배 생활의 연속이었다. 어려서 극도로 가난했지만 "절대 구걸하지 말고 항상 네 힘으로 살아라. 너는 외국어를 배워 유럽에서 공부해라"라는 어머니의 가르침을 따라 네덜란드어로 된 책과 신문을 닥치는 대로 읽으며 암울한 식민 지배 체제 속에서도 자유로운 세상을 꿈꾸었다.

그가 1965년 부루 섬 수용소에 수용되었을 때 필기구조차 없어 동료 수감자에게 구술해 가며 쓴 『부루 4부작』은 수하르토 독재의 잔혹성을 적나라하게 보여 준다. 이 소설은 28개 이상의 언어로 번역되었고, 프라무댜는 제3세계 탈식민주의 문학을 선도하는 작가로 부상했다. 그는 '윗사람에게 맹목적으로 충성하고 복종하여 결국 파시즘을 용인하는 자바주의Javanism'에 대해 비판하며 평생을 자바어가 아닌 인도네시아어로 글을 썼다. 자바어의 위계적 구조가 사상의 자유를 억압한다는 신념에서 그는 심지어 집에서도 자바어를 사용하지 않았다고 한다. 수하르토 독재 체제에서 원고가 불태워지고 강제 수용소 생활과 가택 연금, 작품의 출판 금지 등 갖은 고초를 겪었지만, 프라무댜는 타계하기 직전까지 계속 글을 쓰고 지식인으로서 저항하여 인도네시아 사람들에게 자유의 중요성을 일깨워 주었다. 식민 지배와 권위주의 유산을 극복하는 과정에서 인도네시아어는 가장 중요한 무기였던 것이다.

인도네시아의 국민 작가 프라무댜는 생전에 가택 연금을 당했지만 그의 치열한 작가 정신은 세계로 뻗어 나갔다. 그는 네덜란드어로 된 책과 신문을 통해 세계 정세를 읽고 인도네시아어로 글을 써서 세계인을 감동시켰고, 인도네시아 사람들에게 무지개와 같은 희망이 되어 주었다.

인도네시아어가 사용된 펑키한 간판. 이 언어가 인도네시아를 독립시킨 구심점이 되었다.

또한 인도네시아어는 말레이시아에서 사용하는 말레이어와 큰 차이가 없다. 즉 말레이시아 사람들과 인도네시아 사람들은 언어와 이슬람이라는 종교를 공유해 동일 문화권에 속한다. 우리나라 동남아 연구의 대부이자 인도네시아 지역 전문가인 서강대 신윤환 교수는 인도네시아어가 동아시아 공용어로 가장 적합하다는 혁신적 제안을 하기도 했다. 나 역시도 동아시아와 동남아시아의 복잡한 정치적·역사적 상황을 고려할 때 상당히 현실적인 대안이라고 생각한다.

한번 생각해 보자. 세계에서 사용하는 인구가 가장 많은 언어가 중국어이기는 하지만, 만일 중국어를 동아시아 대표어로 한다면 일본과 한국이 가만히 있겠는가? 하지만 인도네시아어는 말레이시아, 인도네시아, 브루나이, 싱가포르를 포함하여 3억 인구가 이미 공식 언어로 사용하고 있으며, 한중일 삼국의 언어에 비해 상대적으로 정치적 논쟁에서 자유롭다. 꼬불꼬불한 문자를 가진 태국어, 라오스어, 미얀마어나 알파벳을 사용하기는 하나 성조를 함께 표시해야 하는 베트남어와는 달리, 인도네시아어는 영어 알파벳을 소리 나는 대로 쓰면 되고 컴퓨터 자판에서도 쉽게 입력할 수 있다. 태국어, 베트남어 등 다른 동남아 언어를 배울 때 장애가 되는 골치 아픈 성조가 없어, 몇 달만 열심히 배우면 기본적인 의사소통은 어렵지 않다. 새로운 영어 단어와도 자연스럽게 연결되고 문법도 매우 간단하니 인도네시아어는 동아시아와 동남아시아 모두를 통합시키는 연결어로서 가능성이 가장 높은 언어가 아닐까?

렌당, 세계 최고의 음식으로 우뚝 서다

한국이나 외국에서 인도네시아 음식점에 가 본 적이 있는가? 인도네시아를 대표하는 음식은 무엇일까? 태국의 똠 얌 꿍이나 팟 타이, 베트남의 쌀국수 포pho는 서양 사람들에게 익숙하지만, 인도네시아의 전통 음식은 의외로 잘 알려져 있지 않다. 우리나라에서도 태국, 베트남 음식점은 쉽게 찾을 수 있지만 인도네시아 음식점은 매우 드물다. 인도네시아를 대표하는 음식 메뉴도 잘 떠오르지 않는다. 최근에 우리나라의 퓨전 아시아 레스토랑이나 대형 마트에서 '인도네시아 나시 고렝Nasi Goreng'이라는 볶음밥을 만들어 팔고 있지만, 인도네시아를 대표하는 전통 음식이라고 하기에는 왠지 부족하다. 실제로 나시 고렝은 지역마다 격차가 너무 크고 볶음밥 자체도 볶는 재료에 따라 너무나 다양한 맛을 내기 때문에 국민 음식으로 내세우기에는 애매하다.

그도 그럴 것이 인도네시아라는 나라가 만들어진 지 100년이 채 되지 않았고, 국가 만들기는 지금까지도 현재 진행형이다. 적도를 목걸이 줄이라고 할 때, 그 줄에 촘촘히 보석처럼 박힌 자바, 수마트라, 발리, 롬복 등 수천 개의 섬에서 인도네시아 사람들은 살아왔다. 서로 다른 종족이 다양한 자연환경에 적응하고 독자적인 문화를 형성하며 자신들만의 역사와 전통을 일구어 왔다. 서로 다른 신을 믿고 자신들의 문화를 전승해 온 다양한 종족이 네덜란드와 일본의 식민 지배에 저항하다 보니 뜻이 맞아 의기투합해 독립한 젊은 나라가 바로 인도네시아인 것이다. 그러다 보니 히로시마에 투하된 원자폭탄으로 일본 제국주의가 갑

보기만 해도 먹음직스러운
인도네시아 음식 메뉴들.

자기 종식되고 유럽 열강의 식민 통치 명분마저 사라지자, 현지의 정치 엘리트들이 숨 가쁘게 국가 체계를 갖추고 인도네시아라는 국가를 출범시켰다. 하지만 전통 인도네시아 대표 음식까지 선정하거나 통일된 문화를 형성할 만한 여유는 없었던 것이다.

하지만 최근 인도네시아 음식이 국제적인 관심을 받고 있다. 2011년 CNN이 조사한 세계 50대 음식에서 인도네시아 수마트라 서부의 빠당 음식인 렌당Rendang이 당당히 1위를 차지한 것이다. 렌당은 쇠고기를 코코넛 밀크, 레몬그라스, 양강근, 마늘, 심황, 생강, 칠리와 함께 천천히 6시간 이상 끓인 부드럽고 풍미가 가득한 고기 요리다. 처음 조사에서는 태국의 맛싸만 커리가 1위였는데, 페이스북을 통해 재투표한 결과 1위는 렌당, 2위는 인도네시아 볶음밥 나시 고렝이 차지했다. 인도네시아 음식이 똠 얌 꿍, 팟 타이, 솜땀 등 세계적인 태국 음식을 밀어냈는데, 인도네시아가 2억3천만 명이 넘는 인구 대국인 데다 SNS 서비스인 페이스북을 사용하는 인구가 많다는 점이 작용했다는 후문이다.

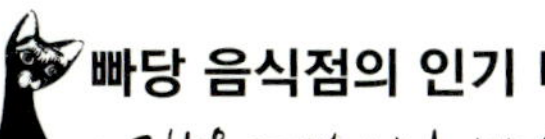

빠당 음식점의 인기 비결
: 고향을 떠난 미낭까바우 남성들의 성공담

발리나 자카르타 도심에서 뾰족한 소뿔 모양의 독특한 지붕이 눈길을 확
끄는 미낭까바우 전통 가옥을 보았다면, 손님을 초대해도 무방한 빠당
요리 음식점일 확률이 높다. 빠당 음식점은 인도네시아 사람들에게는 피
자헛이나 아웃백 같은 다국적 패밀리 레스토랑에 견주어도 꿀리지 않는
맛과 분위기로 인기가 높다. 다종족 국가인 인도네시아를 대표하는 전통
음식을 딱히 내세우기 어려운 현실에서, 인도네시아 전역에서 쉽게 찾을
수 있는 '소뿔 지붕의 빠당 음식점'은 특별한 의미를 지닌다.

인도네시아를 대표하는 빠당 음식점에서는 음식을 주문하고 먹는
방식도 독특하다. 빠당 음식점에 들어가면 먼저 반찬이 푸짐하게 한 상

지붕 모양이 독특한 빠당 음식점.

가득 차려진다. 튀긴 닭부터 시작해서 매운 칠리 양념, 커리와 코코넛, 각종 향신료를 넣어 오랫동안 졸인 고기 요리 렌당까지. 우선 눈으로 즐기고 냄새를 맡아 보고 난 뒤 끌리는 반찬을 선택해서 먹으면 되니, 우선 배불리 먹고 나서 자신이 먹은 반찬 값만 계산하는 편리한 시스템이다.

그렇다면 빠당 음식점이 인도네시아 전역에 퍼진 이유는 무엇일까? 빠당 음식점이 확산된 배경과 빠당 음식이 인기 있는 비결은 이 음식을 만들어 낸 미낭카바우 족의 모계 중심 문화와 인도네시아 독립의 역사에서 그 실마리를 찾을 수 있다.

인도네시아 근현대사에서, 특히 독립 국가의 형성 과정에서 가장 중요한 역할을 한 두 종족과 문화를 꼽으라면 자바와 미낭카바우다. 네덜란드의 식민 당시의 자료에 의하면 수마트라 섬 서부의 미낭카바우 종족을 (봉건적이고 내향적이고 엉터리로 종교 생활을 하는 자바인과는 대조적으로) 역동적이고dynamic, 진취적이고outward-looking, 종교적으로 경건한pious 집단으로 칭송하고 있다. 특히 20세기 초에 민족주의 세력을 이끌고 이슬람 운동을 주도한 지식인 중에는 미낭카바우 출신이 많았다.

1945~1949년 혁명의 시기에 '드위뚱갈Dwitunggal'이라고 일컫는 쌍두 정치 리더십도 자바 출신을 대표하는 아크멧 수카르노Achmed Sukarno 대통령과 자바 외곽의 섬 지역

을 대표하는 미낭카바우 출신의 부통령 모하마드 하타Mohammad Hatta로 이루어졌다. 인도네시아 외무부 장관이었던 아구스 살림Agus Salim, 민족주의 철학자 무하마드 야민Muhammad Yamin, 무슬림 정치인 모하마드 낫시르Mohammad Natsir, 사회주의자이며 초대 수상이었던 수탄 샤리르Sutan Sjahrir도 모두 미낭카바우 출신이다. 1930년대 자바 종족이 전체 인구의 47퍼센트를 차지하고 서부 자바의 순다 족이나 마두라 족까지 합치면 70퍼센트에 달하는 반면, 미낭카바우 종족은 2백만 명도 안 되어 전체 인구의 4퍼센트 정도에 불과했다는 통계 자료를 참고한다면, 미낭카바우 출신의 정치인, 종교인, 사상가의 활약이 인도네시아 역사에서 얼마나 예외적이고 대단한 것인지를 이해할 수 있다.

빠당에 있는 미낭카바우 공항.

저명한 인도네시아 역사학자 타우픽 압둘라Taufik Abdullah는 미낭카바우 족의 근대성에 대해 설명하면서 그 이유를 '머란타우merantau 전통(남성이 외부 세계로 이주하는 전통)'에서 찾는다. 미낭카바우 남성들은 부를 찾거나 지식과 경험을 쌓기 위해 어려서 집과 고향을 떠나서 더 넓은 세계로 나아가는 전통을 자랑스럽게 지켜 왔다. 외지에서 성공하여 귀하고 가치 있는 것(그것이 돈이나 재물이든, 아니면 무형의 지식과 경험, 인맥이든)을 구해 고향으로 가지고 돌아온 미낭카바우 남성만이 마음에 드는 신부와 결혼할 수 있었다. 미낭카바우 남성들이 성공의 꿈을 이루기 위해 외지를 떠도는 동안, 미낭카바우 여성들은 고향에 남아 가족들을 돌보며 적극적인 경제 활동을 하면서 영양가 높고 맛있는 빠당 음식 문화를 발전시켰다. 고향을 떠나 객지에서 고생하는 아들과 남편을 생각하면서 신선하고 좋은 재료를 듬뿍 넣어 요리한 빠당 음식은 특별히 맛있을 수밖에 없고, 미낭카바우 남자들이 진출한 곳이면 어디든(인도네시아 전역뿐 아니라 동남아시아, 남아시아, 심지어 중동까지도) 빠당 음식점이 생겼다.

한편, 빠당 음식은 매우 서민적인 식당의 단골 메뉴이자 길거리 음식으로 인기가 높다. 특히 노동자들에게 빠당 음식은 든든한 요깃거리이기에 자카르타 같은 대도시에는 24시간 문을 여는 빠당 음식점도 많다. 우리 식으로 생각하면 서민적인 자장면과 탕수육을 파는 중국집 정도인데, 특히 길거리에서 먹는 빠당 음식은 객지에 나가 고생하는 아들들에게는 어머니의 마음이 담긴 고향의 맛을 떠올리게 하는 듯하다. 인도네시아의 가난한 노동자는 허름한 빠당 음식점에서 계란이나 닭고기로 만든 반찬 1~2개를 골라 먹는다. 특히 단백질을 보강하기에 좋은 렌당 고기 요리는 한 접시만 먹어도 배가 든든하다. 칠리로 만든 소스는 얼얼하게 맵고 양념은 자극적이며 대부분의 반찬은 짭조름해 반찬 하나면 흰 쌀밥 한 접시를 뚝딱 비울 수 있다.

서구인에게는 비위생적으로 보일 수도 있겠으나 인도네시아 음식은 손으로 먹어야 제맛이다. 나시 고렝과 함께 나오는 닭다리 튀김도 손으로 뜯어 먹어야 더 맛있다. 특히 빠당 음식은 모든 요리를 한 상에 차려 놓아 눈과 코로 먼저 호사를 누린 뒤에 먹고 싶은 음식 한 접시를 골라 손으로 먹는다. 즐거운 대화를 나누며 각종 양념이 제대로 들어가 입 안이 얼얼할 정도로 맛있는 빠당 음식을 땀 흘리며 먹다 보면, 오감을 충족시키는 훌륭한 식사 시간이 된다. 그리고 힘든 세상이지만 그 누구도 부럽지 않다는 생각이 든다.

빠당 요리는 객지 생활을 하는
남성들에게는 고향의 맛 그 자체다.

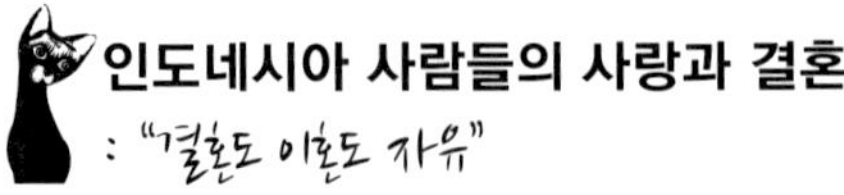

인도네시아 사람들의 사랑과 결혼
: "결혼도 이혼도 자유"

인도네시아 사람들은 사랑과 결혼에 대해 '쿨'하다. 서로 원수처럼 싫어져도 검은 머리가 파뿌리 되도록 살아야 한다는 한국인의 결혼관이나 정서와는 전혀 다르다. 싫은 사람은 미련을 두지 않고 떠나고, 불행한 결혼 생활을 힘들게 지속하려 하지 않는다. '인도네시아 시골에서 수확기에는 결혼이 많아지고 가뭄이 들면 이혼이 늘어난다'는 이야기가 있을 정도다. 돈보다는 사랑에 근거한 평등한 부부 관계를 기본으로 하기 때문에 "동남아의 가족 제도는 개인에게 억압적이지 않고 인간적"이라는 동남아 전문가 신윤환 교수의 평이 있을 정도다. 가문의 명예 때문에, 자식을 생각해서, 또는 주위의 눈을 의식해서 위선의 가면을 쓰고 형식적으로 부부 관계를 유지하는 우리와는 근본적으로 다르다. 인도네시아에서 이혼율이 높다고, 이를 바로 가정 파탄과 연결시키는 것은 편견일 수 있다.

몇 년 전에 한국 남성과 결혼한 필리핀 여성이 재판을 통해 남편의 강간 행위를 주장해서 승소했는데, 이것은 국내에서 '부부간 강간죄'를 인정받은 흔치 않은 사례라고 한다. 한국말도 낯설고 또 한국보다 '후진적'이라고 여겨지는 사회에서 온 여성이 한국 여성들은 당연시하고 살아가는 문제를 오히려 적극적으로 제기하다니, 아이러니하지 않은가? 실제로 동남아 결혼 이주 여성들을 인터뷰해 보면, 한국 남자들은 일만하고 무뚝뚝해서 함께 사는 재미가 전혀 없다는 불평을 자주 듣게 된다. 반면 내 주변에는, 한국의 가부장적 억압과 남성 중심적 문화에 순응하

인도네시아의 다정한 커플들.
이들은 사랑과 결혼에서
매우 개방적인 태도를 보인다.

머 "남편이 바람을 피거나 나를 사랑하지 않아도 괜찮으니 돈만 많이 벌어 오면 좋겠다"라는 농담을 자연스럽게 하는 아줌마들이 꽤 있다. '남자가 돈만 잘 벌면 모든 것이 용서된다'는 물질 만능주의적 사고 속에서 한국 여성들은 부부가 당연히 누려야 할 따뜻한 정과 사랑을 나누고 살아가는 재미를 간단히 포기해 버리는 것은 아닌지 모르겠다.

최근 동남아의 친족 체계와 가족 제도에(특히 인도네시아나 말레이시아 같은 무슬림 국가를 중심으로) 모순과 억압, 불평등이 조금씩 스며들고 있다. 특히 수하르토 군부 독재 체제에서 보수적인 이슬람 문화와 위계 질서를 중시하는 자바의 가부장 문화가 결합하면서 인도네시아의 지식인들, 특히 무슬림 여성들의 자유와 권리가 많이 훼손되었다.

한국에서도 각 종교의 스펙트럼이 다양하듯이 인도네시아 이슬람도 다양한 집단이 공존하고 있다. 아체, 메단 등의 수마트라 섬에는 진지하고 독실한 무슬림 교도들이 많은 반면, 자바 섬에는 이슬람 교리를 얼렁뚱땅 자의적으로 해석해서 이슬람을 핑계로 자기가 하고 싶은 말을 하는 지도자들도 종종 있다. 일부다처제를 인정해야 한다는 가부장적인 이슬람 단체의 주장에서부터, 이슬람 과부와 이혼녀를 중동에서 온 부유한 남자 관광객을 위한 매춘업에 종사하게 함으로써 관광 수입을 늘리자고 제안한 인도네시아 부통령까지……. 비합리적인 무슬림 지도자들의 실언과 망발이 가끔씩 터져 나와 격렬한 논쟁을 불러일으키곤 한다. 최근에는 가정의 중요성을 강조하던 이슬람 성직자가 조강지처 외에 젊은 여성을 두 번째 부인으로 맞아 많은 비난을 받기도 했다.

이슬람이 강한 수마트라 섬에서도 미낭카바우 족은 독특하다. 근대화가 진행되면서 모계사회 전통을 교란시키는 행정 시스템이 도입되고 가부장적인 성격이 강한 자바 문화가 수하르토 독재 체제를 통해 스며들어 왔지만, 미낭카바우의 모계사회 전통은 쉽게 무너지지 않고 면면히 이어졌다. 19세기 초에 네덜란드 식민 지배가 강화되고 새로운 경작 시스템과 식민주의 학교, 보건 위생이 도입되었으며 식민 통치를 용이하게 하는 법령과 제도가 시행되었다. 미낭카바우의 모계사회는 이러한 변화에 유연하게 적응하며 핵심적인 전통문화를 유지하는 놀라운 생명력을 보였다. 영국의 식민 통치를 겪으며 급속히 쇠퇴한 모계사회인 인도의 케랄라Kerala 지역과 말레이시아의 너그리 섬빌란Negeri Sembilan 지역과는 대조적이다.

미낭카바우 사회와 모계사회 전통은 파드리 전쟁 이후에 수마트라 섬 전체를 휩쓴 엄격한 근본주의 이슬람의 광풍에도 살아남았다. 이슬람 국가인 인도네시아에서 여성의 활약, 특히 미낭카바우 여성들이 일구어 낸 성취는 세계적으로도 희귀한 역사적 사건일 뿐 아니라, 최근 한계에 봉착한 서구 페미니스트들에게는 반가운 소식이 아닐 수 없다. 서구 중심적이고 남성 중심적인 세계사에서 벗어나 새로운 양성평등 문화와 사회를 기획하려면 미낭카바우 여성들의 영광스러운 승리의 역사에 대해 다시 배울 필요가 있다.

 **당당한 인도네시아 여성들**
: 칼밥을 쓴 여사장과 나이트클럽 풍경

전반적으로 동남아 여성들은 한국 여성보다 훨씬 더 다양한 분야에서 적극적으로 활동한다. 동남아는 성 역할에 대한 고정관념이 거의 없고, 성적 소수자에 대한 시선도 관대한 편이다. 특히 인도네시아는 인구의 90퍼센트 가량이 이슬람교를 신봉하지만, 정치·경제 분야뿐 아니라 일상생활에서도 인도네시아 여성들의 활약이 눈부시다. 역시 미낭카바우의 후예들답다는 생각을 하게 된다.

인도네시아 여성들은 이슬람 문화권에 속해 있지만
양성평등 문화를 잘 일구어 나가고 있다.

인도네시아 미용실은
'반찌banci'라 불리는
성적 소수자들이 꽉 잡고 있다.

인도네시아의 여성 셰프.

인도네시아의 미용실에 가면 사장은 여자이고 미용사들은 여장남자이거나 남자인 경우가 의외로 많다. 또한 건설 현장이나 거친 작업장에서 열심히 일하는 인도네시아 여성들을 쉽게 만날 수 있다. 여자라서 혹은 남자라서 못 할 일이 없으며, 개인의 적성과 흥미에 따라 직업을 선택한다. 가정에서도 엄마가 가사를 전담하는 구도가 아니라 외식을 하거나 밖에서 먹을거리를 사 들고 오고, 이마저도 남편이 맡는 경우가 많다. 아버지도 육아에 적극적으로 참여하고 어머니에게 지나친 희생을 강요하는 일은 없다. 일하는 여성에게 편안한 가족 구조, 사회 분위기다.

이에 비해 한국에서는 아직도 성 역할에 대한 고정관념이 강하다. 밥을 차리는 엄마와 밖에 나가서 일하는 아빠의 그림이 교과서에 등장하기도 했다. 자연대, 공대 같은 전공에서는 여학생이 적고, 최근 급성장하고 있는 IT 분야에서도 여성은 소수다. 전자 제품을 판매하는 용산 전자상가에 가 보면 '용팔이'라고 희화되는 남자 상인들이 대부분이어서 '용순이'로 불릴 수 있는 여자 상인은 찾기 힘들다. 용산은 철저히 남자들의 공간이고 여주인은 밥집, 식료품점에서나 겨우 만날 수 있다. 하

아이를 잘 돌보는 인도네시아 아빠들.

자카르타 전자상가에서 일하는 인도네시아 여성.

지만 동남아는 다르다. 말레이시아와 인도네시아 공대에서는 베일(질밥)을 쓴 무슬림 여학생을 쉽게 만날 수 있다. 심지어 우리의 용산 전자상가에 해당하는 자카르타 전자상가에 가 보았더니, 베일을 쓴 여사장이 많았고 점원들도 반 이상이 여성이었다.

인도네시아 경제 잡지를 보면 성공한 기업인을 소개하는 난에 여성기업인들이 자주 등장한다. 여성 기업인의 눈부신 활약으로 남자 직원들은 여성 보스를 자연스럽게 인정하고 받아들인다.

우리는 딸을 키울 때 "여자 팔자는 뒤웅박 팔자"라고 하면서 딸들이 공부나 일에서 성공하기보다는 시집 잘 가기를 은근히 기대한다. 그렇지 않다고? 어린 딸이 생선회를 좋아하면, "나중에 커서 횟집 사장에게 시집가라"고 하지 "네가 돈을 많이 벌어 아예 횟집 사장이 되어라"거나 "뱃사람이 되어 물고기를 직접 잡아 생선회를 실컷 먹어라"라는 덕담을 던지지 않는다. 그 결과 학교 다닐 때는 남학생과 동등하게 경쟁하고 오

인도네시아 경제 잡지에 실린 여성 기업인들.
남자들을 휘어잡는 인도네시아 여자의 매서운 눈빛을 보시라.

히려 남학생들을 기죽이는 알파 걸들조차 막상 학교를 떠나 사회에 나가면 맥을 못 춘다. 공부 잘하고 성적이 좋아 졸업식에서 상을 받는 학생은 대부분 여학생들이지만 상 주는 사람들은 다 남자다. 어렵사리 취업에 성공하거나 고소득 전문직 분야에 입성한 여성들마저 결혼, 출산을 거치면서 일을 포기하거나 승진에서 탈락하는 경우가 많다.

금요일 밤부터 일요일까지 멈추지 않고 춤과 음악이 이어지는 자카르타 최대의 나이트클럽인 '스타디움Stadium'에서 관찰한 남녀 관계는 잊을 수 없을 정도로 특이했다. 베트남 하노이부터 말레이시아 페낭, 태국의 방콕까지, 다른 동남아 국가의 나이트클럽에서는 여성들이 먼저 섹시한 옷차림과 춤으로 무대를 달구고 남자들이 그 모습을 관음증적인 시선으로 바라보다가 함께 춤을 추는 경우가 대부분이었다(오해는 마시기를. 나는 현지의 '물 좋은 곳'을 조사하면 그 지역에 대한 통찰력을 빨리 얻을 수 있다는 연구자의 자세로 관찰만 했다). 하지만 자카르타의 나이트클럽에

서는 남자들이 무대에서 수줍은 듯이 도리도리 춤을 추고 있었고 여성
들은 귀엽다는 듯이 이들의 춤을 구경하며 무대 주변의 바에서 술과 음
료를 마시고 있었다. 전 세계의 다양한 문화를 경험한 펑키 지리학자에
게도 낯설고 독특한 경험이었다. 인도네시아의 남녀 관계와 성 역할이
우리의 상식과는 많이 다르다는 것을, 자카르타의 뒷골목 나이트클럽에
서도 재확인할 수 있었던 것이다.

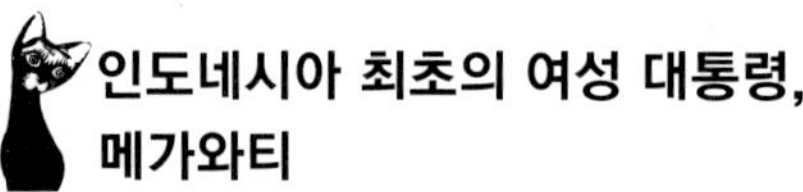# 인도네시아 최초의 여성 대통령, 메가와티

여성들이 마음대로 운전도 못 하는 사우디아라비아나 보수화된 중동의
무슬림 국가와는 달리, 인도네시아는 무슬림 국가이지만 정치권에서도
여성들의 활약이 돋보인다. 인도네시아의 독립을 주도한 수카르노 대통
령의 딸 메가와티Megawati Sukarnoputri는 인도네시아 최초의 여성 대통령이
되었다.

그녀는 현재 세 번째 남편과 살고 있다. 군인 출신이었던 첫 남편이
비행기 사고로 사망한 후 이집트 외교관과 두 번째 결혼을 했지만 이혼
한 후, 현재 남편인 따우픽 끼마스Taufiq Kiemas와 결혼해 자녀 셋을 두었
다. 현 남편과는 민주화 동지로서 금슬이 좋지만 대통령이 된 이후 말썽
꾸러기 남편으로 인해 마음고생을 톡톡히 해야 했다. 옛 친구들과 철없
이 놀기 좋아하는 남편은 대통령궁의 답답한 생활과 의전을 못 견뎌 했
다. 결국 밤에 수행원을 따돌리고 몰래 대통령궁을 빠져나와 여흥을 즐

기다 들켜 문제가 되는 등 천방지축 행동으로 구설수에 자주 올랐기 때문이다. 하지만 전반적으로 인도네시아 국민들은 정치인으로서 그녀의 업적과 남편 문제를 따로 보고 공과 사를 구분하여 평가하는 태도를 보인다.

달력 포스터 속에서 환하게 웃고 있는 메가와티.

그녀의 아버지인 수카르노는 인도네시아 공화국의 초대 대통령으로 파란만장한 인생을 살았다. 수카르노는 총 9명의 아내를 두었는데, 그가 가장 사랑한 아내는 두 번째 아내인 잉깃 가르나시Inggit Garnasih였는데, 남편보다 14살 연상으로 알려져 있다. 수카르노가 보잘것없는 가난한 학생이었을 때 하숙집 주인이었던 잉깃은 약초와 전통 화장품을 파는 자무 장사로 돈을 벌어 수카르노를 공부시키고 정치인으로 성장하도록 뒷바라지했다. 22년 동안 본부인으로서 수카르노의 곁을 지킨 잉깃은 결국 이혼을 선택해 예전의 자무 장사로 되돌아갔다. 훗날 수카르노는 잉깃과 함께 기른 양딸 파트마와티Fatmawati와도 결혼했는데, 메가와티는 파트마와티가 낳은 딸이다. 우리나라라면 도덕성에 치명적인 스캔들이었겠지만 인도네시아 사람들은 개인사로 치부하고 담담하게 넘기는 것 같다.

자무 장사를 하는 인도네시아 여성.

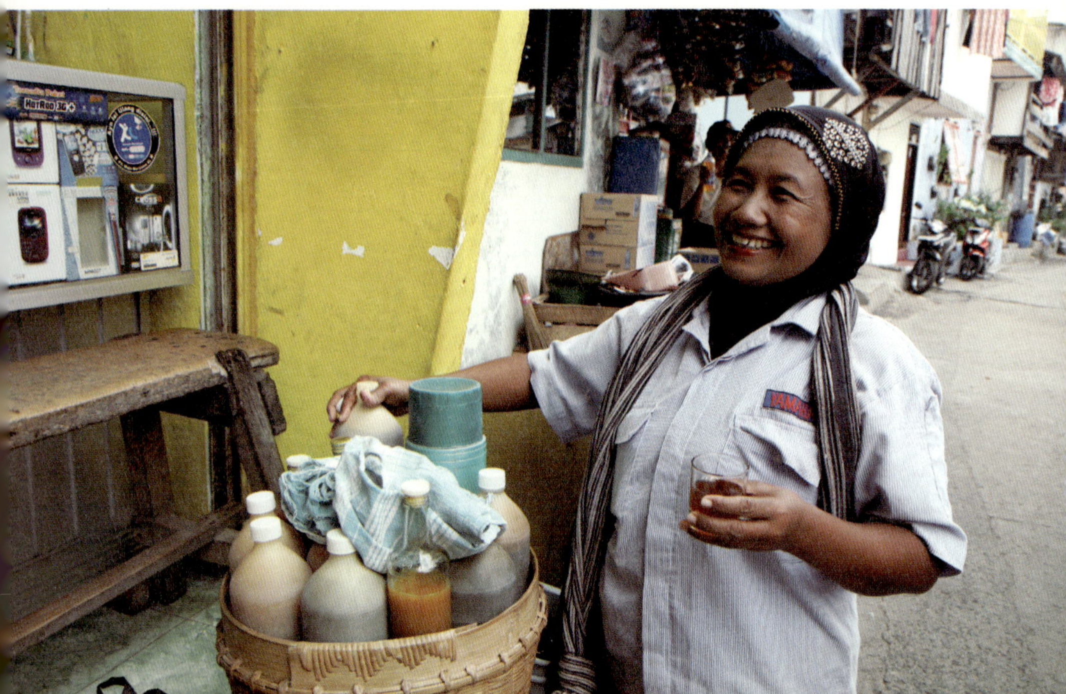

인도네시아의 첫 여성 대통령인 메가와티에 대한 인도네시아 국민들의 평가는 상반된다. 그녀의 지지자들은 19세까지 대통령궁에서 곱게 자란 메가와티가 아버지의 하야 이후 학업을 중단하는 등 평지풍파를 겪었음에도 불구하고 부드럽고 너그러운 인품을 가졌다는 점을 강조한다. 그녀의 적대자들조차 그녀를 직접 만나서 함께 시간을 보내다 보면 그녀의 온화한 성품에 반하고 만다는 것이다. 반면, 반대편에서는 그녀가 중요한 이슈에 대해 침묵하고 책임지는 지도자로서의 능력이 부족하다고 비판한다. 하지만 이는 여성에 대한 편견이 담긴 평가라는 지적도 있다. 수하르토 역시 달변가가 아니었지만, 아무도 그를 바보 같다고 평가하지 않았는데, 왜 메가와티의 침묵만 나쁘게 보냐는 것이다. 메가와티는 대통령직을 그만둔 이후에도 인도네시아 정치계에서 계속 영향력을 행사하며 여성 정치인으로서 존재감을 유지하고 있으며, 우리나라의 통일 문제에도 많은 관심과 노력을 기울이고 있다.

마돈나 뺨치는 인도네시아 여성들
: "20살 연하남이 어때서요?"

최근 미모와 능력을 갖춘 한국 여배우들이 10세 이상 차이 나는 연하남과 사귀어 화제가 되고 있기는 하지만, 이는 우리나라에서는 아직 보편적인 현상은 아니다. 하지만 인도네시아에서는 연하남과 살거나 사랑과 결혼에 대한 고정관념이 없는 커리어 우먼을 쉽게 만날 수 있다. 수카르노의 사례에서 보듯 인도네시아 여성들은 연하남과 결혼하는 경우가 드물지 않고 이혼과 재혼에 대한 편견에서도 상당히 자유롭다. 특히 싱가포르 인근 바탐 섬에서 만난 경찰관 아주머니의 결혼관은 한국의 가부장제에서 자란 내게는 신선한 충격이었다.

바탐 섬에서 경찰관으로 일하는 씩씩한 50대 여성은 "난 능력이 좋기 때문에 세 번 결혼했어요. 막내 동생뻘 되는 20세 연하 남편과 마흔이 넘은 나이에 만나 늦둥이 아들을 두었지요"라고 밝은 목소리로 가족 소개를 했다. 여성 경찰관에게 조심스럽게 "연하남과 사는 것이 부담스럽지 않나요?"라고 물었더니 그녀의 명쾌한 설명이 이어졌다. "첫 번째 결혼은 연상의 남자랑 아무것도 모르고 했지만, 여러 남자를 거치고 경험이 쌓이면서 남자를 다루는 능력이 더 늘어났으니 두 번째와 세 번째 결혼은 더 젊고 멋진 남자랑 하는 것이 당연하지 않나요? 더군다나 나는 매력적인 여성이니까. 하지만 지금 남편이 애교도 많고 살림도 잘해

여성 경찰관과 그녀의 연하 남편.
그들은 나이 차이가 20살이나 나지만
행복해 보였다.

네 번째 결혼은 안 할 것 같아요"라면서 눈을 찡긋했다.

순둥이 스타일의 남편이 출근하는 부인에게 애교를 떨며 초등학생 아들의 등교를 돕는 모습을 보니 그녀의 말이 거짓은 아닌 듯했다. 아내가 경찰서로 출근한 후, 남편은 집에서 살림을 챙기고 청소를 하고는 커피 한 잔과 함께 느긋하게 신문을 보다가 낮잠을 짧게 잤다. 늦은 오후에 목욕을 가볍게 하고는 퇴근하는 아내를 웃으며 맞이하는 인도네시아 남편의 모습은 신선한 충격이었다.

서구에서 돈 많이 벌고 사회적으로 성공한 남자들이 조강지처를 버리고 어리고 예쁜 여자와 결혼하는 사례는 흔히 보았지만, 반대의 경우는 매우 드물다. 마돈나 데미 무어 정도의 미모와 건강, 재력을 가졌다면 모를까. 여자 연예인이 데리고 놀다 싫증 나면 버리는 장난감 같은 남자라는 뜻으로 '토이 보이'라는 표현이 나올 정도로, 연상 여자와 연하 남자 커플을 부정적으로 본다. 하지만 인도네시아에서는 여자가 연상인 커플을 자연스럽게 받아들이고, 여러 번 결혼해도 "능력 있고 매력적인 여성인가 보군" 하고 쿨하게 넘기는 듯하니, 과연 마돈나 뺨치는 인도네시아 여성들이다.

네덜란드의 문화유산과 로맨틱한 공간들
: 빅 두리안, 자카르타!

천만 명이 넘는 인구로 곧 폭발할 것 같은 인도네시아 수도, 자카르타의 별명은 '빅 두리안Big Durian'이다. 삐쭉삐쭉한 가시로 겉은 거칠게 보이는 과일이지만 속은 달콤한 크림으로 가득한 두리안처럼, 자카르타의 속살은 부드럽고 낭만적이라는 뜻일까? 아니면 자카르타에서는 두리안을 쉽게 맛볼 수 있어서 그런 별명이 붙었을까?

빅 두리안이라는 별명에 걸맞게, 자카르타에서는 대형 슈퍼마켓이나 동네의 작은 가게에서도 냄새나는 진짜 두리안을 쉽게 접할 수 있다. 두리안으로 케이크나 스무디를 만들어서 냄새를 억제하고 두리안에 대한 호기심을 이용해 돈 벌 궁리만 하는 다른 동남아 국가와는 달리, 자카르타는 동네 슈퍼마켓에서도 자국의 메단이나 태국에서 공수해 온 싱싱한 두리안을 통째로 팔고 있었다. 또 인도네시아 전통 음식을 현대화한 깔끔한 음식점에서도 두리안을 진열해 놓고 있었다.

또 자카르타는 두리안 가시처럼 개성 있는 건축물들이 넘쳐 난다. 네덜란드 식민 시대의 유산을 담은 유럽식 건물부터 초대 대통령 수카르노가 설계했다는 대형 호텔까지, 서울보다 훨씬 다양하고 창의적인 고층 빌딩이 들어서 있어 생동감 있는 스카이라인을 형성한다. 특히 최근에 지어진 고층 건물은 개성이 넘치는 독특한 디자인으로 설계되어 상업 공간이라기보다는 포스트모던한 현대 미술품 같다는 인상을 준다. 공간을 아끼지 않고 예술적인 감성을 극대화하는 방식으로 지어진 초대형 건물에 외국 유명 브랜드가 속속 입점하면서 자카르타는 펑키한 코즈모폴리턴 도시로 거듭나고 있다.

자카르타 곳곳에는 로맨틱한 공간이 숨어 있다. '리틀 암스테르담'으로 불리는 꼬따Kota에 위치한 바타비아 카페는 네덜란드 식민 시대의 향수를 자극한다. 꽃의 나라 네덜란드의 식민지였던 과거 때문인지, 인도네시아에는 꽃을 선물로 주고받는 문화가 발달했고 꽃과 함께 나비를

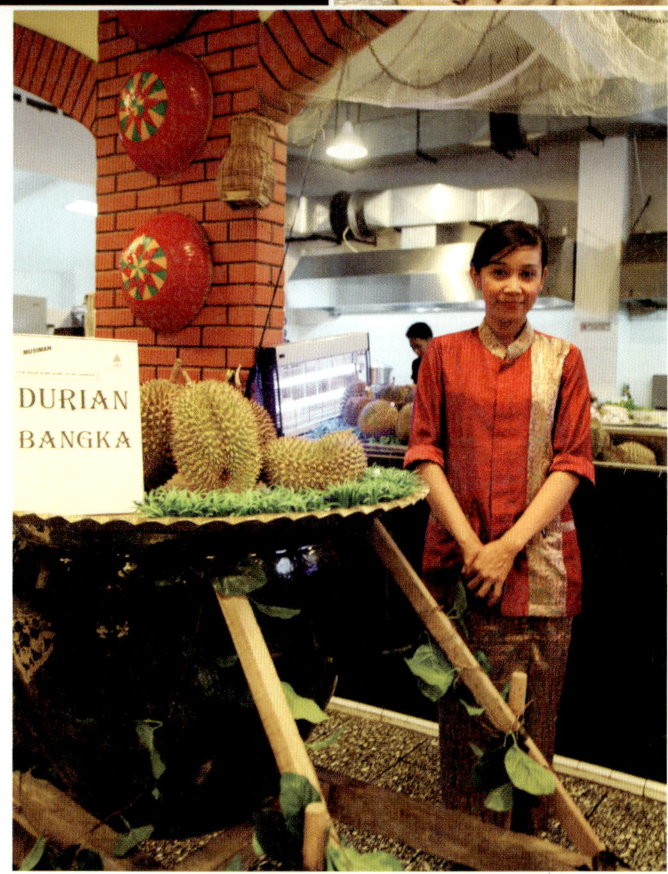

자카르타에서는 레스토랑과
슈퍼마켓 진열대, 거리 상점 등에서
두리안을 쉽게 발견할 수 있다.

네덜란드 식민 시대의 유산으로 남아 있는 유럽풍 건물과 다리.

상징화한 장식도 도시 곳곳에서 볼 수 있다.

특히 네덜란드 식민 시대의 건축물이 밀집되어 있어 유럽 분위기가 물씬 풍기는 자카르타 역사박물관 앞 광장에서는 '로맨틱한 자전거 타기'가 한창 인기다. 자전거 타기에 딱 좋은 네덜란드식 도시 구조와 가로망은 색색의 자전거를 타는 커플에게 예쁜 기념사진을 찍을 수 있는 기회를 선사한다.

곳곳에서 볼 수 있는 풍차 달린 홀랜드 베이커리 간판은 네덜란드 식민 통치가 인도네시아 음식 문화에 끼친 영향을 실감하게 한다. 홀랜드 베이커리에서는 유럽식 틀에서 빵을 굽고 인도네시아 사람들의 유머

인도네시아에서는 독특한 개성이 넘치는
건물들을 자주 볼 수 있다.

자카르타에는 네덜란드 식민 시기에 지어진 건물과 로맨틱한 유럽 문화가 도처에 숨어 있다.

싱가포르의 단정한 그래피티와는 어딘지 다른
자카르타의 펑키한 그래피티.

유럽풍 광장에 늘어서 있는
이국적인 자전거들.

홀랜드 베이커리의 간판(오른쪽)과
내부에 진열된 먹음직스러운 빵들(위).

를 넣어 다양한 색깔의 설탕으로 장식한 케이크, 설탕과 크림을 많이 넣은 달콤한 빵이 계속 구워져 나온다.

또 열대 우림을 보호하는 데 기여한다는 착한 '오랑우탄 초콜릿'은 로맨틱한 환경 운동가의 전략을 엿보게 해 준다.

왜 인도네시아의 박물관들은 형편없을까?
: 과거보다는 현재!

수천 년 전부터 화려한 문명을 꽃피운 인도네시아의 거대한 유적과 문화유산은 보로부두르, 프람바난, 족자카르타 등에 그대로 남아 있다. 반면 인도네시아 박물관은 썰렁하고 싱겁다. 자료 정리나 전시 체계도 엉망이고 심지어 틀린 정보도 있을 정도로 인도네시아 정부는 박물관 꾸미기에 관심이 없는 듯하다. 자바 섬 전체가 유적지라는 생각이 들 정도로 곳곳에 역사 유물과 고대 문명의 흔적이 넘쳐 나서 굳이 보존하거나 포장할 필요성을 못 느껴서일까? 아니면 계절이 뚜렷하지 않은 환경에서 자연스럽게 형성된 순환론적인 시간관 때문일까? 혹은 과거의 영광이나 역사적 의미보다는 현재의 욕망과 지금 이 순간의 감정이 더 중요하다고 보는 실용주의적 가치관 때문일까?

인도네시아 사람들은 호텔도 유서 깊은 장소에 고풍스럽게 지어진 건물보다는 모던한 디자인에 최신식 시설을 갖춘 건물을 선호한다. 이러한 성향은 바타비아라고 불리던 항구 도시이자 현재의 수도인 자카르타에서도 쉽게 확인된다. 네덜란드 동인도 회사(VOC)의 유서 깊은 창

고나 문화유산들은 거의 버려지다시피 방치되어 있고, 식민 시대의 재미있는 야깃거리와 풍부한 문화유산을 보유한 바타비아 호텔마저 홍보가 제대로 이루어지지 않아 파리만 날리고 있을 정도다. 영국 식민 통치 시절의 건물들을 최고급 호텔로 개조하여 관광객을 유치하는 인근의 싱가포르나 말레이시아 현실과 확실히 비교된다.

같은 동남아라도 베트남, 태국, 말레이시아, 싱가포르에서는 역사적인 유물과 유적을 잘 관리하고, 문화유산을 보존해야 한다는 사회적 공감대가 형성되어 있다. 몇백 년 전까지만 해도 유럽 세계의 변방에 위

네덜란드 동인도 회사의 유서 깊은 창고.
역사적으로 의미가 풍부한 장소이지만,
그 잠재력이 충분히 실현되지 못했다.

치한 촌스럽고 허접스러운 섬나라에 불과했던 영국이 유물을 체계적으로 수집하고 역사를 잘 포장하여(심지어 그리스와 이탈리아의 고대 유적을 통째로 가져와 대영 박물관을 채워서라도) 자신들이 오랜 역사와 전통을 지닌 문명 국가라는 이미지를 자연스럽게 만들어 내는 전략을 인도네시아에서는 도대체 찾아볼 수 없다.

인도네시아 거리 곳곳에는 유물과 유적이 많다.
그러나 이를 관리하기 위한 노력은 소홀하다.

감정에 충실하고 지금 당장 눈앞의 이익을 중시하는 인도네시아 사
람들에게는 괜히 고상한 척하며 폼 잡는 위선이 거의 없다. 전통적인 자
바 엘리트층인 쁘리야이Priyayi에게서나 볼 수 있을까? 음악도 고상한 클
래식보다는 달콤한 가사와 멜로디의 사랑 노래를 즐긴다. 지나간 옛사
랑의 추억에 눈물짓거나 짝사랑에 가슴 아파하기보다는 현재 내 옆에

있는 이성에게 집중하는 것이 대다수 인도네시아인들의 특성이다. 농지가 지력을 다해 수확량이 줄면 새로운 땅을 찾아 미련 없이 떠나는 화전민의 DNA가 인도네시아 사람들에게 대대로 전해져 내려오는 것 같다는 생각이 들 정도다. 실제로 자바 섬을 제외한 인도네시아 대부분의 섬들은 그리 비옥하지 않아 화전 농업을 하거나 거친 땅에서도 잘 자라는 카사바, 땅콩 등 뿌리 작물을 재배하는 경우가 많다. 동남아에서 자주 발생하는 화재도 화전이 주된 원인이라고 한다.

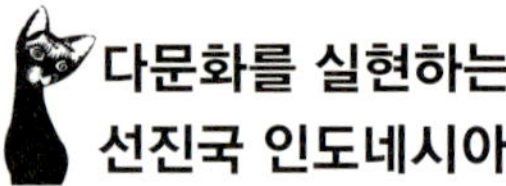

다문화를 실현하는 선진국 인도네시아

인도네시아 사람들은 역사의식은 비록 부족하지만, 다양한 목소리를 조율하고 현실 세계의 복잡한 문제를 유연하게 해결하는 데는 천부적인 자질이 있는 것 같다. 최근 이슬람화가 계속 진행되는 추세이기는 하지만, 불교, 힌두교, 기독교, 심지어 유교도 국가가 공인하는 등 다양한 종교의 자유가 인정된다(하지만 수하르토 체제에서는 5대 종교 중 하나를 반드시 선택해서 종교 생활을 해야 했다. 종교가 없는 사람은 '공산주의자'로 의심을 받았고 사회 저항 세력으로 인식되었기 때문이다). 종교의 자유는 인도네시아의 건국 5대 원칙인 빤짜실라Pancasila의 한 축이다. 자카르타를 비롯한 인도네시아 도시에서는 유교·불교·도교가 혼합된 중국계 사원을 쉽게 찾아볼 수 있다. 바로 옆 무슬림 사원에서는 하루에 다섯 번씩 예배 시간을 알리는 기도 소리가 울려 퍼지고, 또 한편에서는 가톨릭 성당

에서 성가가 흘러나온다. 무슬림 여성들은 베일을 쓰기도 하지만 또 베일을 쓰지 않아도 될 자유도 있다.

인도네시아는 다양한 문화와 종교를 인정하는 빤짜실라의 원칙을 충실히 적용하고 실천해 온 다문화 국가로서, 다양한 세력 간의 갈등을 섬세하게 조율해 온 경험을 가지고 있다. 따라서 인도네시아 정치인의 리더십은 외교적인 영역으로 쉽게 전환되고 확대될 수 있다. 실제로 인도네시아는 제3세계의 대변인 역할을 자처하며 세계 정치, 경제, 문화, 환경 분야에서 리더십을 발휘하고 있다. 아세안ASEAN(동남아시아

인도네시아 중국계 사원의
불상들은 유교, 불교,
도교가 혼합된 듯
독특한 느낌을 자아낸다.

빤짜실라의 원칙을 중시하는
인도네시아에서는 기독교인도
편안하게 교회에서 예배를
드릴 수 있다.

인도네시아에서는 베일을 쓴
꼬마 숙녀들을 흔히 볼 수 있지만
결코 억압적으로 보이지는 않는다.
그것은 이곳의 이슬람 문화가
상대적으로 자유롭기 때문이다.

국가 연합)의 본부는 인도네시아의 수도 자카르타에 위치하고 있는데, 인도네시아는 G20에 속하는 몇 안 되는 아시아 국가 중 하나다. 인도네시아는 세계 제4위의 인구 대국으로 높은 성장 잠재력을 가지고 있으며 경제 발전 속도도 빨라서, 현재 자카르타에서 저렴한 사무실과 호텔 방 구하기가 힘들 정도로 아세안 경제는 호황을 누리고 있다. 우리나라도 초대 아세안 대표부 대사를 자카르타에 파견하는 등 동남아와의 협력을 강화하고 있다.

미국 대통령 오바마도 어린 시절에 자카르타 국제학교에 잠깐 다닌 적이 있었다. 인류학자이자 인도네시아 지역 전문가였던 오바마의 어머니 앤 던햄은 인도네시아 지리학자와 재혼했다. 앤은 인도네시아에서 흑인이라고 차별받던 오바마에게 자존감을 심어 주었고 교만 없는 겸손, 타인에 대한 공감, 어른에 대한 공경심을 가르쳤다. 9·11 테러 이후 기독교 보수주의자 부시의 강경 외교 정책으로 미국과 이슬람 세계의 갈등이 최고조였을 때 혜성처럼 등장한 오바마 대통령은 미국뿐 아니라 국제사회를 이끌어 갈 지도자로서 최고의 자질을 인정받았다. 미국에서는 '유색인종과 소외 계층을 포용하고 진보와 보수로 나뉜 미국을 통합할 수 있는 대통령', 국제사회에서는 '글로벌 리더십을 발휘할 수 있는 다문화 지도자'로 인식되었다. 아프리카 사람들에게는 '아프리카인의 아들'이 대통령이 된 것이니 기뻐할 일이 되었고, 이슬람 국가 및 동남아 사람들에게는 '인도네시아에서 살았으니 이슬람과 동남아를 아우를 수 있는 다문화주의자'로 환영받았다. 실제로 오바마 대통령은 국제사회에서 부시가 망쳐 놓은 미국의 이미지를 획기적으로 개선시켰고, 특히 인도네시아와 동남아에서 오바마의 인기는 식을 줄 모른다. 노점에

인도네시아 전역에서 한국과 일본의 대기업 광고판들을 쉽게 만날 수 있다.

서 오바마 양말과 티셔츠가 불티나게 팔릴 정도이니 말이다.

그렇다면 인도네시아에서 한국의 위상은 어떨까? 우선 한국 문화에 대한 이미지와 한국 상품에 대한 평가는 매우 좋다. 작은 시골 마을에 가도 한국 연예인 사진이 붙어 있고 전날 방영된 한국 드라마는 화제의 중심이다. 소녀시대 멤버나 꽃미남 연예인을 소개하는 잡지가 서점에서 절찬리에 팔리고 한국 상품의 인지도도 급상승하고 있다. 삼성, LG 기업 광고는 일본 기업과 함께 인도네시아 전역에서 쉽게 만날 수 있고, 자카르타의 택시 기사들이 롯데마트의 개장을 화제에 올릴 정도

자카르타의 차이나타운에 생긴
짝퉁 대장금 레스토랑.

로 한국 상품은 현지인에게 큰 인기를 끌고 있다.

특히 〈대장금〉 방영 이후 한국 음식에 대한 관심과 인기는 상상을 초월하여 차이나타운에 중국인이 만든 짝퉁 '대장금' 레스토랑이 등장할 정도다. 하지만 사랑도 상호작용이 있어야 오래가듯이, 이제는 한국 사람들도 인도네시아를 돈벌이의 대상으로만 볼 것이 아니라 그들을 진심으로 이해하고 다가갈 때가 된 것 같다. 그래야 장사나 사업도 지속적으로 잘될 수 있지 않겠는가. 더군다나 대부분의 인도네시아 사람들은 짝사랑을 오래 지속하려 하지 않으니까.

자카르타의 뒷골목 풍경
: 홍수, 매연, 비둘기, 끄레떽, 두리안

자카르타는 면적의 40퍼센트가 해수면보다 낮은 데다 배수 시설이 낙후되어 매년 도시 전체가 홍수 피해를 입곤 한다. 특히 2월 우기 때 비가 많이 내리면 자카르타는 대책 없이 물에 잠긴다. 현재의 욕망에 충실해서 하수구나 인프라를 제대로 갖추지 않은 채 마구잡이로 건물을 세

홍수의 피해가 매년 발생하는 자카르타의 항구 지역은 집터로 인기가 없다.
그러나 가난한 사람들은 어쩔 수 없이 이곳에서 생계를 유지하고 슬럼을 형성한다.

우고 도시를 개발한 부작용이다. 홍수를 피하려면 집을 가급적 바다와 멀리 떨어진 지역에 건축하는 것이 안전하기 때문에 식민 시대의 중심지였던 항구 지역은 이제 주거 지역으로는 인기가 없다.

필리핀 마닐라에서 닭싸움이 인기라면, 자카르타에서는 비둘기 경주가 대세다. 자카르타의 빈민가에서는 경주용 비둘기를 기르는 사람들을 쉽게 만날 수 있다. 자바 사람들은 귀한 새, 노래하는 새, 신화 속의 새 등과 같이 모든 종류의 새에 집착한다. 심지어 인도네시아의 국적기 가루다 인도네시아 항공의 상징도 상상 속의 새다.

자카르타에서는 일요일마다 '경주용 비둘기 조련 동호회 회원들 Kalangan Burung'이 정성 들여 기른 수비둘기를 들고 나와 경주를 벌인다. 3~4킬로미터 떨어진 곳에서 수컷을 유혹할 만한 매력적인 암비둘기를 들고 있는 가운데, 가장 빨리 날아가 암컷을 차지한 수비둘기가 이기는 로맨틱한 게임이다. 중간에 다른 암비둘기에게 한눈을 팔거나 딴 길로 빠지는 어리벙벙한 수비둘기는 바로 경쟁에서 탈락하고 동네 아이들의 놀림감이 되는 잔인한(?) 경주이기도 하다.

자카르타의 교통난은 나날이 악화되고 있다. 출퇴근 시간, 끝없이 이어지는 자동차 행렬 사이사이로 곡예를 하듯이 다니면서 신문이나 간단한 먹거리를 팔아 생계를 유지하는 상인들도 덩달아 늘어난다. 일부

자카르타 빈민가에 있는
경주용 비둘기의 집.

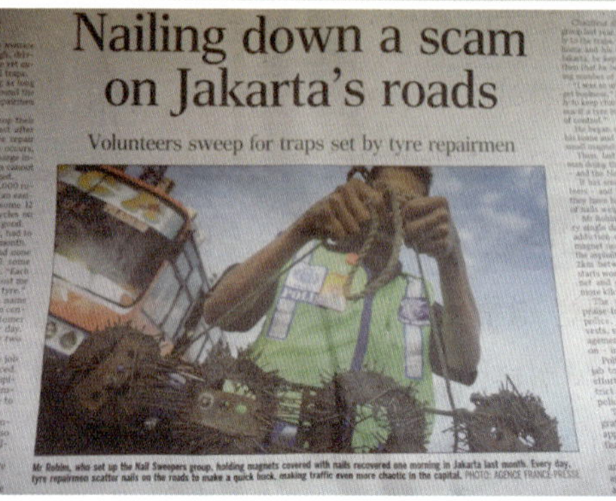

Nailing down a scam on Jakarta's roads

Volunteers sweep for traps set by tyre repairmen

Mr Robin, who set up the Nail Sweepers group, holding magnets covered with nails recovered one morning in Jakarta last month. Every day, tyre repairmen scatter nails on the roads to make a quick buck, making traffic even more chaotic in the capital. PHOTO: AGENCE FRANCE-PRESSE

도로 위에 일부러 못을 뿌려 자동차 타이어에 구멍을 낸 뒤에 타이어를 교체해 주는 '타이어 펑크족'의 문제를 다룬 신문 기사.

러 못을 뿌려 자동차 타이어에 구멍을 내고는 타이어를 교체해 주는 '전문 타이어 펑크족'이 도로에 등장하면, 자카르타의 교통지옥은 더 끔찍해진다. 밀리는 도로 위의 자동차, 베짝becak, 오토바이가 내뿜는 매연은 자카르타의 대기 오염 수준을 더욱 악화시킨다. 도대체 어디서부터 문제 해결을 시작해야 할지 난감하다.

자카르타는 매연과 함께 담배 연기로 자욱하다. 인도네시아는 세계 최대의 담배 소비국으로, 여디서나 담배를 쉽게 구할 수 있다. 빈민가 아이들은 어려서부터 담배 장난감을 피우며 다닐 정도로 인도네시아에서 흡연 문화는 뿌리 깊으며, 청소년과 여성들의 흡연율도 계속 높아지고 있는 추세다. 피우는 동안 모기에게 물리지 않는다는 점 빼고는 장점이 별로 없는 기호품이 바로 담배인데도 불구하고 말이다. 특히 정향 담

매연으로 뿌옇게 된 자카르타의 풍경.

배인 끄레떽Kretek의 연기와 냄새는 인도네시아 전역에서 진동한다. 유럽인은 정향을 음식에 넣는 향신료로 귀하게 조금씩 사용했다면, 인도네시아 사람들은 씹다가 뱉거나 담배처럼 말아 피웠다. 정향을 씹으면 이가 하얗게 되지만 담배처럼 말아 피우면 이가 누렇게 변하는데도, 인도네시아 사람들은 끄레떽을 마다하지 않고 즐긴다.

인도네시아에서는 아이들도 담배에 대한 거부감이 없어 마치 장난감처럼 가지고 논다.

자카르타의 명물 스타디움 나이트클럽 주변에는
두리안 야시장이 열린다.

두리안 산지이자 수마트라 섬의
중심 도시 빠당의 아이스 두리안Es Durian은
한밤의 열기를 식히는 명물이다.

나이트클럽 주변에서 향수를 파는 가판대와 거리의 상인들.

자카르타 곳곳에서는 향수를 파는 상인들을 쉽게 만날 수 있다. 이슬람 문화권에서는 향수 문화가 발달해서 예배 전 청결한 몸에 뿌리는 향수는 신에 대한 경외심을 나타내고, 평소의 향수는 자신의 개성을 표현하는 중요한 수단이라고 여긴다. 인도네시아도 예외가 아니어서 이슬람 예배당인 모스크 주변에서는 알라에 대한 존경의 표시로, 나이트클럽 앞에서는 연인을 유혹하기 위한 수단으로 향수를 뿌린다.

동남아에서 사랑과 행복의 장소에는 늘 두리안이 빠지지 않는다(오바마 어머니인 앤도 두리안을 아주 좋아했다고 한다). 두리안이 있는 곳이 바로 행복 밀집 지역이라고 할 수 있을 정도인데 자카르타도 마찬가지였다. 차이나타운과 가까운 곳에 있는 나이트클럽인 스타디움의 주변 차도에서는 밤마다 두리안을 파는 야시장이 열려 행복한 표정으로 두리안을 먹는 사람들로 장관을 이룬다. 두리안 야시장 주변에는 인도네시아 서민들이 즐겨 찾는 포장마차 음식점도 줄지어 서 있고 나이트클럽의 열기도 고조되어서, 사랑과 열정을 불러온다는 과일 두리안과 딱 어울리는 분위기를 연출하고 있었다. 아, 여기가 진짜 동남아, 자카르타의 속살이구나……. 모두 행복한 얼굴로 두리안을 골라 사랑하는 사람들과 함께 나누어 먹는 풍경은 정겹고 아름다웠다. 그렇게 자카르타의 밤은 깊어 갔다.

　밤에만 잠깐 두리안을 파는 자카르타의 뒷골목을 떠나 낮에도 아무 데서나 두리안을 먹을 수 있는 행복 밀집 지역을 소개해 달라고? 그럼 신선한 두리안과 맛있는 빠당 음식을 실컷 먹을 수 있는 수마트라 서부로 떠나라. 한밤중에 즐기는 아이스 두리안이 환상적인, 미낭카바우 족의 중심 도시 빠당으로 고고싱!

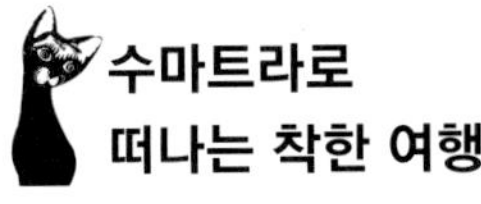

수마트라로 떠나는 착한 여행

인도네시아는 환태평양 조산대에 속해 있어 지각이 불안정하다. 화산 폭발로 새로운 지형이 갑자기 만들어지기도 하고, 지진과 쓰나미의 피해를 자주 입는 곳이기도 하다. 특히 2004년 말, 수마트라 서부 지역에 쓰나미가 닥치면서 해안 지역의 자연 서식지와 중요한 생태계가 파괴되었다. 부낏띵기 일대의 모기가 다 사라질 정도로 호수와 바다에 기반하여 살아가던 생명체는 전멸했고, 주민들의 생계도 막막해졌다. 쓰나미 때문에 사랑하는 가족과 이웃을 잃은 주민들은 삶의 의미를 잃고 우울

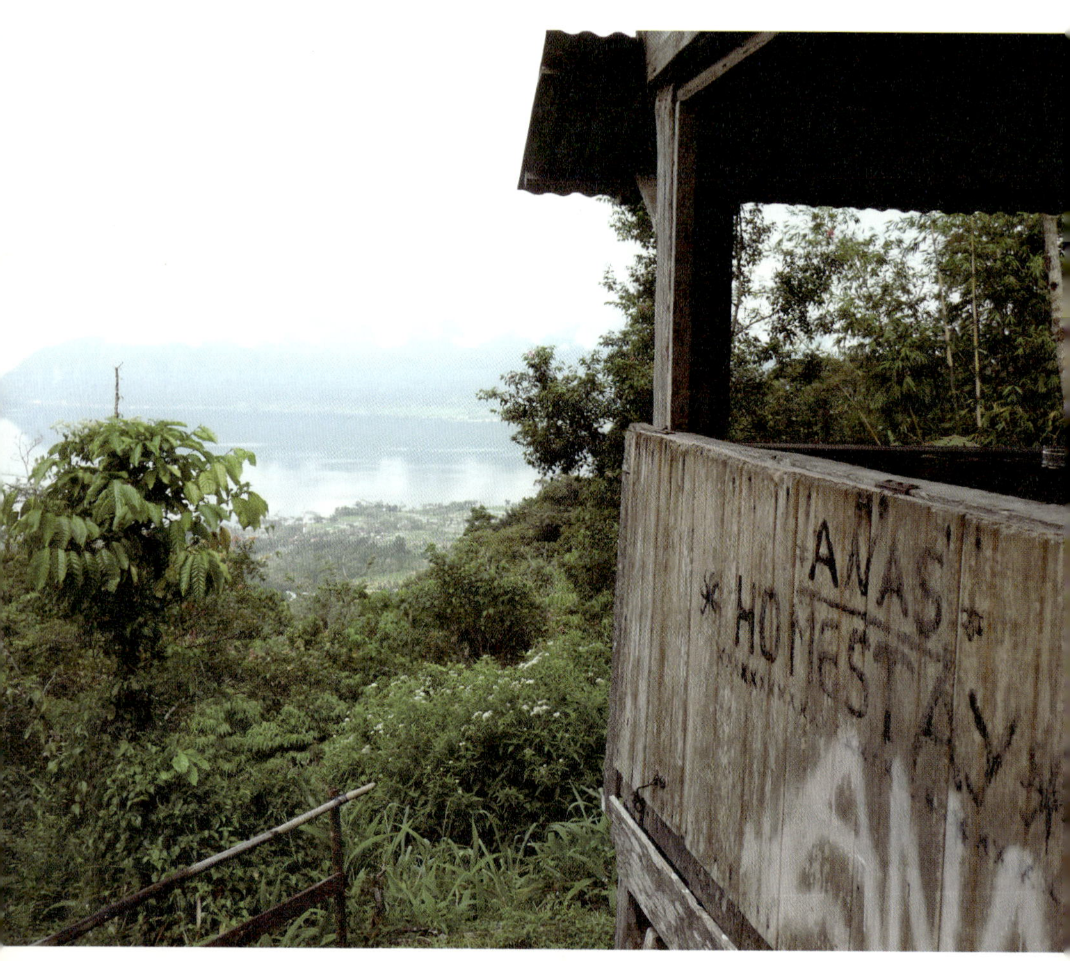

부낏띵기의 정글 숙소인 아나스 민박.

증에 시달렸다. 바다만 보면 시체 썩는 냄새가 떠올라 고통스럽다는 생존자도 있었다. 당시 피해가 컸던 한 마을을 살펴보자.

2004년 12월 26일, 쓰나미가 인도네시아 아체 지방을 강타한 후 데야 마쁠람Deyah Mapplam 마을은 거의 전멸했다. 4,500명 주민 중 270명만이 살아남았는데, 생존자 중 여성은 70명 정도에 불과했다. 재난이 여성에게 더 가혹했던 이유는 무엇일까? 그 이유가 참으로 가슴 아팠다. 우선 남자들은 자기 한 몸만 챙겨 대피했지만 여자들은 아이들과 노약자를 챙기느라 대피가 늦어졌던 것이다. 또한 독실한 무슬림으로 어려서부터 베일을 쓰고 머리부터 발끝까지 감싸는 옷을 입었던 이 지역 여성들은 물에 익숙하지 않고 수영은 전혀 못 했기 때문에 밀려오는 파도에 속수무책이었다.

하나님께서 무슬림에게 벌을 내리신 것이라는 일부 보수 기독교 단체의 해석은 비합리적이다. 오히려 이 지역 무슬림 여성들의 피해가 커진 것은 여성들의 이동성과 신체적 자유가 경직된 이슬람 교리에 의해 제한받았기 때문이라고 보아야 하지 않을까?

그렇지 않아도 무슬림 남성 지도자들의 입김이 센 인도네시아 아체 지방에서 여성 생존자의 비율이 남성에 비해 현저히 낮은 것은 무슬림 여성들의 입장에서 보면 또 다른 재앙이었다. 마을 재건 과정이나 새로운 도시 계획 과정에서 여성들의 관점이 배제되고 여성들의 목소리가 묻힐 확률이 높아지기 때문이다.

최근 수마트라 지역에 자주 발생한 지진과 쓰나미라는 무서운 자연재해는 수마트라의 지리와 여행 패턴을 완전히 바꿔 버렸다. 전에는 여행객들이 바탐 섬에서 뱃길로 수마트라 북부에 도착하여 육로로 부낏띵

마닌자우 호수의 그림 같은 풍경.

기, 빠당까지 내려왔는데, 이들의 발길이 뚝 끊겨 버리면서 수마트라 서부 도시들의 활력이 사라졌다. 지진으로 무너진 학교와 집을 새로 건축하거나 집단적으로 이주가 이루어지면서, 빠당 지역의 지도 역시 다시 그려야 했다. 건축 붐이 조성되면서 빠당의 시멘트 수요가 급증하여 건축업자나 시멘트 회사에는 새로운 사업 기회가 되었지만, 관광산업에 종사하던 사람들에게는 고통의 시기가 되었다. 특히 저가 항공이 들어오면서 빠당과 같이 공항을 가진 도시는 살아남았지만 부낏띵기처럼 육로의 중심지는 성장의 동력을 완전히 상실해 버렸다.

정글을 탐험하는 여행으로 인기를 끈 수마트라 서부 지역의 관광업이 침체되면서, 여행자의 찬탄을 자아내던 깨끗하고 아름다운 마닌자우 Maninjau 호수는 생계를 위해 물고기를 기르는 양식장으로 전환되고 있었다. 자연재해로 사랑하는 가족과 집을 잃은 사람들을 응급 구호하는 일도 중요하지만, 이들이 장기적으로 지속 가능한 삶을 살 수 있도록 계속 돕는 일 또한 필요할 것 같다. 수마트라 서부 지역의 자연과 문화를 보존하고 재해로 모든 것을 잃은 사람들을 돕기 위해 이 지역으로 '착한 여행'을 떠나 보는 것은 어떨까?

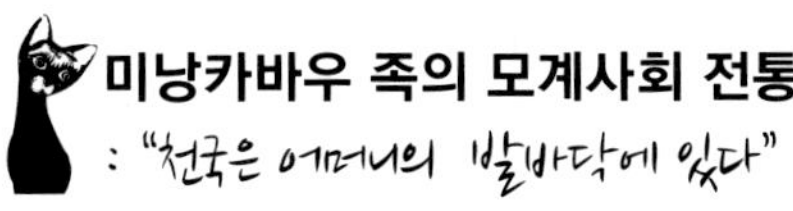

미낭카바우 족의 모계사회 전통
: "천국은 어머니의 발바닥에 있다"

수마트라의 서해안에 위치한 대도시 빠당과 내륙 산간의 소도시 부낏띵기를 중심으로 살아온 미낭카바우 족은 할머니-어머니-딸로 가문이 이어지는 모계사회이며 재산 상속도 당연히 모계를 따라 이루어진다. 미낭카바우 족의 문화 중심지인 부낏띵기의 재래시장은 싱싱한 야채와 두리안을 비롯한 열대 과일, 생선, 각종 향료와 칠리로 활기가 넘친다.

미낭카바우 족은 양성평등 문화가 강한 인도네시아에서도 모계사회 전통을 지켜 온 종족으로 유명한데, 실제로 부낏띵기 시장에서 물건을 팔거나 사는 사람들 대부분이 여성이었다. 독실한 무슬림으로서 신앙을 표현하는 베일을 썼지만 이들의 표정과 몸짓은 너무나 씩씩하고 당당했다. 산지·평야·바다가 가까운 자연환경에서 얻은 신선한 재료와 비옥한 화산토에서 생산되는 풍성한 농작물에다, 미낭카바우 여성들의 힘과 지혜를 응축시켜 만든 빠당 음식이 맛있고 영양가 높다는 명성을 얻게 된 것은 너무나 당연한 결과가 아닐까?

미낭카바우 족의 속담에 의하면 "천국은 어머니의 발바닥에 있다." 어머니가 불편한 곳은 천국이 될 수 없으며, 결국 어머니가 모든 일의 중심이고 어머니가 편안하고 행복해야 천국처럼 좋은 곳이 될 수 있다는 깨달음이다. '미낭카바우'라는 명칭의 기원에 관한 전설도 어머니의 마음을 잘 보여 준다. 자바 섬 사람들이 미낭카바우 왕국에 큰 물소를 떼로 몰고 와 전쟁을 벌였는데, 지혜로운 미낭카바우 족은 배고픈 송아지를 1차로 내보냈다. 며칠을 굶은 어린 송아지들은 물소를 어미 소로 착각하여 달려갔고, 물소의 젖꼭지를 피가 나도록 빨았다. 물소가 막무가내로 돌진하는 송아지로 인해 정신을 못 차리며 쓰러진 사이에 어미 소가 물소를 뿔로 공격했다. 자바에서 온 침입자들은 속수무책으로 당할 수밖에 없었고 승리를 기뻐한 미낭카바우 족은 "결국 우리가 물소를 이겼다"는 뜻으로, '미낭(정복하다)', '카바우(물소)'를 소리 높여 외쳤다

부낏띵기 시장 풍경. 손님과 상인 대부분이 여성이다.

는 전설이다. 어미 소의 젖을 그리워한 송아지를 활용한 전략은 자식을 낳고 키워 본 어머니의 따뜻한 마음과 경험에서만 우러나올 수 있었을 것이다.

세계에서 가장 인기 있는 보모와 행복한 아이들

어머니가 편안하고 존경받는 사회에서는 어린이, 장애인, 동성애자, 노인 등 다양한 사회적 약자의 인권이 보호되고 모든 생명체가 귀하게 여겨진다. 어머니가 기른 아들은 부드럽고 정서적으로 안정된 성인 남자로 성장한다. 모계사회의 남성은 여성에게 함부로 폭력을 행사하지 않으며 여성을 섬세하게 배려하는 '매너남'이 될 가능성이 높다. 이들이 가정을 꾸리고 아버지가 되어 자녀를 사랑으로 따뜻하게 품어 주면, 가정과 사회는 조화롭고 평화로워진다. 이런 분위기에서는 아이들이 떼쓰거나 억지를 부릴 필요가 없기 때문에 인도네시아 아기들은 잘 울지 않고 천사처럼 방긋방긋 웃는다.

미낭카바우 족의 농촌 집에 사는 고양이 가족.
이곳에서는 사람뿐 아니라 동물들도 모두 행복하다.

애교가 넘치는
인도네시아 꼬마 신사들과
꼬마 숙녀들.

　　인도네시아는 전반적으로 이슬람의 영향력이 크지만 양성평등의 전통을 면면히 이어 가고 있다. 실제로 인도네시아 어머니들은 다른 동남아 국가의 어머니들과 마찬가지로 행복해 보인다. 인도네시아에는 임신의 단계마다 임신을 축하하고 임신부를 응원하기 위해 맛있는 음식을 선물하는 전통이 있다. 발리에서는 임신 7개월이 되면 임신부는 축복의 선물을 받고 향기로운 물에서 목욕하는 의식을 거행한다. 어머니와 어린이, 심지어 태아까지 배려하는 환경에서 성장한 인도네시아 여성이 보모로서 인기가 높다는 말은 헛소문이 아닐 듯싶다. 아이의 마음을 잘 읽어 아이가 울 필요가 없게 만드는 인도네시아 여성만 있으면 세계 어떤 나라의 아기도 편안할 테니까.

아기를 안고 있는
행복한 표정의
인도네시아 여성.

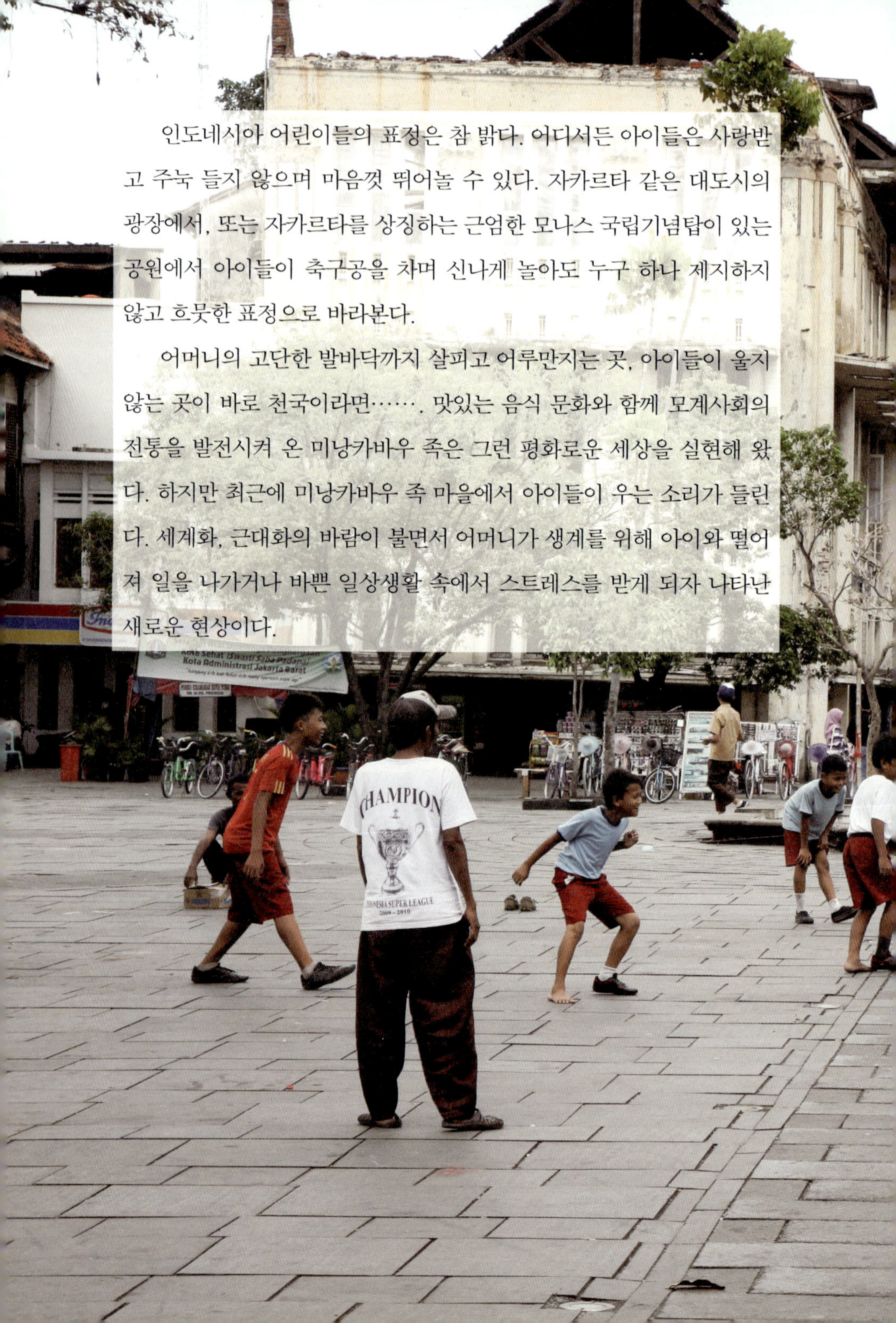

인도네시아 어린이들의 표정은 참 밝다. 어디서든 아이들은 사랑받고 주눅 들지 않으며 마음껏 뛰어놀 수 있다. 자카르타 같은 대도시의 광장에서, 또는 자카르타를 상징하는 근엄한 모나스 국립기념탑이 있는 공원에서 아이들이 축구공을 차며 신나게 놀아도 누구 하나 제지하지 않고 흐뭇한 표정으로 바라본다.

어머니의 고단한 발바닥까지 살피고 어루만지는 곳, 아이들이 울지 않는 곳이 바로 천국이라면……. 맛있는 음식 문화와 함께 모계사회의 전통을 발전시켜 온 미낭카바우 족은 그런 평화로운 세상을 실현해 왔다. 하지만 최근에 미낭카바우 족 마을에서 아이들이 우는 소리가 들린다. 세계화, 근대화의 바람이 불면서 어머니가 생계를 위해 아이와 떨어져 일을 나가거나 바쁜 일상생활 속에서 스트레스를 받게 되자 나타난 새로운 현상이다.

인도네시아에서 아이들이 모여 있는 곳은
어디든지 놀이터가 된다.

여유롭고 평화로운 한때를 보내는 미낭카바우 족의 아이들.
하지만 이곳에도 세계화와 근대화의 바람이 불면서
이런 모습들이 조금씩 줄어들고 있다.

 글로리아 스타이넘도 부러워하는 미낭카바우 족의 전통

미국의 유명한 페미니스트 글로리아 스타이넘Gloria Steinem과 며칠 동안 제주도 여행을 함께한 적이 있었다. 20대 시절에 플레이보이 클럽의 바니 걸로 위장 취업을 했을 정도로 아름다운 페미니스트였던 그녀는 70세가 넘은 나이에도 여전히 매력적이었다.

최근 그녀는 많은 시간을 해외여행과 강연으로 보내고 있었는데, 요즘은 미국 인디언 전통문화를 비롯해서 아시아와 아프리카의 전통문화에 관심이 많다고 했다. 페미니즘의 관점에서 볼 때 미국과 유럽 사회보다 경제적으로 낙후된 아시아 및 아프리카, 중남미의 전통문화 속에서 오히려 급진적인 사고와 페미니즘의 오래된 지혜를 배울 수 있다고 했는데, 그녀는 특히 동남아 지역의 모계사회 전통에 관심이 많았다. 세계 지리 교과서에서도 동남아 지역은 전통적으로 세계 어느 지역보다 여성의 지위가 높은 곳으로 분류된다.

동남아의 어머니는 한국의 어머니와 비교할 수 없는 발언권과 실질적 권한을 가지고 가정경제와 사회 생활에서 주도적인 역할을 한다. 지금도 동남아 시골의 논밭, 시장, 길거리 등 그 어떤 삶의 현장을 가더

미낭카바우 족의 여성들은
오토바이 운전, 경찰 업무, 대나무 손질, 집수리 등
여러 분야에서 재능을 마음껏 발휘한다.

미낭카바우 아줌마의 파워를
보여 주는 달력.

416

라도 적극적으로 활동하는 동남아 여성들을 쉽게 만날 수 있다. 세계에서 가장 많은 무슬림을 보유한 인도네시아도 예외는 아니다. 사회 각 영역에서 베일을 쓰고 씩씩하게 일하는 인도네시아 여성들의 모습이 매우 인상적이었는데, 특히 미낭카바우 족은 그 어떤 동남아 지역과도 차별화되는 특성을 보였다.

기후가 온화한 동남아에서는 오토바이가 주요 운송 수단인데, 가족이나 커플이 함께 탈 경우 대부분 남성이나 아버지가 핸들을 잡았다. 하지만 철저한 모계 중심 사회인 미낭카바우 족 지역에서는 여자나 어머니가 핸들을 잡고 있는 모습을 심심찮게 볼 수 있었다. 또 이곳 여성들이 소매를 걷어붙인 채 망치를 들고 집을 짓는 모습도 쉽게 접할 수 있었다. 지역 문화를 소개하는 달력의 주인공도 대부분 후덕한 아줌마들이었고, 지역 상공회의소 회장과 임원도 모두 중년 및 노년의 여성들로 채워진 새로운 세계였다.

심지어 전쟁 영웅을 기념하는 동상에도 총칼을 든 남자뿐 아니라 바구니를 멘 여성이 함께 등장할 정도였다. 경제권을 여성이 확실히 쥐고 있으니 당연히 광고 모델은 예쁜 여자들보다는 귀여운 꽃미남들이 대세다.

인도네시아에서는 전쟁 영웅을 기념하는 동상에도 늘 여성이 함께한다. 하지만 스와자야 인도네시아 아세안 대사는 아직 여성의 지위가 한 칸 더 높아져야 한다고 해서 포럼 참석자 모두 웃었다.

　　전통 수공예품이나 선물용품을 파는 가게에서도 여성용품보다는 남성용 반지나 액세서리가 더 많았고, 심지어는 머리에 꽃을 꽂은 남성을 만나기도 했다. 점원은 "남자보다 돈을 더 잘 버는 미낭카바우 여성들이 애교를 떠는 사랑스러운 남성들에게 가끔씩은 선물을 할 필요가 있다"고 설명한다. 이 말을 들으니 '여성은 자신보다 더 나은 남성과 결혼해야 하고 여성의 행복은 남성에게 달려 있다'는 생각은 편견에 불과했음을 자연스럽게 깨닫게 된다. 영양가 높은 빠당 음식을 먹고 자라 튼실해 보이는 미낭카바우 여성들이 모든 생활 영역에서 주도권을 쥐고 씩씩하게 생활하는 모습은 가부장적인 문화에서 자란 나에게는 신선한 충격이었고 자극이었다.

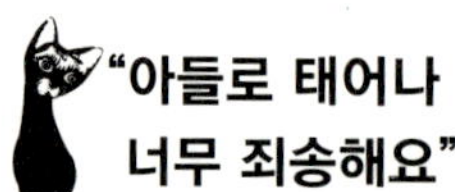

"아들로 태어나 너무 죄송해요"

미낭카바우 지역에서 나를 안내했던 20대 초반의 청년 토미는 4형제 중 막내다. 그는 이렇게 말하며 한숨을 지었다.

"제가 딸로 태어났어야 했는데, 어머니가 너무 안됐어요. 제가 아들로 태어나는 바람에 늙은

화려해 보이는
남성용 장신구들.

나비 장식이 화려한 전통 화관을
쓰고 있는 미낭카바우 족 여성.

어머니를 돌보기 어려워요." 한국 사회는 아들을 낳아야만 대를 이을
수 있고 재산을 물려줄 수 있다는 부계사회의 전통이 강하고, 남자가 집
안의 우두머리라는 가부장제 신화가 잔존하고 있다. 그래서 한국에서는
아들을 못 낳은 며느리는 죄인 취급을 받지만 모계사회의 전통이 강한
미낭카바우 사회에서는 정반대 현상이 벌어진다. 아들은 사춘기가 되면
집을 떠나 이슬람 사원에서 생활해야 하고 아침밥만 먹으러 온다. 아들
에게는 재산을 물려줄 수도 없고 같이 살 수도 없어 어머니 입장에서는
딸이 절실하다. 결혼을 하게 되면 신혼부부는 신부 집에 들어가 살아야
하기에, 신부 쪽에서 결혼식을 주도하고 신혼집도 마련한다.

우리는 결혼 과정에서 집을 구하는 일이 돈도 가장 많이 들고 힘든
일이지만, 동남아에서는 집을 짓는 데 돈과 시간이 별로 들지 않기 때문
에 결혼 후 분가도 쉽고 이사도 쉽다. 마을에서 신혼부부가 탄생하면 일
꾼 몇 명이 며칠 동안 작업해서 소박한 집 한 채를 뚝딱 짓는다. 추운 겨
울이 없으니 온돌이나 아궁이를 만들 필요도 없고, 나무로 얼기설기해

자신이 딸로 태어났더라면
좋았을 뻔했다는 토미.

420

서 햇볕과 비를 피할 수 있는 정도의 보금자리만 만들면 되니 돈도 시간
도 많이 필요 없다. 따라서 친족 관계가 느슨한 핵가족 체계가 발달했는
데, 그것은 '희소한 인구와 무한한 토지, 풍요로운 열대의 자연환경'이

미낭카바우 족의 농촌 풍경.
이곳의 농부들은 풍요로운
자연환경 속에서 농약을 전혀
사용하지 않고 '착한' 농사를 짓는다.

라는 지리적 조건 덕분에 가능한 일이다.

　부낏띵기 인근의 한 농촌에서 큰 마을 잔치가 벌어
져 함께 축하한 적이 있었는데, 그 잔치는 할례 의식을
치른 10살 아들을 위해 어머니가 마련한 자리였다. 흥
겨운 음악이 흘러나오는 가운데 귀염둥이 아들은 마루
에 누워서 온 동네 사람들의 축하를 받았다. 음식을 나
누어 먹고 기념 촬영을 하는 등 즐겁고 유쾌한 축제
가 오후 내내 계속되었고, 어머니의 아들은 마냥 행
복해 보였다.

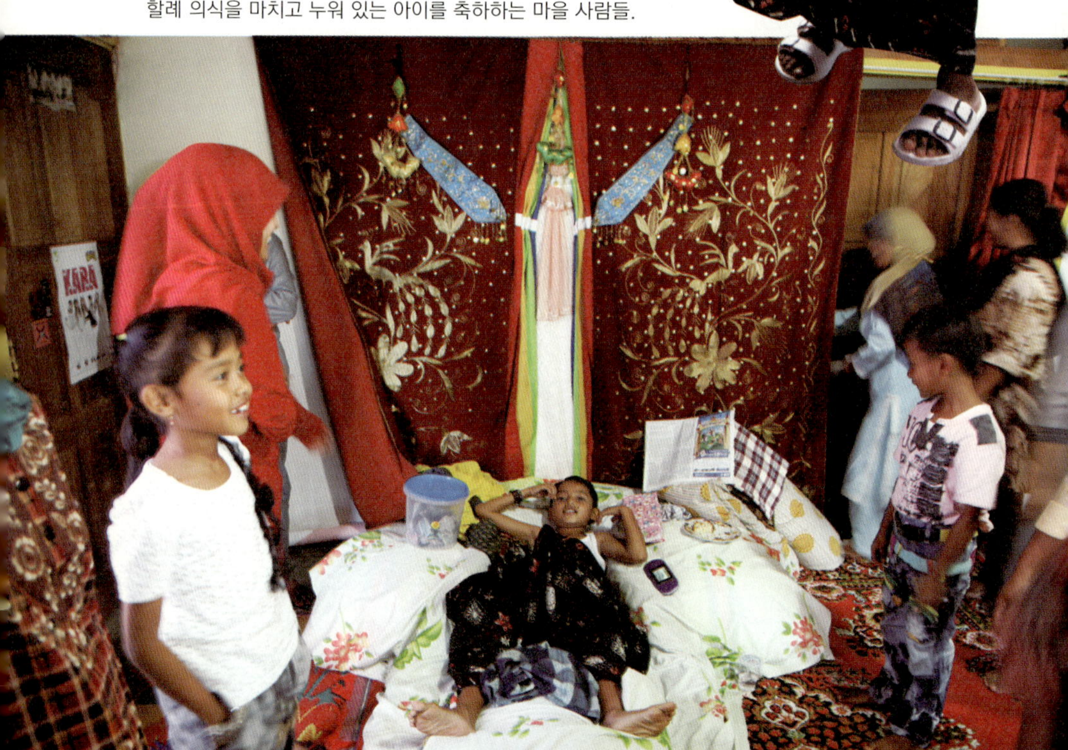

할례 의식을 마치고 누워 있는 아이를 축하하는 마을 사람들.

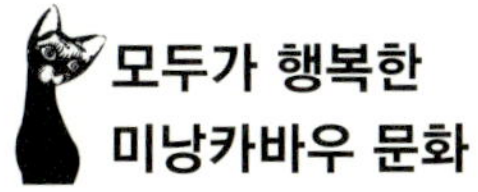

모두가 행복한 미낭카바우 문화

미낭카바우의 결혼 문화를 확인하기 위해 결혼식장을 몇 군데 찾아가 보았다. 화려한 꽃으로 정성스레 장식한 화환이 눈길을 끌었다. 모두 즐겁게 뷔페식으로 빠당 음식을 즐기고 신랑 신부는 별실에서 촬영이 한창이었다. 신랑 측 식구들과 인터뷰를 하기 위해 한참을 찾았지만 한 사람도 없었다. 신랑 가족들은 결혼식 초반에 잠깐 있다가 다 돌아가고 신부 측 하객만 남아 하루 종일 파티를 즐기고 있었다. 신부는 당당하고 신랑은 수줍은 표정이다. 아, 미낭카바우식 결혼 문화는 이런 것이구나.

규격화되고 상품화된 우리나라 화환들과 달리,
개성을 살려 정성스럽게 축하 메시지를 담은 결혼식 화환.

씩씩한 신부,
부끄러워하는 신랑.

　　신랑이 신부 집에 살면서 구박받을까 걱정되나? 가장의 권위를 벗은 미낭카바우 남성들은 정서적으로 매우 안정되어 있었고 편안해 보였다. 또 여성과 편안하게 소통하는 등 감성지수가 높아 보였고, 무엇보다 행복해 보였다. 신방은 선물과 꽃으로 가득한데 에로틱하기보다는 로맨틱한 분위기였다. 신부 엄마는 사위를 얻어 기쁘고 즐거운지 연신 웃었다. 딸을 시댁에 빼앗기는 기분으로 섭섭한 한국의 친정 식구들과는 딴판이다. 부부가 함께 결혼식에 참석하더라도 대표로 부조를 하는 사람은 부인이고, 축의금을 받는 사람들도 모두 여성이다. 결혼식장에서도 여성들이 경제를 주도하는 큰손임을 쉽게 확인할 수 있다.

　　네덜란드의 식민 통치에도, 이슬람의 억압적인 교리에도 기죽지 않고 살아남은 미낭카바우의 뿌리 깊은 모계사회 전통은 남성들을 억압하고 여성들을 힘들게 하는 문화가 아니었다. 미낭카바우에서 여성들은 적극적으로 자신의 꿈을 실현해 가고 있었고, 남성들 또한 자신들이 원하는 삶의 방식을 선택하며 평등한 기회를 누리고 있었다. 특히 어머니를 존중하는 미낭카바우 사회에서는 어린이들이 행복해 보였다. 적극적으로 경제활동을 하고 사회적·정치적 리더십을 발휘하는 여성들을 존경하면서 남성성 역시 보호하고 축복해 주는 미낭카바우 사회를 보면서 21세기 새로운 양성평등 문화를 실험할 수 있을 것 같다는 희망을 갖게 된다.

여성에 대한 편견으로 고생하고, 직장과 가정을 병행하며 지쳐 있던 한국 아줌마에게 미낭카바우 여성들의 삶은 신선한 충격이었다. 자유롭고 당당한 미낭카바우 여성들을 만나면서 또 빠당 음식과 두리안을 먹으며 행복과 희망을 충전할 수 있었던 치유의 시간이었다. 마초로 가득한 한국 사회에서 40년간 살면서 다 고갈된 삶의 에너지를 채우는……

한국 여성들이여! 고단한 일상에 지쳐 위로와 희망이 절실할 때는, 두리안이 풍부한 행복 밀집 지역인 인도네시아 수마트라를 상상하자. 맛있는 빠당 음식을 창조해 낸 미낭카바우 여성들의 빛나는 승리를 기억하자.

축의금을 주고받는
미낭카바우 여인들.

두리안을 파는 동남아의 한 시장.

아우트로
동남아에서 한국으로 돌아오다

한국에서 다시 만난 두리안
: 모두가 우울한 사회

몸도 마음도 새로운 에너지로 충전해서 한국에 돌아왔건만, 딱 일주일만 지나면 배터리가 모두 방전되는 느낌이다. 동남아에서 공수해 온 두리안 칩이나 페이스트는 한 달이면 동이 나고 한국 대형 마트에서 파는 냉동 두리안은 왠지 맛과 효능이 많이 떨어지는 것 같다. 결국 진짜 두리안을 가장 '동남아스럽게' 파는 곳인 안산의 '다문화 거리'를 기웃거려 보지만, 그곳에서는 두리안을 파는 사람도 사 먹는 사람도 모두 우울해 보인다. 두리안에 살짝 앉아 있는 흰 나비마저 슬퍼 보인다.

OECD 국가 중에서 자살률이 가장 높다는 한국의 현실은 우리 모두를 우울하게 한다. 한국의 2010년 합계출산율(여성 1명이 평생 낳을 것으로 예상되는 평균 출생아 수)은 1.23명으로, 세계 186개국 중 184위라니 미래는 더 암울하다. 국제학력평가에서 상위권을 차지하는 한국의 어린 학생들은 공부 스트레스에 시달려 벌써부터 지치고 불행해 보인다. 친구들과 재미있게 뛰어놀며 행복한 어린 시절을 보낸 동남아 어린이들은 당장 수학, 과학 성적이 낮을지 모르지만 감성지수가 높고 사회성이 발달한 어른으로 성장하여 행복하고 성공적인 삶을 살게 될 확률이 높아 보인다.

　　동남아에서는 어린이, 청소년뿐 아니라 여성, 특히 어머니들이 참 행복해 보인다. 동남아 문화에서는 임산부를 축복하는 다양한 의식이 발달했고, 동남아의 어머니들은 빈부, 종교, 연령에 상관없이 모두 존중받는다. 반면 한국 여성들, 특히 직장 여성들은 임신을 확인하는 순간부터 기쁨보다는 걱정이 앞선다. 회사에는 어떻게 임신을 알려야 하나, 애를 낳으면 어떻게 키워야 하나. 출산 후에는 고통스러운 육아 전쟁을 치르면서도 '아이를 제대로 돌보지 못하는 엄마'라는 자책감에 가시방석 위에 앉은 심정이다. 그런 한국의 워킹 맘들에게 죄책감을 해소하는 좋은 방법이 있다며 "새벽 6시에 일어나 45분간 아이와 놀아 주라"고 조언한 스님이 계셨다(엄마들이 항의하자 스님은 오해라며 바로 사과하셨다). 어쩌면 한국은 종교마저도 어머니의 마음과 고달픈 중생의 생활에서 너무 멀리 떨어져 있는 것은 아닌지 모르겠다.

한국은 알파 걸 전성시대?
: 여전히 출산과 육아에 대해 고민하는 여성들

'검사, 판사, 변호사도 모두 여자인 법정.' 2012년 일간지 1면 머리기사의 제목이다. 아, 이제 한국도 알파 걸의 시대가 열렸구나. 희망적인 뉴

한국에서 두리안을 가장 동남아스럽게 파는
안산의 다문화 거리.

스이지만 곰곰이 다시 생각해 보면 한국 사회가 아직 갈 길이 멀다는 반
증이기도 하다. '여'검사, '여'판사, '여'변호사가 함께 법정에 섰다고 호
들갑스럽게 그 현상과 영향을 분석하는 현실 자체가 동남아 여성들의
관점에서 볼 때는 촌스러운 상황이 아닐까? 실제로 한 여검사는 "검사
생활을 계속하다 보면 결혼할 엄두가 안 날 것 같아요. 엄마가 되는 게
두려워요"라고 고백한다. 기소권을 독점하여 그 누구에게도 기죽지 않
는 막강한 권력을 누리는 젊은 엘리트 검사가 이런 말을 할 정도이면,
일반 직장에 다니는 평범한 여성들이 갖는 출산과 육아에 대한 부담과
걱정은 오죽하겠는가.

남녀의 상대적 지위 격차에 집중하여 여성이 실제로 느끼는 차별의 정도를 가장 잘 드러낸다는 '성 격차 지수'로 본 우리나라의 2011년 순위는 135개국 중 107위다. 아시아에서 여성 인권 선진국인 필리핀(8위), 싱가포르(57위), 태국(60위)뿐 아니라 무슬림 신도가 많은 인도네시아(90위), 말레이시아(97위)보다도 더 낮다. 태국의 '검사 프린세스'도 만난 검찰 총장은 "젊은 여검사들이 일보다는 행복과 아이를 우선시하여 야근도 잘 안 하고 집에 일찍 간다"고 안타까워하기보다는 여검사들이 편안한 마음으로 아기를 낳아 기르고 남자 검사들도 가족과 함께 더 많은 시간을 보낼 수 있도록, 검찰을 가족 친화적인 직장으로 바꾸실 수는 없었을까? 그럼 룸 살롱, 폭탄주로 얼룩졌던 부끄러운 검찰 문화도 자연스럽게 사라지고, 술에 취한 부장 검사가 회식 자리에서 여기자를 성추행하는 일도 발생하지 않았을 것이다.

나비처럼 변신해야 살아남는다
: 글로벌 여성 인재를 더 많이 양성하라!

리콴유 수상이 싱가포르 독립 때 세운 4가지 목표 중에는 '여성들의 인권 신장'이 포함되어 있었다. 싱가포르 정부는 여성이 남성과 동등하게 경쟁할 수 있는 환경을 조성하고 일하는 여성을 배려하는 정책을 일관성 있게 추진해 왔는데, 특히 아이가 있는 맞벌이 부부에게 우선적으로 도우미를 배당하고 도우미 세금도 면제해 주는 등 다양한 혜택을 베풀었다. 싱가포르 정부가 친정 엄마처럼 워킹 맘을 세심하게 챙겨 주는 이유는 여성이 마음 놓고 일할 수 있도록 배려하는 측면도 있지만, 무엇보다도 그것이 싱가포르의 생존과 번영을 위해 필수적인 조치였기 때문이다. 유능한 인재가 유일한 자원인 작은 도시국가에서는 능력 있는 사람이라면 남녀를 차별하거나 가릴 처지가 아니었던 것이다.

1994년 초, 나는 삼성의 여성 전문인력 해외 영업 공채 1기로 입사하여 삼성전자에서도 가장 '빡세다'는 반도체 미주수출팀에서 일했다. 당시 삼성에서는 '1년 동안 현지에서 마음껏 놀고 여행하고 공부하며 현지 언어와 문화에 정통한 인재를 육성하는 지역 전문가 제도'를 시행하고 글로벌 여성 인력을 발굴해 키워 왔다. 최근 이건희 회장은 "여성들을 더 많이 해외로 보내라, 지역 전문가로 더 많이 양성하라"는 특명을 내렸다고 하는데……. 국가도 기업도 생존과 번영을 위해 여성 인력을 더 적극적으로 활용해야만 하는 세상이 되었다.

세계 경제가 비틀거리는 요즘, 유일하게 호황을 누리는 아세안 지역은 새로운 사업 기회가 열리는 지역 공동체로 부상했다. 아세안 국가들에 대한 세계 각국 정부와 기업의 관심이 높아지는 가운데, 우리나라 대기업들도 동남아로 무게중심을 재빨리 옮기고 있다. 아세안의 중요성을 인식한 한국 정부도 2012년 8월 첫 아세안 대표부 대사를 자카르타에 파견하는데, 나의 인도네시아 친구인 스와자야 아세안 대사는 신임 한국 대사를 환영하며 멋진 두리안 파티를 열어 줄 것이라고 했다. 아, 나도 두리안을 매일 먹을 수 있는 동남아, 어머니가 존중받고 아이들이 행복한 기회의 땅으로 이동하고 싶어진다.

진정한 '여행' 도시,
'여행' 국가가 되려면……

'여자가 행복한' 도시, '여자가 행복한' 국가 등 '여행' 슬로건이 유행이다. 서울시는 '여행' 프로젝트의 일환으로 여자 화장실 환경을 개선하고 여자 화장실 내에 어린이를 위한 공간도 늘렸다. 어머니의 입장에서 고맙고 반가운 일이지만 나는 여성 지리학자로서 서울이 진짜 '여행' 도시가 되려면 남자 화장실의 구조도 획기적으로 바뀌어야 한다고 생각한다. 즉, 아버지들이 어린 딸을 데리고 들어가 용변 보는 것을 도울 수 있을 정도로 남자 화장실도 청결하고 안전한 아동 중심적 공간으로 개선되었으면 한다.

우리들의 영원한 언니이자 역할 모델인 한비야는 한국의 젊은 여성들에게 배낭 하나 메고 낯선 세계와 분쟁 지역으로 훌쩍 떠날 수 있는 용기를 가지라고 격려해 왔다. 어린 시절부터 집 안에 세계 지도를 붙여 놓고 지리적 상상력을 길러 준 아버지 덕분에 '지리 영재'로 자라난 한비야는 동네 뒷산부터 열심히 오르며 체력을 길러 왔다. 외국계 기업에서 실력을 쌓고 유학까지 다녀온 골드 미스인 그녀는 홀가분하게 전 세계 어디든 마음 내키는 대로 떠날 수 있었지만, 소심하고 평범한 한국 여성들은 '바람의 딸'처럼 지도에도 안 나오는 세계 오지로 떠나기는커녕, 지도를 찾아 가며 국내 여행 한 번 제대로 가 본 적이 없다.

"한비야 씨가 참 부러워요. 우리한테 '지도 밖으로 행군하라'는데, 저는 지도만 보면 머리가 아픈 '지도맹'에다 '길치'예요. 우리가 학교에서 지리를 제대로 배우지 못하잖아요. 외국어도 잘 못하니, 세계 배낭여행은 엄두도 안 나고요. 솔직히 혼자 고속버스 타고 지방에 갈 용기도 없어요." 이렇게 수줍게 고백하는 여성들이 의외로 많다. 엄격한 부모에게 철저한 가정교육을 받고 자란 모범생 딸들일수록 더 그렇다. 착한 여자 콤플렉스가 심한 한국 여성들은 결혼 전에는 고생하시는 부모님이 애처롭고, 아내나 엄마가 되면 집에서 혼자 밥 차려 먹을 식구들이 눈에 밟혀 발길이 떨어지지 않는다고 한다. 행복해지고 싶은 한국 여성들이여, 지도 밖으로 행군하라! 지도 읽는 데 우선 익숙해지고 나서.

한국 사회가 나비처럼
변신하지 않는다면……

요즘 아프고 방황하는 청춘들을 위한 멘토들이 넘쳐 난다. 멘토의 세계마저 남성이 지배하는 한국에서 소수의 여성 멘토들은 젊은 여성들에게 꿈과 희망의 상징이다. 한비야는 세계 분쟁 지역을 내 집처럼 드나들며 세계 시민의 비전을 제시하고, '골든 벨 소녀'로 유명한 김수영은 런던에서 꿈을 찾고 세계를 무대로 행복한 삶을 실현해 가고 있다. MCM을 글로벌 기업으로 성장시킨 김성주 회장은 '대한민국의 아름다운 왕따'를 자처하며, 한국에서 여성 기업인으로 겪는 고충을 토로하고 똑똑하고 능력 있는 한국 여성들의 분발을 촉구하고 있다.

특히 『대한민국이 답하지 않거든, 세상이 답하게 하라』는 자서전의 주인공인 CEO 스위트의 김은미 대표는 여러 측면에서 주목할 만하다. 우선 펑키 지리학자 뺨치는 지리적 감각이다. 그녀는 인생의 중요한 순간마다 세계 지도를 펼쳐 놓고 기막힌 입지와 장소를 선택했다. 호주 유학 중에도 공간을 최대한 활용하는 전략적 사고를 통해 용돈을 벌었고, 그녀의 비즈니스는 태국, 필리핀, 싱가포르, 인도네시아 등 동남아를 중심으로 승승장구했다. 요즘은 재테크 못지않게 '결테크'도 중요하다던데, 그녀는 결혼도 참 잘했다. 자카르타에서 만난 인도네시아 화교 출신 남편은 (인도네시아 남자가 부드럽고 로맨틱하다는 이야기는 바로 앞에서 했다) 위기 때마다 그녀를 따뜻하게 품어 주고 글로벌한 관점에서 조언을 아끼지 않는 '내조의 왕'이다. 탁월한 지리적 감각과 현지 문화를 배려하는 감수성으로 'CEO 스위트'를 키우고 행복한 가정을 가꿔 온 그녀에게 그 비결을 전수받고 싶을 정도다.

요즘 내게 상담을 원하는 학생들 중에는 특히 여학생이 많다. 처음에는 학업·진로 상담으로 이야기를 시작하더라도 결국에는 다 남자 문제로 흘러간다. 그러면 나는 "세계에는 다양한 남자들이 있으니, 실연에 아파하거나 사랑에 조급할 필요가 없어. 남자 친구보다 더 중요한 것은 너 자신이야. 우선 너의 꿈과 행복부터 찾아봐"라고 어깨를 다독여 주면서 하루하루 열심히 살다 보면 사랑도 자연스럽게 찾아올 것이라고 희망을 준다. 그럼 제자들은 도대체 좋아하는 일과 꿈을 어떻게 찾고 행복해질 수 있는지 좀 더 구체적으로 이야기해 달라고 조른다(강의를 더 해 달라고 이 정도로 열심히 보채는 학생들을 나는 아직 만나지 못했다).

그럼 나는 "나도 아직 완전히 행복해지는 방법을 터득하지 못해서……. 이론이 완성되면 '세계는 넓고 남자는 많다'는 책을 쓸 테니 나중에라도 네 인생에 한번 적용해 봐" 하고 슬쩍 비켜선다.

"앙. 그때까지 어떻게 기다려요. 저 빨리 꿈을 찾고 행복해지고 싶어요." 이렇게 아기처럼 보채는 귀여운 제자들에게는 힌트를 준다.

"두리안이 많은 곳을 찾아가 보는 건 어떨까?"

한국 사회가 나비처럼 변신하지 않는다면…….

펑키 동남아

2012년 8월 27일 초판 1쇄 인쇄
2012년 8월 31일 초판 1쇄 발행

지은이 | 김이재
발행인 | 전재국

본부장 | 이광자
단행본개발실장 | 박지원
책임편집 | 강혜진
마케팅실장 | 정유한
책임마케팅 | 정남익 조용호 조광환 이지희
제작 | 정웅래 박순이

발행처 (주)시공사
출판등록 1989년 5월 10일(제3-248호)

주소 | 서울특별시 서초구 사임당로 82(우편번호 137-879)
전화 | 편집(02)2046-2844 · 영업(02)2046-2800
팩스 | 편집(02)585-1755 · 영업(02)588-0835
홈페이지 www.sigongsa.com

ISBN 978-89-527-6666-3 03980